Klaus Kief

Weitverkehrstechnik

Klaus Kief

Weitverkehrstechnik

Nachrichtenübertragung über große Entfernungen

Mit 119 Bildern und 31 Beispielen

Herausgegeben von Wolfgang Schneider

Friedr. Vieweg & Sohn   Braunschweig / Wiesbaden

CIP-Titelaufnahme der Deutschen Bibliothek

Kief, Klaus:
Weitverkehrstechnik: mit 31 Beispielen /
Klaus Kief. Hrsg. von Wolfgang Schneider. –
Braunschweig: Vieweg, 1991
   (Viewegs Fachbücher der Technik)

Der Verlag Vieweg ist ein Unternehmen der Verlagsgruppe Bertelsmann International.

Druck und buchbinderische Verarbeitung: Langelüddecke, Braunschweig

ISBN-13: 978-3-528-04674-3   e-ISBN-13: 978-3-322-86417-8
DOI: 10.1007/978-3-322-86417-8

Vorwort

Das vorliegende Buch ist aus einer 2-stündigen Vorlesung mit dem Titel *Weitverkehrstechnik* entstanden, die für Studenten der Fachrichtung *Elektrische Nachrichtentechnik* im 6. Semester angeboten wird. Wichtige Aufgaben der Nachrichtentechnik sind die Übertragung, Vermittlung und Verarbeitung von Nachrichten. Aus diesen drei Bereichen wurde bevorzugt die *Übertragungstechnik* ausgewählt und in einzelnen voneinander fast unabhängigen Kapiteln behandelt. Dieses Buch ist als eine Kurzdarstellung einiger Teilgebiete der Übertragungstechnik anzusehen, die nicht von dem Anspruch getragen ist, Experten spezieller Fachgebiete etwas Neues zu bringen.

Welche Entfernung ist als *weit* anzusehen? Bei leitungsgebundener Übertragung kann z.B. die Bezirksebene als die Schnittstelle zur Weitverkehrsebene angesehen werden, also eine Entfernung > 100 km. Mit Radiowellen als Nachrichtenträger beginnt der Fernbereich bei 500 km und endet derzeit bei der Übertragung zu interplanetarischen Raumsonden, also bei Milliarden von Kilometern.

Modernen Technologien wie z.B. die Mikroelektronik und die optische Nachrichtenübertragung haben seit einigen Jahren der Nachrichtentechnik zu einer atemberaubenden Entwicklung verholfen. Analoge Übertragungssysteme wurden durch digitale Systeme und Kupferleitungen durch Glasfaserleitungen ersetzt. Vorhandene Systeme müssen aber noch lange Zeit betrieben und gewartet werden, so daß gleichzeitig langjährig bewährte neben hochmodernen Anlagen im Einsatz sein werden.

Gelegentlich wurde ein kurzer historischer Rückblick eingeflochten, damit die technischen Leistungen und Entdeckungen der Vergangenheit und deren Verbindungen mit den Leistungen der Wissenschaftler und Ingenieure der Gegenwart deutlich werden.

Mein Dank gilt dem Vieweg-Verlag, der die Entstehung dieses Buches ermöglichte, dem Herausgeber und Kollegen Prof. Dr. W. Schneider, der mich fachlich beriet sowie meinem Lektor Edgar Klementz, der mir in organisatorischen Fragen zur Seite stand. Herrn Dipl.-Ing. T. Petrasch verdanke ich viele Hinweise und Hilfe bei der Manuskripterstellung. Bei den Presseabteilungen und Institutionen der Firmen ANT und Siemens bedanke ich mich für die großzügige Überlassung und schnelle Beschaffung von interessanten Fotos. Die freundliche Mitarbeit und Geduld meiner Frau hat mir die Arbeit sehr erleichtert.

Wetzlar, Januar 1991   *Klaus Kief*

Inhaltsverzeichnis

Formelzeichen

(In Klammern Abschnittsnummern der
Einführung der Zeichen)

A	Fläche (4..9.3)
A	Dämpfung in Glasfaser (6.5)
A_E	Erdoberfläche (4.9.3)
A_{geom}	Geometr. Antennenfläche (3.10.4)
A_N	Numerische Apertur (6.3)
A_W	wirksame Antennenfläche (3.4.4)
A_{WK}	wirks. Fl. Kugelstrahler (3.4.4)
a	Gesamtdämpfung (4.4.1)
a_0	Freiraumdämpfung (3.4.4)
a_A	Absorptionsdämpfung (4.4.1)
a_F	Faserdämpfung (6.10)
a_K	Gesamtdämpfung Anlage (6.12.7)
a_L	Leitungsdämpfung (3.4.4)
a_R	Regendämpfung (4.4.1)
a_R	Dämpfung Regeneratorfeld (6.10)
$a_{R\,zul}$	– , zulässige (6.10)
a_{RES}	Dämpfungsreserve (6.10)
a_S	Systemdämpfung (3.4.4)
a_{SP}	Spleißdämpfung (6.10)
a_{ST}	Steckerdämpfung (6.10)
a_Z	Zusatzdämpfung (3.4.4)
B	Bandbreite (6.8.5)
B'	Bandbreite (4.4)
B_K	Kanalbandbreite (2.2.1)
B_{RF}	Radiofrequenzbandbreite (4.4.3)
B_S	Signalbandbreite (2.2.1)
BFH	Blockfehlerhäufigkeit (3.3.2)
b	geograf. Breite (4.7)
b_S	– Subsatellitenpunkt (4.7)
C	Kanalkapazität (2.2.1)
C	Systemkonstante (3.6)
C	Trägerleistung (4.4)
C'	Kapazitätsbelag (2.1)
C_B	Betriebskapazität (2.1)
c	Lichtgeschwindigkeit (1.1)
D	Innendurchmesser (3.8.3)

D_K	Dynamik eines Kanals (2.2.1)
D_S	Dynamik eines Signals (2.2.1)
d	Entfernung im Funkfeld (1.1)
d	Breite der Driftzone (6.8.4)
d_a	Außendurchmesser (2.4.4)
d_A	große Halbachse (3.8.3)
d_B	kleine Halbachse (3.8.3)
d_i	Innendurchmesser (2.4.4)
E	elektr. Feldstärke (3.4.4)
E	Energie (6.8.1)
E_b	Bitenergie (4.4.4)
e	Elektr. Elementarladung (5.5.1)
EIRP	äquiv. Strahlungsleistung (4.4)
F	Rauschmaß (3.6)
F	Anziehungskraft (4.9.1)
f	Frequenz (1.1)
f	Brennweite (3.8.2)
f_a	genormter Frequenzwert (3.9.2)
f_b	genormter Frequenzwert (3.9.2)
f_n	einzelne Mittenfrequenz (3.9.2)
f_m	einzelne Mittenfrequenz (3.9.2)
f_{max}	max. Signalfrequenz (2.3.1)
f_o	obere Grenzfrequenz (2.5.2)
f_T	Trägerschwingung (2.5.4)
G	Antennengewinn (3.4.4)
G	Leistungsverstärkung (4.4.2)
G_E	Gewinn Empfangsantenne (3.4.4)
G_S	Gewinn Sendeantenne
G'	Ableitungsbelag (2.1)
g	Antennengewinn, linear (3.4.4)
H_{10}	Grundwelle Hohlleiter (3.8.3)
H_{11}	Grundwelle Hohlleiter (3.8.3)
H	magnet. Feldstärke (3.4.4)
h	Bodenabstand (1.1)
h	Plancksche Konstante (6.8.1)
K'	Boltzmannkonstante (34.4)

k	Krümmungsfaktor (1.1)
k	Boltzmannkonstante (4.4.2)
k'	Ordnungszahl (2.2.2)
L'	Induktivitätsbelag (2.1)
LD	Leistungsflußdichte (4.9.6)
L_G	Geräuschleistungspegel (3.5)
L_{GO}	– am rel. Pegel 0 (3.5)
L_P	absoluter Leistungspegel (7.1)
L_{pr}	relativer Leistungspegel (7.1)
L_S	Signalleistungspegel (3.5)
L_{SO}	– am rel. Pegel 0 (3.5)
L_{SE}	Empfangsleistungspegel (3.6)
L_R	Verlustfaktor Regenwolke (4.4.2)
L_u	absoluter Spannungspegel (7.1)
L_{ur}	relativer Spannungspegel (7.1)
L_Z	Verlustfaktor Leitung (4.4.2)
l	geogr. Länge (4.7)
l	Länge (6.5)
l_s	Länge Subsatellitenpunkt (4.7)
M	Erdmasse (4.9.1)
M	Stromverstärkung (6.8.5)
$M(\lambda)$	Chromatische Dispersion (6.12.8)
m	Satellitenmasse (4.9.1)
m	Anzahl allgemein (6.10)
m_O	Elektronenmasse (5.5.1)
m_K	Amplitudenstufenzahl (2.2.1)
m_S	Amplitudenstufenzahl (2.2.1)
N	Rauschleistung (4.4)
N	Modenanzahl (6.4.1)
N_O	Rauschleistung (4.4.4)
N_K	Bitzahl (2.2.1)
n	Anzahl (3.3.2)
n	Brechzahl allgemein (6.3)
P	Verbesserungsfaktor (4.4.3)
P_O	absoluter Leistungspegel (7.1)
P_1	Leistung am Ort 1 (6.5)
P_2	Leistung am Ort 2 (6.5)
P_G	Geräuschleistung (3.5)
P_N	Rauschleistung (2.2.1)
P_S	Signalleistung (2.2.1)
P_X	Leistungspegel Ort x (7.1)
P_e	Empfangsleistung (3.4.4)
P_s	Sendeleistung (3.4.4)
p_G	Rauschleistungspegel (3.10.8)
p_S	Sendeleistungspegel (4.4)
q	Querschnitt (2.1)
q	Flächenausnutzung (3.10.3)
R'	Widerstandsbelag (2.1)
R_S	Schleifenwiderstand (2.1)
r	Abstand Mittelpunkte (4.7)
r_O	Kernradius Faser (6.4.1)
r_a	Außenradius (2.1)
r_E	Erdradius (1.1)
r_F	Radius der Fresnelzone (3.4.2)
r_{Fm}	Radius in Funkeldmitte (3.4.2)
r_i	Innenradius (2.1)
S	Systemwert (3.4.4)
S	Betrag Poynting-Vektor (3.4.4)
S	Signalleistungspegel (4.4.3)
S_{max}	max. Stahlungsleistung (3.4.4)
S_K	St.leistung Kugelstrahler (3.4.4)
$\vec{S}$	Poynting-Vektor (3.4.4)
s_1	Signalschwingung (2.5.4)
s_G	Signal-Geräusch-Abstand (3.4.4)
T	Übertragungszeitdauer (2.2.1)
T	abs. Temperatur (4.4.2)
T'	Rauschtemperatur (4.4)
T_A	– Antenne (4.4.2)
T_E	– Empfänger (4.4.2)
T_R	– Regenwolke (4.4.2)
T_S	– Gesamtsystem (4.4.2)
T_{VV}	– Vorverstärker (4.4.2)
T_Z	– Zuleitung (4.4.2)
T_A	Abtastzeit (2.3.1)
T_K	Übertragungszeit Kanal (2.2.1)
T_S	Übertragungszeit Signal (2.2.1)
t	Zeit, Laufzeit (4.9.2)
t_D	Driftzeit (6.8.4)
t_M	Meßzeit (3.3.2)
U_O	absolute Bezugsspannung (7.1)
U_1	Spannung am Ort 1 (7.1)
U_2	Spannung am Ort 2 (7.1)

$U_{G,6}$	Geräuschspannung bei 6 dBr (3.5)	ω_1	Signalfrequenz (2.2.2)
$U_{G,eff}$	eff. Geräuschspannung (3.5)	ω_C	Plasmakreisfrequenz (5.5.1)
U_x	Spannung am Ort x (7.1)	ϑ	Elevationswinkel
v_G	Gruppengeschwindigkeit (5.5.1)	φ	Azimutwinkel (4.7)
v_S	Sättigungsgeschwindigkeit (6.8.4)	$\Delta\varphi$	Halbwertsbreite (3.8.2)
W	Verbesserungsfaktor (4.4.3)	ρ	spezifischer Widerstand (2.1)

x Zwischengröße (4.7)

Z Zentrifugalkraft (4.9.1)

Z Abschlußwiderstand allgem. (7.1)

Z_1 Abschlußwiderstand Ort 1 (7.1)

Z_2 Abschlußwiderstand Ort 2 (7.1)

Z_0 Wellenwiderstand Vakuum (5.5.1)

Z_F Feldwellenwiderstand (5.5.1)

$\underline{Z}_W$ Wellenwiderstand (2.1)

Z_W Betrag von $\underline{Z}_W$ (2.1)

z Stellenzahl eines Codes (2.2.1)

α Leitungsdämpfung (2.1)

α Dämpfungskoeffizient (6.5)

α_F - Glasfaser (6.10)

α_A Akzeptanzwinkel (6.3)

α_{RES} kilometr. Dämpfungsres. (6.10)

β_G Grenzwinkel Totalreflexion (6.3)

Δ Differenz allgemein (2.2.1)

$\Delta\lambda$ Linienbreite Laser (6.12.8)

δ Verlustwinkel (2.5.1)

δ Abkürzungssymbol (6.3)

ε Dielektrizitätskonstante (2.1)

ε_0 abs. Diel.konstante (2.5.1)

ε_r rel. Diel.konstante (2.5.1)

η Ladungsträgerdichte (5.5.1)

γ Gravitationskonstante (4.9.1)

γ Zentriwinkel (4.9.3)

$\varkappa$ el. Leitfähigkeit (2.5.1)

λ Wellenlänge (1.1)

λ_c Grenzwellenlänge (3.8.3)

μ Permeabilitätskonstante (2.1)

μ_0 Abs. Permeabilität (2.5.1)

μ_r rel. Permeabilität (2.5.1)

Ω_0 Trägerfrequenz (2.2.2)

ω Winkelgeschwindigkeit (4.9.1)

1 Elektromagnetische Wellen

1.1 Wellenlängenbereiche

Der Vorgang der Ausbreitung elektromagnetischer Wellen in Erdnähe ist wegen der unterschiedlichen Beschaffenheit der Erdoberfläche und infolge der sich ständig verändernden Eigenschaften der Atmosphäre kompliziert. Eine wichtige Einflußgröße stellt die *Frequenz* der Radiowellen dar, denn die gleichartigen elektromagnetischen Schwingungen haben bei unterschiedlichen Schwingungszahlen unterschiedliche Eigenschaften. Die Schwingungszahlen je Sekunde werden zu Ehren von *Heinrich Hertz* mit der Einheit "Hertz" bezeichnet. Eine zweite Möglichkeit zur Charakterisierung elektromagnetischer Wellen besteht in der Angabe der Wellenlänge. Das Produkt aus Schwingungszahl f und Wellenlänge λ ist immer gerade gleich der Lichtgeschwindigkeit c.

$$c = f \cdot \lambda = 3 \cdot 10^8 \text{ m/s} \tag{1.1}$$

Wellenlängenbereich	Frequenzbereich	Bezeichnung nach DIN
100 km - 10 km	3 kHz - 30 kHz	Längstwellen *Very Low Frequency VLF*
10 km - 1 km	30 kHz - 300 kHz	Kilometerwellen *Low Frequency LF*
1 km - 100 m	300 kHz - 3 MHz	Hektometerwellen *Medium Frequency MF*
100 m - 10 m	3 MHz - 30 MHz	Dekameterwellen *High Frequency HF*
10 m - 1 m	30 MHz - 300 MHz	Meterwellen *Very High Frequency VHF*
1 m - 10 cm	300 MHz- 3 GHz	Dezimeterwellen *Ultra High Frequency UHF*
10 cm - 1 cm	3 GHz - 30 GHz	Zentimeterwellen *Super High Frequency SHF*
1 cm - 1 mm	30 GHz - 300 GHz	Millimeterwellen *Extremely High Frequency EHF*

Tabelle 1-1   Wellenlängenbereiche und Frequenzbereiche

1.2   Arten der Wellenausbreitung

Ein Sender im freien Raum strahlt mit einer Rundstrahlantenne eine *Kugelwelle* ab, die sich ungestört nach allen Richtungen hin mit Lichtgeschwindigkeit ausbreitet. Elektrische und magnetische Feldlinien stehen im *Fernfeld* aufeinander senkrecht, der Quotient zwischen elektrischer und magnetischer Feldstärke hat den Wert Z_O = 377 Ω. Dies ist der Wellenwiderstand des leeren Raumes. Die Ausstrahlung eines Senders in der Nähe der Erdoberfläche ist nicht mehr ungestört. Man unterscheidet zwei Ausbreitungsformen, die *Bodenwelle* und die *Raumwelle*.

1.2.1   Bodenwellen

Eine Bodenwelle breitet sich längs der gekrümmtem Erdoberfläche aus. Dabei dringen die elektrischen und magnetischen Felder der Bodenwelle in Abhängigkeit von der Frequenz mehr oder weniger tief in Boden ein. Die Erde selbst ist weder ein besonders guter Leiter, noch ein besonders hochwertiges Dielektrikum. Bei tiefen Frequenzen, also im Längst- und Langwellenbereich, kann die Erde als elektrisch gut leitfähig angesehen werden. Ab dem Bereich der Mittelwellen liegt das Verhalten eines verlustbehafteten Dielektrikums vor. Je höher die Frequenz der Radiowelle ansteigt, umso weniger tief dringt die Welle in den Boden ein.

Praktisch bedeutet dies, daß lange Wellen die geringste Dämpfung im Boden erfahren und damit die größte Reichweite haben. Man kann bei einer Frequenz von z.B. 200 kHz mit einer Ausdehnung der Bodenwelle von etwa 1000 km rechnen. Die Bodenwelle hat im Bereich der Mittelwellen nur noch eine Ausdehnung von wenigen hundert Kilometern. Bei Kurzwellen sinkt die Reichweite der Bodenwelle auf weit unter hundert km ab und hat daher, ebenso wie in höheren Frequenzbereichen, keine Bedeutung mehr.

1.2.2   Raumwellen

Der vom Erdboden freie Strahlungsanteil eines Senders wird als *Raumwelle* bezeichnet. Auch die Raumwelle hat auf der Erde eine begrenzte Reichweite. Einerseits nimmt die Strahlungsleistungsdichte mit der Entfernung ab, andererseits ist der Verlauf der Erdoberfläche gekrümmt.

Da sich Radiowellen näherungsweise geradlinig ausbreiten, werden vorzugsweise
Gebiete oberhalb des *Radiohorizonts* erreicht. Unterhalb des Radiohorizonts
entstehen Abschattungen. Je höher die Frequenz der Radiowellen ist, desto
schärfer ist die Schattengrenze und desto feldfreier ist der abgeschattete
Raum. Je tiefer aber die Frequenz der Radiowelle ist, umso mehr Bedeutung
haben Beugungserscheinungen. Daher ist auch im Raum unterhalb der Schattengrenze Radioempfang möglich. In den Kapiteln 3 und 5 wird auf die Wellenausbreitung im Gigahertzbereich und im Kurzwellenbereich noch eingegangen.

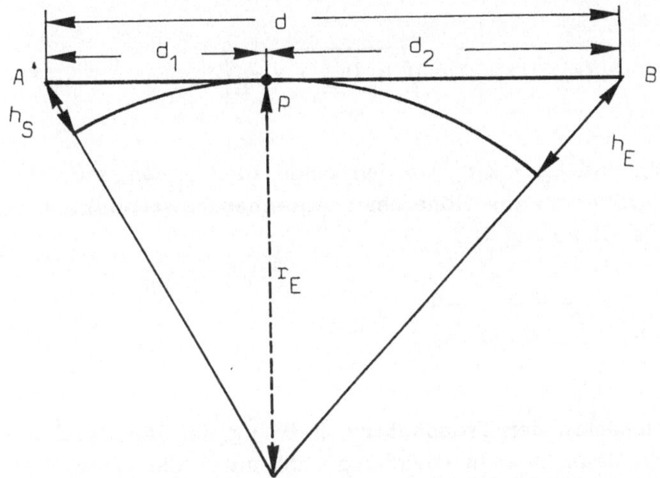

Bild 1-1   Radiohorizont ohne Einfluß der Troposphäre

Die Berechnung des *geometrischen* Radiohorizontes kann auf eine Dreieck-
berechnung zurückgeführt werden. Dabei werden die Einflüsse von Beugungserscheinungen zunächst nicht berücksichtigt.

Die Höhe eines Senders über dem Boden sei als h_S, die Höhe eines Empfängers
als h_E angenommen. Als "Höhe" wird die Entfernung eines Antennenschwerpunktes von der Erde eingesetzt. Der Erdradius wird als r_E bezeichnet. Nach
Bild 1-1 kann dann die Entfernung $d = d_1 + d_2$ berechnet werden. Zwischen den
Punkten A und B spannt sich die Strecke d aus, die im Punkt P die Erdoberfläche gerade berührt. Von Antenne A aus breitet sich eine Raumwelle geradlinig entlang der Geraden d aus und läuft am Punkt P über den Horizont hinaus
zur Empfangsantenne an Punkt B.

$$d_1^2 = (h_S + r_E)^2 - r_E^2 \tag{1.2}$$

$$d_2^2 = (h_E + r_E)^2 - r_E^2 \tag{1.3}$$

Nach Ziehen der Wurzel erhält man für die Entfernung $d = d_1 + d_2$:

$$d = \sqrt{h_S^2 + 2\,h_S r_E} + \sqrt{h_E^2 + 2\,h_E r_E}$$

$$= \sqrt{h_S(h_S + 2\,r_E)} + \sqrt{h_E(h_E + 2\,r_E)} \tag{1.4}$$

Die Entfernungen $h_S + 2\,r_E$ und $h_E + 2\,r_E$ werden beide zu $2\,r_E$ angenommen, da der Erdradius sehr viel größer als die Höhe eines Antennenschwerpunktes ist. Dadurch vereinfacht sich die Gleichung (1.3).

$$d = \sqrt{2\,r_E}\,(\sqrt{h_S} + \sqrt{h_E}) \tag{1.5}$$

Wenn man noch die Eigenschaften der Troposphäre in Bezug auf die Brechung, Beugung etc. berücksichtigt, dann kann in Gleichung (1.5) unter die erste Wurzel der Krümmungsfaktor $k = 4/3$ mit $2r_E$ multiplikativ verknüpft werden, der zu einer Reichweitenvergrößerung führt (siehe Kap. 3.4.1).

Die *Troposphäre* reicht bis zu einer Höhe von etwa zehn Kilometern. Sie beeinflußt die Wellenausbreitung durch eine variierende Luftdichte und durch den Wasserdampfgehalt. An die Troposphäre schließt sich die für die Wellenausbreitung unbedeutende *Stratosphäre* an, die sich bis in eine Höhe von etwa 50 km erstreckt. Ab 50 km bis 500 km wirkt die elektrisch aktive *Ionosphäre* auf die Übertragung von Raumwellen im Frequenzbereich zwischen 3 MHz und 30 MHz in entscheidendem Maße ein.

Wenn elektromagnetische Wellen gleichzeitig auf mehreren Wegen vom Sender zum Empfänger gelangen, dann überlagern sich am Empfangsort die Feldstärken. Je nach Laufzeit der Teilwellen verstärken sich die einzelnen Komponenten gegenseitig oder schwächen sich ab. Dies kann zum vollständigen Verschwinden der Feldstärke am Empfangsort führen.

1.2.3 Schwunderscheinungen

Jedem Rundfunkhörer, der auf seinem Radiogerät z.B. einen Kurzwellensender eingestellt hat, sind die starken Lautstärkeschwankungen im Verlauf einer Übertragung aufgefallen. Dieses unerwünschte zeitliche Schwanken der Empfangsfeldstärke wird als *Schwund* (engl. *fading*) bezeichnet. Die Schwunderscheinungen müssen bei der Auslegung von Übertragungseinrichtungen berücksichtigt werden, damit die geforderte Qualität der Nachrichtenübertragung sichergestellt wird. Man kann mehrere Ursachen für das Auftreten von Schwunderscheinungen finden.

Eine *Änderung des Ausbreitungsweges* kann eine Richtfunkübertragungsstrecke zum Totalausfall veranlassen, wenn der scharf gebündelte Funkstrahl infolge anormaler Strahlablenkung in der Troposphäre an der Empfangsantenne vorbeigeführt wird. Die eingangs genannte Übertragungsstörung beim Kurzwellenempfang kann auf geringfügige Veränderungen in der Ionosphäre zurückzuführen sein, die sofort eine Verschiebung des Reflexionsbereiches zur Folge haben.

Wenn sich die *Dämpfung* entlang des Signalweges verändert, dann kann die Erscheinung des *Absorptionsschwundes* eintreten. Eine Richtfunkübertragung im Frequenzbereich oberhalb von 10 GHz wird z.B. infolge der Wanderung einer Regenzelle durch das Funkfeld gestört. Kurzwellenverbindungen erfahren starke Dämpfungen, wenn in der D- und E-Schicht Absorptionsvorgänge auftreten.

Die *Mehrwegeausbreitung* führt zur Überlagerung von Radiowellen am Empfangsort. Wenn innerhalb eines schmalen Frequenzgebietes bei zwei Teilwellen eine Phasendifferenz von annähernd 180° vorliegt, dann kann am Empfangsort je nach den Amplitudenverhältnissen die Empfangsfeldstärke vollständig zum Verschwinden gebracht werden. Wieder ist es der Kurzwellenbereich, der von diesem Schwundmechanismus besonders stark betroffen ist.

Welche Maßnahmen werden eingesetzt, um diesen störenden Erscheinungen entgegenzuwirken? Da ist zunächst die automatische Verstärkungsregelung zu nennen, die mit einem großen Regelbereich den Einbruch der Empfangsfeldstärke ausgleichen kann - allerdings auf Kosten des Störabstandes (Kap. 3). Weil die Schwundeinbrüche sowohl vom Ort, als auch von der Frequenz abhängen, bieten sich zwei Lösungen an: Mit zwei Empfangsantennen und zwei damit verbundenen Empfängern kann die Wahrscheinlichkeit des Auftretens von ortsabhängigem Schwund verringert werden (Raum-*Diversity*). Der Einsatz von zwei verschiedenen Radiofrequenzen (Frequenz-*Diversity*) vermindert die Frequenzabhängigkeit des Schwundes.

Sowohl bei der Raum-Diversity wie auch bei der Frequenz-Diversity vergleicht eine elektronische Baugruppe ständig die Qualität der Ausgangssignale der beiden Empfänger und wählt das jeweils bessere aus oder kombiniert beide Signale miteinander. Der erhöhte Geräteaufwand wird durch eine erhebliche Erhöhung der Zuverlässigkeit belohnt.

Die Wellenausbreitung auf mehreren Wegen kann mit schwundmindernden Antennen gedämpft werden. Da diese Antennen für den Langwellen- und Mittelwellenbereich nicht in vertikale Raumsektoren strahlen, tritt am Empfangsort nur die Bodenwelle auf. Im Bereich der Richtfunktechnik wird ein Raum um die optische Sichtlinie herum (*Fresnel*-Zone) freigehalten, damit keine Strahlungsanteile mit hoher Intensität auf Umwegen die Empfangsantenne erreichen.

Eine sichere Aussage über die Feldstärke am Empfangsort bei einer bestimmten Radiofrequenz ist nicht immer möglich. Meßergebnisse und statistische Aussagen aus der Vergangenheit und ständige weltweite Beobachtung der Troposphäre und der Ionosphäre liefern aussagefähige Kriterien für die Auslegung von Funkübertragungsstrecken.

1.3 Ausbreitung in den einzelnen Wellenbereichen

Längstwellen (10 km $\leq \lambda \leq$ 100 km) überbrücken sowohl mit der Bodenwelle als auch mit der Raumwelle bei Tag und bei Nacht größte Entfernungen. Da Längstwellen erhebliche Eindringtiefen von 100 m und mehr in das Seewasser aufweisen, ist mit diesen Wellenlängen eine Nachrichtenverbindung mit getauchten Unterwasserfahrzeugen möglich. Längstwellen werden auch für Fernbereich-Navigationsverfahren eingesetzt. Da die Antennensysteme enorme Größe bei schlechtem Wirkungsgrad aufweisen, ferner nur sehr wenige Sender in diesem Frequenzband nebeneinander arbeiten können und die Übertragungsqualität zudem durch atmosphärische Störung negativ beeinflußt wird, ist die Bedeutung dieses Wellenbereiches als nicht groß einzuordnen.

Langwellen (1 km $\leq \lambda \leq$ 10 km), auch Kilometerwellen genannt, verhalten sich ähnlich wie Längstwellen. Mit der kräftigen Bodenwelle können Entfernungen über 1000 km überbrückt werden. Damit ist über 24 Stunden eine gleichmäßige Versorgung mit z.B. Radioübertragungen möglich. Ferner werden Langwellen für Telegrafieübertragungen und für Funknavigation eingesetzt. Die Senderleistungen werden mit 500 kW angegeben, da die Entfernungsbereiche "nur" um die 1000 km betragen. Der Antennenaufwand ist groß, der Einsatz schwundmindernder Antennen ist möglich.

Mittelwellen (100 m $\leq \lambda \leq$ 1 km) oder Hektometerwellen lassen in Entfernungsbereichen unter 100 km keine wesentliche Raumwelle erwarten, da die vertikal polarisierten Sendeantennen keine Steilstrahlung aufweisen und somit keine Reflexion an der D-Schicht auftreten kann. Dies ist aber kein Mangel, denn tagsüber kann die Bodenwelle innerhalb einiger 100 km eine ausreichende Empfangsfeldstärke erzeugen. Nachts werden Hektometerwellen an der E-Schicht und auch an der D-Schicht reflektiert und überbrücken so Entfernungen von mehreren 1000 km. Der untere Mittelwellenbereich ist für Seefunk, Rundfunk und Funknavigationszwecke vorgesehen. Der sich daran anschließende Mittelwellenbereich ist mit Rundfunksendern überbelegt, so daß ein Fernempfang aus Qualitätsgründen praktisch kaum noch sinnvoll ist. Die Sendeleistungen von Mittelwellensendern werden daher oft auf 1 - 5 kW begrenzt, um Störungen von Empfängern anderer Mittelwellensender zu begrenzen, welche die gleiche Frequenz benutzen. Im Grenzwellenbereich zur Kurzwelle hin wird ebenfalls Seefunk (Kap. 5) und auch Flugfunk durchgeführt.

Kurzwellen (10 m $\leq \lambda \leq$ 100 m), die auch mit der Bezeichnung Dekameterwellen belegt sind, ermöglichen mit Hilfe von Reflexionen der Raumwelle an der E-Schicht und vor allem der F-Schicht der Atmosphäre weltweite Nachrichtenverbindungen, oft mit vergleichsweise geringen Sendeleistungen, wie die Empfangsberichte von Kurzwellenamateuren belegen. In Kapitel 5 wird die Nachrichtenübertragung mit Kurzwellen genauer dargelegt.

Ultrakurzwellen (1 m $\leq \lambda \leq$ 10 m) oder Meterwellen breiten sich näherungsweise wie Lichtwellen aus. Die Bodenwelle hat für den Empfang nur geringe Bedeutung im Gegensatz zur Raumwelle, die sich bis zum Radiohorizont bei Hindernisfreiheit praktisch verlustlos ausbreitet. Bereits 1948 wurde die UKW-Richtfunkstrecke zwischen Torfhaus (Harz) und Berlin eingerichtet, im Jahre 1950 der erste deutsche 10-Kilowatt-Sender für UKW-FM. Heute wird der UKW-Bereich bevorzugt für Ton- und Fernsehrundfunk eingesetzt, da die große Bandbreite des Bereichs eine gute Übertragungsqualität ermöglicht. Ferner verwendet man Ultrakurzwellen für "beweglichen Landfunk, Seefunk, Flugfunk" und für Funknavigationsverfahren.

Dezimeterwellen (10 cm $\leq \lambda \leq$ 100 cm) folgen in der Wellenausbreitung mehr den optischen Gesetzmäßigkeiten. Da mit abnehmenden Wellenlängen kleinere Antennenkonstruktionen wirtschaftlich errichtet werden können, kann dieser Wellenlängenbereich bereits für Richtfunkübertragung ausgenutzt werden. Wenn die optische Sicht zwischen Sender und Empfänger nicht gegeben ist, dann erfolgt die Nachrichtenübertragung durch Streuvorgänge der Radiowellen an Inhomogenitäten der Troposphäre (*Scatter*-Richtfunk). Dezimeterwellen werden ferner für Fernsehrundfunk, Radartechnik und für die Funknavigation eingesetzt.

Bild 1-2   Richtfunkantennen für Scatterverbindungen und Sichtverbindungen

Millimeterwellen (1 mm $\leq \lambda \leq$ 10 mm) erfahren starke Dämpfungen durch Absorptionserscheinungen und Streuvorgänge. Daher werden Übertragungen mit diesen Wellenlängen ausschließlich im Sichtbereich angewendet. Der Satellit *Kopernikus* führt z.B. Versuchssendungen im Frequenzbereich von 30 GHz durch. Wenn man den "Frequenzbereichs-Zuweisungsplan" der Deutschen Bundespost zu Rate zieht, dann bemerkt man auch in diesem hohen Frequenzbereich die dichte Belegung mit den verschiedenartigsten Funkdiensten. Erst ab der Frequenz 275 GHz ist nach höheren Frequenzen hin keine Zuweisung mehr zu finden.

2 Nachrichtenübertragung über Kabel

2.1 Einführung

Die Entwicklung der Fernmeldekabel begann vor über 100 Jahren Hand in Hand mit der Entwicklung der Nachrichtentechnik. Man hat Kupfer, Bronze und Eisen als Leitermaterial eingesetzt. Als Isolationsmaterial verwendete man Faserstoffe wie Wolle, Jute, Papier und Seide. Die Textilindustrie stellte die Umspinnungs- und Umflechtungstechniken zur Verfügung. Den Feuchtigkeitsschutz übernahmen zunächst asphalt- und wachshaltige Massen, später dann Guttapercha. Nachdem die Guttaperchapresse erfunden worden war, konnte man größere Kabelstücke fortlaufend herstellen, so auch das erste transantlantische Telegrafen-Seekabel von 1866. Mit der Erfindung der Bleipresse im Jahre 1880 war eine ein fortlaufende Ummantelung mit einem geschmeidigen Bleimantel möglich geworden, der gegen Feuchtigkeit den damals besten Schutz bot. Der blanke Bleimantel wurde mit getränktem Jute- oder Papierband gegen Korrosionsbefall umwickelt und auch mit Runddrähten oder Stahlband bewehrt, wodurch die mechanische Festigkeit verbessert wurde.

Bild 2-1   Siemens-Kabelfabrik in Woolwich 1866

Die Entwicklung von Handel und Industrie führte zu immer größeren Leitungs-
längen im Zusammenhang mit dem zunehmenden Bedarf an geschäftlicher
Kommunikation. Dabei stellte man fest, daß die Kabeladern eine zu große Kapazität
im Verhältnis zur Induktivität aufwiesen, eine Tatsache, die große Signalverzer-
rungen am Kabelende erzeugte. Die Lösung dieses Problems ergab sich durch
eine schraubenförmige Umspinnung der Kupferader mit einer Papierkordel, die
nochmals von einem überlappenden Papierband überzogen wurde. Dieses
Verfahren der Papier-Hohlraumisolierung ist bis heute im Einsatz.

Der Stahlwellenmantel löste während des zweiten Weltkrieges aus Gründen der
Rohstoffknappheit den Bleimantel ab. Diese Ummantelung erwies sich als
vorteilhaft in Bezug auf Druck- und Schlagfestigkeit, als resistent gegen
interkristallinen Zerfall und als preiswert in der Fertigung, so daß bis heute
Stahlwellenkabel bei der Deutschen Bundespost eingesetzt werden.

Zur Zeit werden als Isolationsmaterialien vorwiegend Kunststoffe wie Polyäthylen
und Polyvinylchlorid verwendet. Der Schichtenmantel aus Polyäthylen (PE) mit
einem innen aufgeschweißten doppelseitig mit Kunststoff beschichteten Aluminiumband als Wasserdampfsperre und als Schutz gegen Starkstrombeeinflus-
sungen hat sich als geeignete Kabelkonstruktion erwiesen.

Die Isolation der Leiter besteht ebenfalls aus dem Kunststoff Polyäthylen, der
mit Hilfe von Extrudern auf das Leitermaterial aufgetragen wird. Auch bei den
heute sehr viel eingesetzten Glasfaserkabeln wird dieser Werkstoff bevorzugt.
Wegen der leichten Entflammbarkeit des Polyäthylens nimmt man für Auftei-
lungskabel und Installationskabel dagegen Polyvinylchlorid zur Isolierung.

Als *Fernmeldekabel* wird im Sinne der Deutschen Bundespost ein "fernmeldetechnisches Sachmittel" verstanden," das aus einem oder mehreren isolierten,
miteinander verseilten Leitern und/oder aus koaxialen Leitersystemen und einer
den oder die Leiter gemeinsam umgebenden Hülle besteht".

Viele Nachrichtenkabel enthalten eine große Anzahl symmetrischer verseilter
Leiterpaare, von denen jedes für einen Stromkreis bestimmt ist. Unter
Verseilung versteht man die Anordnung der einzelnen Verseilelemente in der
Kabelseele. Dabei werden als Verseilelemente Dreier, Vierer, Fünfer, Aderpaare
oder Koaxialpaare eingesetzt. Die Vierer-Verseilung wird gegenüber der Paar-
Verseilung bevorzugt, da sie vom Raumbedarf her im gemeinsamen Kabel 30%
mehr Sprechkreise unterzubringen gestatten.

Als Beispiel für das Verseilelement *Vierer* sollen der *Stern-Vierer* und der *Dieselhorst-Martin-Vierer* betrachtet werden. Als Stern-Vierer bezeichnet man vier gleiche miteinander verseilte Adern, von denen jeweils 2 diametral gegenüberliegende einen Leitungskreis (*Stamm*) bilden. Die Stämme werden auch als Doppeladern bezeichnet. Dieselhorst-Martin-Vierer stellen zwei miteinander verseilte Paare mit unterschiedlichen Drallängen dar, wobei jedes Paar einen Stromkreis bildet.

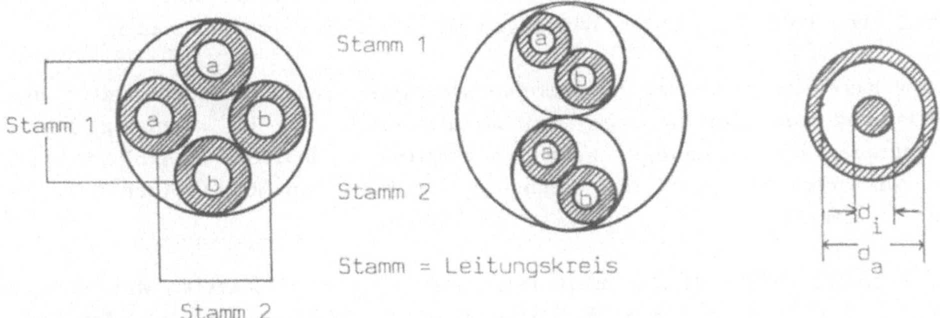

Bild 2-2   Stern-Vierer, Dieselhorst-Martin-Vierer und Koaxialkabel

In diesem Zusammenhang ist der Begriff *Phantomkreis* zu erwähnen, der aus den beiden Stämmen des Stern-Vierers oder Dieselhorst-Martin-Vierers gebildet werden kann. Für den Phantomkreis bilden die beiden Adern des einen Stammes gemeinsam die Hinleitung, die Adern des anderen Stammes gemeinsam die Rückleitung. Damit können zwei Leiterpaare dreifach ausgenutzt werden.

Die bisher beschriebenen Kabel sind mit bestimmten elektrischen Eigenschaften versehen. Wie betrachten zunächst den *Schleifenwiderstand* R_S, der von geometrischen Eigenschaften und Materialeigenschaften abhängt.

$$R_S = R' = 2 \cdot \rho/q \cdot 10^3 \ (\Omega/\text{km}) \tag{2.1}$$

$\rho = 1/\varkappa$ ist der spezifische Widerstand des Leitermaterials in $\Omega \cdot \text{mm}^2/\text{m}$; q stellt den Leiterquerschnitt dar. R_S wird auch als *Widerstandsbelag* R' bezeichnet. Der *Isolationswiderstand* R_{ISO} wird zwischen einem Leiter und allen anderen mit dem Metallmantel oder Schirm verbundenen Leitern gemessen. Er wird in $M\Omega \cdot \text{km}$ angegeben, z.B. als Pflichtwert von 20000 $M\Omega \cdot \text{km}$.

Unter dem Begriff *Betriebskapazität* C_B versteht man die sich ergebende Kapazität eines Leitungskreises. Sie ist abhängig vom Leiterdurchmesser, von der Art des Materials zwischen den Leitern, von der geometrischen Anordnung der Leiter in der Kabelseele und deren Lage zum Kabelschirm. Je kleiner C_B ist, desto besser sind die übertragungstechnischen Eigenschaften. C_B wird in nF/km gemessen. C_B wird auch als *Kapazitätsbelag* C' bezeichnet.

Durch *Kopplungen* wird das lineare Nebensprechen zwischen symmetrischen Leitungen hervorgerufen. Man unterscheidet *kapazitive, magnetische* und *galvanische* Kopplungen, wobei die kapazitiven Kopplungen infolge Unsymmetrien im elektrischen Feld die größten Wirkungen auf das Nebensprechen haben.

Eine weitere Kenngröße ist die *Spannungsfestigkeit* zwischen jedem Leiter eines Kabels und dem Schirm oder dem Metallmantel. Alle im normalen Betrieb auftretenden Überspannungen müssen verkraftet werden. Bei PE-isolierten Leitern von Ortskabeln wird eine Spannungsfestigkeit von 500 V Ader/Ader und 2000 V Ader/Mantel verlangt (*PE = Polyäthylen*).

Eine wichtige Größe ist der *Wellenwiderstand* $\underline{Z}_W$ eines Kabels. Man versteht darunter das Verhältnis von Wellenspannung zu Wellenstrom an jeder Stelle eines reflexionsfrei abgeschlossenen Leitungskreises. Eine Leitung, die mit ihrem Wellenwiderstand abgeschlossen ist, erzeugt keine *Reflexionen.* Wenn Reflexionen auftreten, dann entstehen auf der elektrisch fehlerhaft abgeschlossenen Leitung Signalverformungen, Leistungsverluste und Zusatzdämpfungen. Der Wellenwiderstand hat an jedem Punkt einer Leitung von fortlaufend gleicher Bauweise den gleichem Wert und ist daher längenunabhängig. Aus den Leitungsgleichungen ergibt sich folgende allgemeine Formel für den komplexen Wellenwiderstand, der aus Real- und Imaginärteil zusammengesetzt ist.

$$\underline{Z}_W = \sqrt{\frac{R' + j\omega L'}{G' + j\omega C'}} = Z_1 + jZ_2 \qquad (2.2)$$

Die vier Größen R', L', G' und C' sind die *Leitungsbeläge*, bei denen mit kilometrischen Werten gerechnet wird. Die Formelzeichen bedeuten in der Reihenfolge Widerstandbelag (Ω/km), Induktivitätsbelag (H/km), Ableitungsbelag (S/km), und Kapazitätsbelag (F/km) einer Leitung. Man hat Näherungsgleichungen entwickelt, welche innerhalb bestimmter Frequenzbereiche mit einfachen Formeln genügend genaue Werte von $\underline{Z}_W$ liefern.

So gilt für den Betrag des Wellenwiderstandes Z_W bei schwach gedämpften Trägerfrequenz-Leitungen ($R' \ll \omega L'$; $G' \ll \omega C'$) und Frequenzen oberhalb f_G = $R'/4\pi L'$, sowie für verlustarme Koaxialkabel:

$$Z_W = \sqrt{L'/C'} \qquad (2.3)$$

Bei Koaxialkabeln kann die Beziehung (2.3) umgerechnet werden, indem man aus der Leitungstheorie bekannte Gleichungen für L' und C' einsetzt. Wenn für das Verhältnis von Innenradius des Außenleiters und Außenradius des Innenleiters r_a/r_i der Optimalwert 3,6 eingesetzt, und die absoluten Konstanten μ_0 und ε_0 aus der Wurzel genommen werden, dann ergibt sich die zugeschnittene Größengleichung (2.4, rechts):

$$Z_W = \frac{1}{2\pi} \ln (r_a/r_i) \sqrt{\mu/\varepsilon} = 77\sqrt{\mu_r/\varepsilon_r} \; \Omega \qquad (2.4)$$

Die relative Permeabilitätskonstante μ_r und die relative Dielektrizitätskonstante ε_r haben beide für Luft den Wert 1, so daß sich für den Wellenwiderstand eines Koaxialkabels mit Luft als Dielektrikum der Wellenwiderstand Z_W = 77 Ω ergibt. Infolge der Abstandshalterungen aus Kunststoff, die den Mittelleiter tragen, ist der Wert für Z_W noch etwas geringer.

Die *Leitungsdämpfung* α ist ein Maß für den Energieverlust eines Signals auf einer Leitung. Für eine unbespulte Kabeldoppelader kann die frequenzabhängige Dämpfung näherungsweise bestimmt werden. Diese Leitungsart gilt als stark gedämpft: $\omega L' \ll R'$; $G' \ll \omega C'$.

$$\alpha = \sqrt{\frac{1}{2} \cdot \omega \cdot R' \cdot C'} \qquad (2.5)$$

Bei schwach gedämpften Leitungen und Koaxialkabeln hat die Leitungsdämpfung α einen etwas anderen Aufbau:

$$\alpha = \frac{R'}{2 \cdot Z_W} + \frac{G'}{2} Z_W \qquad (2.6)$$

Symmetrische Kabel werden dort verwendet, wo relativ niederfrequente Signale zu übertragen sind, wie dies in Fernsprechortsnetzen der Fall ist. Die obere Frequenzgrenze liegt bei 2 MHz. Für die Übertragung von höheren Frequenzen werden Koaxialkabel eingesetzt. Diese Kabel können bis etwa 300 MHz betrieben werden. Auf einer Koaxialleitung werden zur Zeit 10800 Ferngespräche übertragen. Dabei wird ein Frequenzbereich bis 60 MHz benötigt. Für die "Hinrichtung" und "Rückrichtung" zwischen zwei Orten müssen zwei Koaxialkabel eingesetzt werden. Im Weitverkehrsnetz der Bundespost existieren Nachrichtenkabel mit 12 Tuben (*Tube = Koaxialleitung*), auf denen in beiden Richtungen 6 x 10800 = 64800 Ferngespräche übertragen werden.

In Kabelfernsehnetzen können auf einer Koaxialleitung z.B. 30 Fernsehprogramme und gleichzeitig 24 UKW-Stereotonprogramme übertragen werden. Dabei wird der Frequenzbereich bis 300 MHz benötigt.

In Bild 2-3 ist der prinzipielle Streckenaufbau eines Fernmelde-Kabelsystems dargestellt. In einer Endstelle befinden sich die Baugruppen Modulator und Sendeverstärker. Das niederfrequente Nutzsignal wird durch den Modulator M auf den Nachrichtenträger aufmoduliert und im Verstärker S verstärkt. Das Ausgangssignal wird in der höheren Übertragungsfrequenzlage in die Kabelstrecke eingespeist, die infolge der Dämpfung α das Signal aufzehrt. In einem Zwischenverstärker Z muß das Signal im Pegel wieder angehoben werden und gelangt so auf das nächste Verstärkerfeld.

Die gleichen Vorgänge laufen in der Übertragungsrichtung B-A ab. Am Ende des letzten Verstärkerfeldes wird das empfangene Signal dem Empfänger E zugeführt, verstärkt und aus der Übertragungsfrequenzlage durch den Demodulator D in die Niederfrequenzlage demoduliert.

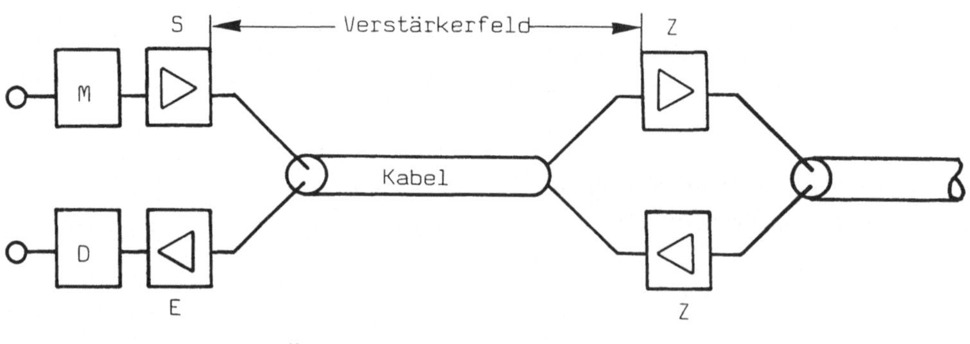

Bild 2-3   Streckenaufbau eines Fernmeldekabelsystems

2.2 Frequenzmultiplextechnik

In den Anfangszeiten der Fernsprechtechnik hat man die damals üblichen Übertragungswege, z.B. Freileitungen aus Eisendraht mit 2...3 mm Durchmesser, jeweils nur für einen einzigen Fernsprechkanal ausgenutzt. Die erste in Deutschland verwirklichte Weitverkehrsstrecke, die im Jahre 1887 gebaut wurde, verband die Städte Berlin und Hamburg über eine Entfernung von 300 km mit einer Freileitung aus Siliziumbronze. Da man sich bemühte, die Kosten der Übertragungswege niedrig zu halten, führte man bereits früh Versuche durch, die Leitungen durch mehrere Fernsprechkanäle auszunutzen. Die *Phantomschaltung* ermöglichte es, über zwei Drahtpaare, auf denen zwei Sprachkanäle übertragen wurden, noch einen dritten, zusätzlichen Sprachkanal zu übermitteln. Es ergibt sich dabei zwangsläufig das Problem des *Nebensprechens*, also des unerwünschten Übergangs von Signalen von einem Sprechkanal auf andere Kanäle. Damit das Gesprächsgeheimnis gewahrt bleibt und damit die Gesamtsumme der Störungen so gering als möglich ins Gewicht fällt, muß das Nebensprechen genügend klein gehalten werden.

Es gibt viele Verfahren der Mehrfachausnutzung von Übertragungswegen, so die *Frequenzselektion*, die nachfolgend näher besprochen wird, die *Zeitselektion*, die im Kapitel 2.3 beschrieben wird, und die *Amplitudenselektion*. Der Grundgedanke, daß man die Nachrichten verschiedenen *Trägerfrequenzen* aufmodulierte, wurde erstmalig für die Telegrafie angegeben, und zwar 1886 von *Elisha Gray*, der auf der Sendeseite Wechselströme verschiedener Frequenzen tastete und auf der Empfangsseite durch mechanisch abgestimmte Empfänger nach dem Stimmgabelprinzip wieder voneinander trennte.

Zehn Jahre später ersetzte *Pupin* die mechanischen Empfangsfilter durch elektrische Schwingkreise und führte damit als erster elektrische Filter ein. Das Aufkommen der Funktechnik um die Jahrhundertwende ermöglichte es, auf eine Trägerfrequenz Sprache aufzumodulieren. Der Berliner Physiker *E.Ruhmer* entwickelte 1908 ein *Drahtfunksystem*, welches seine Wohnung und sein Labor miteinander verband. Ein Jahr später führte er auf der Weltausstellung in Brüssel sein System vor, welches auf einer Freileitung vier Gespräche zu übertragen ermöglichte. Als Sender benutzte Ruhmer Lichtbogengeneratoren, die auf unterschiedliche Trägerfrequenzen abgestimmt waren. Mit Mikrofonen wurden die Hochfrequenzströme moduliert, übertragen und auf der Empfangsseite über abgestimmte Schwingkreise einfachen Detektorapparaten zugeführt, an denen Telefonhörkapseln den Empfang der Sprachsignale ermöglichten.

Der Amerikaner *G.O.Squier* übertrug im Jahre 1911 auf einer 11 km langen Kabelleitung einen zusätzlichen Sprachkanal. Er verwendete eine Hochfrequenzmaschine mit 2 kW Leistungsumsatz und einer Frequenz von 100 kHz. Diese ersten gelungenen Versuche legten den Grundstein zur Entwicklung der Trägerfrequenztechnik.

Die eigentliche Entwicklung beginnt erst mit der Verbreitung der Verstärkerröhre, an deren Entwicklung Amerika und vor allem Deutschland führend beteiligt waren. 1912 wurde das *Lieben*-Patent der Verstärkerröhre von den Firmen *AEG, Telefunken, Siemens & Halske* und *Felten & Guilleaume* erworben. Im Jahre 1917 wurden dann Versuche mit Mehrfachtelefonie auf Leitungen mit Einsatz von Röhren durchgeführt. 1922 gab es in Deutschland 40 trägerfrequente Sprechkreise mit zusammen 9000 Sprechkreiskilometern, 1924 waren es schon 17000 Sprechkreiskilometer, die trägerfrequent ausgenutzt wurden. Im Amerika sind um diese Zeit über 50000 Sprechkreiskilometer in Betrieb. Bereits im Jahre 1926 gab es in Amerika ein 48 km langes Seekabel mit trägerfrequenten Sprechkreisen. In Deutschland hat die Firma *Siemens & Halske* im Jahre 1930 die Anzahl der Sprechkreise des 160 km langen Seekabels zwischen Malmö und Stralsund durch Einsatz von 12 Zweiband-Trägerfrequenzsystemen verdoppelt.

Als im Jahre 1933 der Ringmodulator mit Trockengleichrichtern eingeführt wurde, konnte man ohne Röhren modulieren und demodulieren, bei gleichzeitiger Trägerunterdrückung. Die guten Erfahrungen mit Ringmodulatoren führten dazu, daß überall in der Welt Freileitungen mit Trägerfrequenzsystemen ausgerüstet wurden. Es war nun an der Zeit, sich in Bezug auf die Frequenzbelegung der Freileitungen abzustimmen, an Normungsfragen heranzugehen und Frequenzpläne zu schaffen, eine Aufgabe, die für Freileitungen die Firmen *Ericsson, Standard Electric* und *Siemens* übernahmen.

In Bezug auf die Kabelübertragung erwiesen sich die stark bespulten Fernkabel als hinderlich. Zwar hatte die Bespulung, die *M.I.Pupin* im Jahre 1899 einführte, die Leitungsdämpfung in einem niederen Frequenzbereich stark verringern können, was einer damals beträchtlichen Reichweitenvergrößerung entsprach. So konnte die Reichweite von Kabeln von 40...100 km auf 130...550 km gesteigert werden. Bei Freileitungen erhöhte sich die Reichweite durch die Bespulung von 200...1400 km auf 500...2000 km, eine Tatsache, die große Bedeutung in einer Zeit hatte, in der es noch keine Verstärker für Sprachsignale gab. Wenn man bei diesen Leitungen die Bespulung wegließ, dann war eine trägerfrequente Ausnutzung von Kabelleitungen mit z.B. 12 Sprechwegen möglich geworden. Die Entwicklung von Koaxialkabeln ermöglichte 1935 ein System zur Übertragung von 200 trägerfrequenten Sprechwegen und bereits einem Fernsehkanal.

Im Jahre 1942 wurde der Firma Siemens & Halske ein Patent auf die Bildung einer Vorgruppe von 12 kHz Bandbreite erteilt; seit 1946 wird das Vorgruppensystem zusammen mit der Deutschen Bundespost entwickelt. Im Jahre 1950 konnte dann das erste Vorgruppensystem für 60 Sprachkanäle auf der Strecke Frankfurt/Main - Mannheim erprobt werden. Seit 1954 war der Aufbau von Trägerfrequenznetzen wieder in vollem Gange. Die Systeme für Koaxialpaare wurden von 200 auf 10800 Sprechkreise weiterentwickelt, die symmetrischen Systeme von zwölf auf 120 Sprechkreise. Heute ist der Übergang auf digitale Systeme vollzogen worden. Dennoch werden trägerfrequente Systeme noch etwa zwanzig Jahre in den Betriebsstellen der Bundespost eingesetzt werden.

2.2.1 Frequenzselektion, Signalquader und Kanalkapazität

Das derzeitige Fernsprechnetz ist zum Teil noch ein analoges Netz. Die analogen Sprachsignale werden auf den Verbindungsleitungen zwischen den Vermittlungsstellen mit Hilfe von Frequenzmultiplex-Systemen übertragen. Die einzelnen Nachrichtenkanäle sind frequenzmäßig nebeneinander angeordnet. Für einen analogen Telefonkanal ist eine Bandbreite von 3,1 kHz vorgesehen. Die untere Frequenzgrenze liegt bei 300 Hz, die obere Frequenzbandgrenze bei 3400 Hz. In der Trägerfrequenztechnik wird allerdings mit 4 kHz Bandbreite gerechnet. Wenn man sich ein 4 kHz-Frequenzraster vorstellt, dann erkennt man, daß zwischen zwei Sprachkanälen ein Sicherheitsabstand von (300 + 600)Hz = 900 Hz liegt, der wegen der Flankensteilheiten der Filterkurven notwendig ist.

Die Bandbreite des Übertragungsweges muß mindestens gleich, normalerweise jedoch größer sein als die Gesamtsumme der Bandbreiten der einzelnen Kanäle. Die Selektion der einzelnen Kanäle erfolgt mit Hilfe von Frequenzfiltern. Das Selektionskennzeichen ist die Frequenzlage der Kanäle.

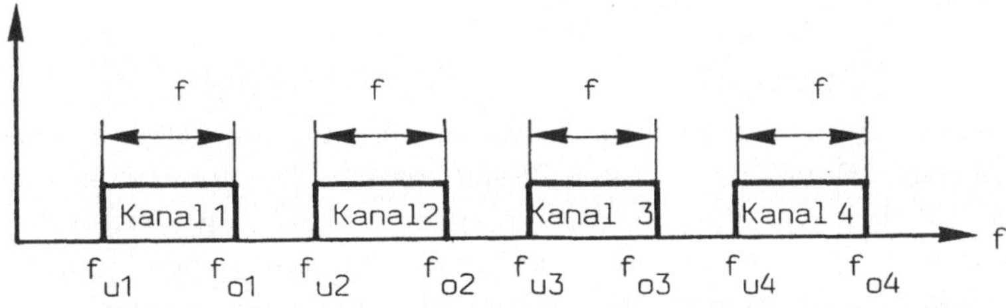

Bild 2-4   Schema der Kanalanordnung bei Frequenzselektion

Voraussetzung für eine verzerrungsfreie Übertragung ist der Umstand, daß der übertragbare Dynamikumfang des Übertragungsweges mindestens gleich dem des zu übertragenden Signals ist. Wenn der Übertragungsweg nicht den erforderlichen Dynamikumfang aufweist, was durch Störungen und durch eine maximale nicht überschreitbare Sendeleistung bedingt sein kann, dann wird das Signal entweder unzulässig stark gestört oder verzerrt. Da Dynamik und Bandbreite in einem gewissen Umfang gegeneinander austauschbar sind, kann man durch Einsatz z.B. von Phasenmodulation bei ungenügendem Dynamikumfang des Kanals mit erhöhter Signalbandbreite dennoch eine fast verzerrungsfreie Übertragung ermöglichen. Diese Zusammenhänge veranschaulicht in einer allerdings sehr vereinfachten Darstellung der *Signalquader*.

Ein Signal wird durch eine Zeitfunktion beschrieben. Die Zeitfunktion existiert in der Zeitspanne T_S. Sie hat ein Spektrum, welches innerhalb der Bandbreite ΔB_S auftritt. Die Dynamik des Signals ist das logarithmische Verhältnis von der größten zur kleinsten Signalamplitude innerhalb der Zeit T_S. Die drei genannten Größen kann man sich als Kanten eines Quaders vorstellen, welcher das Signal repräsentiert.

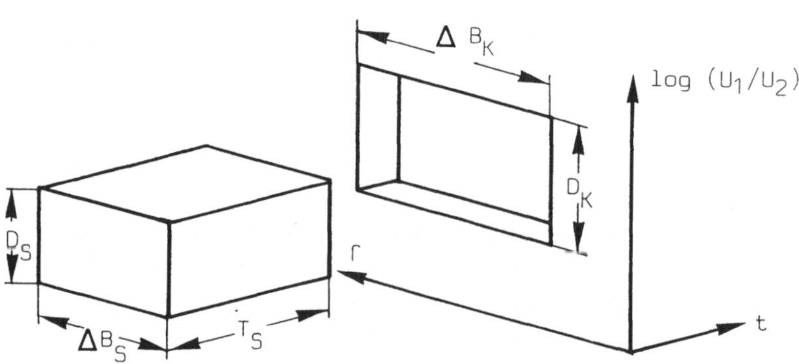

Bild 2-5   Signalquader und Übertragungskanal

Die Eigenschaften eines Übertragungssystems lassen sich in ebenfalls vereinfachter Form durch ein "Fenster" in einer Wand darstellen. Innerhalb der Kanalbandbreite ΔB_K bleiben die linearen Verzerrungen in zulässigen Grenzen. Der Aussteuerungsbereich ist nach kleinen Amplituden hin durch den Störabstand S_K, nach großen Amplituden hin durch die zulässige Grenze der nichtlinearen Verzerrungen begrenzt.

Der gesamte Aussteuerungsbereich wird durch den Dynamikumfang D_K des Kanals angegeben. Die Signallaufzeit im Übertragungskanal hat den Wert T_K. Wenn der Signalquader durch den Ausschnitt in der Wand "paßt", dann bleibt der Nachrichteninhalt des Signals voll erhalten. Wenn der Fall eintritt, daß der Quader *nicht* durch den Ausschnitt in der Wand paßt, dann muß die Form des Signalquaders geändert werden, ohne den Inhalt des Quaders zu verändern.

Ist z.B. die Bandbreite des Übertragungskanals kleiner als als die Bandbreite des Signalspektrums, dann muß die Grundfläche des Quaders so geändert werden, daß die folgende Bedingung erfüllt bleibt:

$$\Delta B_S \cdot T_S = const \qquad (2.7)$$

Diese Bedingung stellt auch das Zeitgesetz der Nachrichtentechnik dar. Je schmaler das Frequenzband des Kanals ist, desto länger dauert die Signalübertragung. Der Quader wird sozusagen in die Länge gezogen, damit er durch den Kanal paßt.

Ist der Aussteuerungsbereich des Kanals, z.B. aufgrund eines hohen Störpegels, geringer als der Dynamikbereich des Signalquaders, dann muß die Stirnfläche des Signalquaders verändert werden. Es muß gelten:

$$\Delta B_S \cdot D_S = const \qquad (2.8)$$

Wenn sich z.B. Meßwerte mit großem Amplitudenbereich zeitlich nur langsam ändern, dann ist die Dynamik D_S des Signals groß, die Bandbreite ΔB_S des Signals klein, es liegt ein schmaler, hoher Signalquader vor. Digitalisiert man die Meßwerte (Puls-Code-Modulation, siehe Kap. 2.3), dann reduziert sich der Dynamikbereich des Signals drastisch, aber die notwendige Bandbreite ΔB_S zur Übertragung der jetzt schnellen Impulsfolgen steigt stark an. Der Kanal kann jetzt nach der Umformung des ursprünglichen Signals ein breiter horizontaler Schlitz mit geringer Höhe sein. Das kontinuierliche Signal wird durch dieses Verfahren in eine Folge von N digitalen Elementarentscheidungen verwandelt, wobei z die Stellenzahl des zur Quantisierung der Amplituden notwendigen Codes ist.

$$N = 2 \cdot \Delta B_S \cdot T_S \cdot z \qquad (2.9)$$

Die Zahl dieser Elementarentscheidungen ist ein Maß für die *Nachrichtenmenge*, die in Bit gemessen wird. Teilt man die Nachrichtenmenge durch die Zeitdauer T_S der Nachricht, dann erhält man den *Nachrichtenfluß*. Die Stellenzahl z des Codes ergibt sich aus der Zahl der diskreten Amplitudenstufen m_S des Signals. *ld* ist der *Logarithmus dualis*, dessen Basis die Zahl 2 ist.

$$z = \text{ld } m_S \tag{2.10}$$

Für den Nachrichtenkanal können ähnliche Gesetzmäßigkeiten aufgestellt werden. Wenn der Kanal m_K verschiedene Amplitudenwerte fehlerfrei übertragen kann, dann ist die Anzahl der Nachrichteneinheiten im Zeitraum T:

$$N_K = 2 \cdot \Delta B_K \cdot T \cdot \text{ld } m_K \tag{2.11}$$

Wenn alle diskreten Amplitudenwerte im Mittel gleich häufig sind, und alle Störamplituden statistisch auftreten, dann gilt für die Zahl der übertragbaren Amplitudenstufen mit P_S als Signalleistung und P_N als Störleistung:

$$m_K = \sqrt{\frac{P_N + P_S}{P_N}} \tag{2.12}$$

Die Zahl der Nachrichteneinheiten, geteilt durch die Zeitdauer T gibt eine quantitative Aussage über die in der Zeiteinheit maximal übertragbaren Nachrichteneinheiten. Man nennt diese Größe auch *Kanalkapazität* C.

$$C = \Delta B_K \cdot \text{ld } \frac{P_N + P_S}{P_N} \tag{2.13}$$

Der Logarithmus dualis kann z.B. über den *Briggs*schen Logarithmus bestimmt werden:

$$\text{ld } x = 3{,}32 \text{ lg } x \tag{2.14}$$

2.2.2 Einseitenbandmodulation mit Trägerunterdrückung

Von den vielfältigen Modulationsarten hat sich die *Amplitudenmodulation* als
ein geeignetes Modulationsverfahren erwiesen. Bei der Amplitudenmodulation
enstehen zwei Seitenbänder, das obere und das untere Seitenband, die jedes für
sich die vollständige Information enthalten. Es genügt aus Gründen der
Frequenzökonomie, ein einziges Seitenband zu übertragen.

Der größte Teil der Leistung entfällt bei Amplitudenmodulation auf den Träger.
Man braucht die hohe Trägerleistung aber nicht zu übertragen, wenn der
Träger im Modulator selbst unterdrückt wird, wie das im *Ringmodulator*
geschieht. Die Trägerfrequenz wird auf der Empfangsseite ohne Rücksicht auf die
Phasenlage einem Trägergenerator entnommen und im Demodulator, der baugleich mit dem Modulator ist, dem ankommenden Nutzband zugesetzt. Die
entstehenden Frequenzgemische stehen in zufälligen Phasenbeziehungen zueinander, eine Tatsache, die das menschliche Ohr nicht stört, da es nicht auf
Phasenverschiebungen zwischen einzelnen Frequenzen reagieren kann.

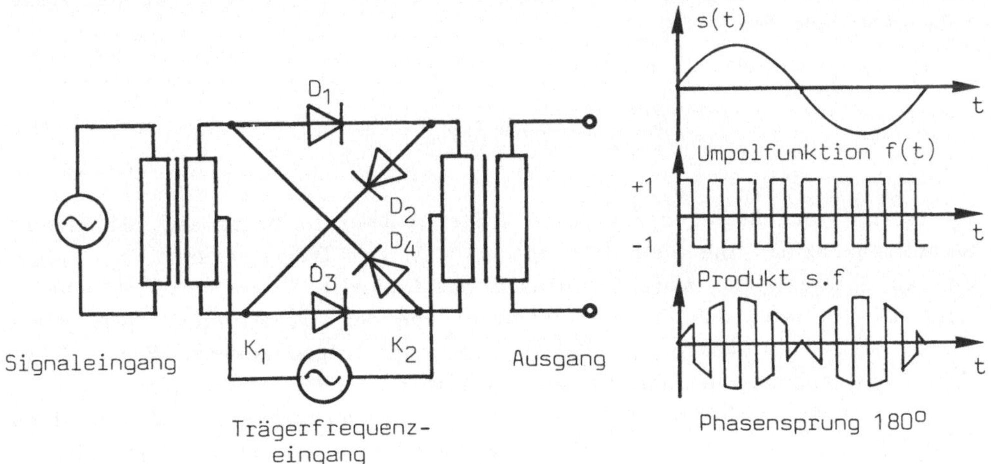

Bild 2-6   Ringmodulator

Beim Ringmodulator sind vier Modulationsgleichrichter in einem Ring zusam-
mengeschaltet. Die zugeführte Trägerleistung ist sehr viel größer als die
Nutzleistung, die an den Signaleingängen ansteht. Während der positiven
Trägerhalbwelle sind die Dioden D1 und D3 leitend und daher niederohmig.
Innerhalb dieser Zeitspanne sperren die Dioden D2 und D4.

Ein Signal wird in diesem Zeitraum phasenrichtig vom Eingang zum Modulatorausgang übertragen. Im Verlauf der negativen Trägerhalbwelle kehren sich die Verhältnisse um, die Dioden D2 und D4 leiten, die anderen Dioden sperren. Das Signal erfährt zwangsweise eine Phasenumkehr von 180°. Die Trägerspannung wird als Rechteckfunktion angenommen, das Signal soll eine einzelne Sinusspannung aus dem Sprachfrequenzband sein.

Die anliegende Signalspannung wird bei jedem Nulldurchgang der Trägerspannung umgepolt. Man erkennt, daß der Trägerstrom, der über die genau justierten Mittelanzapfungen der Übertrager zugeführt wird, sich in zwei gleiche Teilströme aufteilt, die entgegengesetzte Durchflutungen und damit entgegengesetzte magnetische Flüsse in den Übertragern erzeugen, die sich vollständig kompensieren. Der Träger wird durch diesen Kunstgriff im Modulator selbst unterdrückt.

Man kann das im Modulator entstehende Spektrum berechnen, um die Wirkung des Modulators auf die zugeführten Frequenzen zu erkennen. Es zeigt sich, daß sowohl der Träger als auch die ursprüngliche Signalspannung nicht mehr vorhanden sind. Statt dessen sind neue Frequenkombinationen entstanden, die vor dem Modulationsvorgang nicht existiert hatten. Die Frequenzkombinationen haben folgende Form:

$$k' \cdot \Omega_o \pm \omega_1, \quad k = 1, 3, 5, \ldots \tag{2.15}$$

Ω_o ist die vom Betrag her größere Trägerfrequenz in Bezug auf die kleinere Signalfrequenz ω_1. Die Signalfrequenz ω_1 wird zur Trägerfrequenz Ω_o addiert, und es entstehen so neue Frequenzen *oberhalb* der Trägerfrequenz; oder es liegt der Fall vor, daß die Signalfrequenz von der Trägerfrequenz subtrahiert wird, und es entstehen Frequenzen *unterhalb* der Trägerfrequenz. Wenn z.B. ein Sprachfrequenzband im Umfang von 3,1 kHz moduliert wurde, dann entstehen gewissermaßen durch Verschiebung längs der Frequenzachse das obere und das untere Seitenband. Letzteres enthält die Signalfrequenzen in Kehrlage, also invertiert, ersteres in natürlicher aufsteigender Lage. Die Terme mit $k' \cdot \Omega_o$, $k' = 3$, 5, 7,....sind unerwünscht und werden mit Bandfiltern weggefiltert. Ebenso wird entweder das obere oder das untere Seitenband weggefiltert, je nach Frequenzplan. Auf diese Weise entsteht mit einem Ringmodulator, dem ein Bandfilter nachgeschaltet ist, die *Einseitenbandmodulation mit unterdrücktem Träger*. Das übriggebliebene Seitenband hat eine untere und eine obere Eckfrequenz.

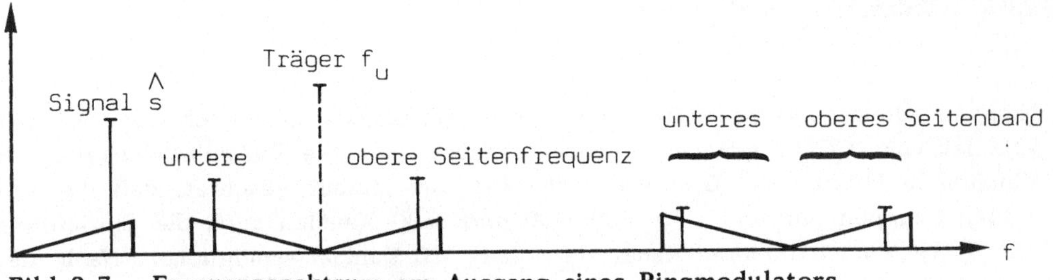

Bild 2-7   Frequenzspektrum am Ausgang eines Ringmodulators

Ein Beispiel soll die Frequenzverhältnisse im Zusammenhang mit der Modulation verdeutlichen. Die untere Grenzfrequenz des Sprachfrequenzbandes beträgt 0,3 kHz, die obere Grenzfrequenz 3,4 kHz. Wenn man eine Trägerfrequenz von 12 kHz annimmt (der Faktor 2π wird weggelassen), dann entstehen aufgrund der Beziehung (2.15) nachfolgende Eckfrequenzen für das obere und untere Seitenband.

	untere Eckfrequenz f_u	obere Eckfrequenz f_o
Oberes Seitenband	(12 + 0,3) kHz = 12,3 kHz	(12 + 3,4) kHz = 15,4 kHz
Unteres Seitenband	(12 - 3,4) kHz = 8,6 kHz	(12 - 0,3) kHz = 11,7 kHz

Tabelle 2-1   Eckfrequenzen der beiden Seitenbänder

Nach diesem Prinzip werden viele Sprachfrequenzbänder durch Modulation mit unterschiedlichen Trägerfrequenzen, die ökonomisch angeordnet werden, frequenzmäßig nebeneinander aufgereiht. Das CCITT (*Comite' Consultatif International Téléphonique et Télégraphique*) hat Frequenzbandbelegungen, Kanalzahlen, Dämpfungs- und Pegelpläne genormt. Die übergeordneten Gesichtspunkte waren dabei eine dichte Belegung des Frequenzbandes einerseits, um innerhalb einer vorgegebenen Bandbreite möglichst viele Kanäle unterzubringen, das Vorsehen genügend breiter Lücken zwischen den Kanälen andererseits, um den Filteraufwand in Grenzen zu halten, und schließlich ein minimaler Leistungsbedarf.

2.2.3 Trägerfrequenz-Systeme

Nicht nur die Niederfrequenzlage eines Fernsprechkanals im Bereich 0,3 ... 3,4 kHz kHz ist vom *CCITT* genormt worden, sondern auch die Zusammenfassung von Kanälen in bestimmten Gruppen. Dabei hat man darauf geachtet, daß die einzelnen Gruppen mit 3, 12, 60, 300, 900 und 3600 Kanälen auch die Einrichtung von Systemen mit anderen Kanalzahlen (z.B. 120 Kanäle) ermöglichen. Nach diesem Baukastensystem kann man in den Netzknoten des Fernmeldenetzes nach Bedarf Kanalgruppen zu Trägerfrequenz-Systemen zusammenfügen, von denen es aus historischen Gründen viele technische Varianten gibt.

Die Telefonkanäle werden mit Modulatorschaltungen wie dem Ringmodulator in mehreren Stufen gruppenweise zusammengefaßt. Die kleinste Gruppe ist die *Vorgruppe*, die aus der Aneinanderreihung von drei Sprachkanälen zu je 4 kHz Bandbreite besteht. Sie hat die untere Eckfrequenz von 12 kHz und die obere Eckfrequenz von 24 kHz und eine Bandbreite von 12 kHz.

Primärgruppe
Vier Vorgruppen bilden eine Primärgruppe (PG). Sie besteht aus 12 Telefonkanälen mit einer gesamten Bandbreite von 48 kHz. Die *Grundprimärgruppe* liegt im Bereich von 60 bis 108 kHz.

Sekundärgruppe
Unter Sekundärgruppe (SG) versteht man die Zusammenfassung von fünf Primärgruppen zu einem Frequenzband mit einer Breite von 240 kHz. Sie besteht aus 60 Telefonkanälen. Die *Grundsekundärgruppe* liegt im Bereich von 312 bis 552 kHz.

Tertiärgruppe
Die Tertiärgruppe (TG) ist aus fünf Sekundärgruppen zu einem Frequenzband der Breite von 1232 kHz zusammengesetzt. Die Tertiärgruppe besteht aus 300 Telefonkanälen. Die *Grundtertiärgruppe* liegt im Frequenzbereich von 812 bis 2044 kHz.

Quartärgruppe
Unter Quartärgruppe (QG) versteht man die Zusammenfassung von drei Tertiärgruppen zu einem Frequenzband mit einer Breite von 3872 kHz. Sie enthält 900 Telefonkanäle. Die *Grundquartärgruppe* liegt im Bereich von 8516 bis 12388 kHz.

Quintärgruppe

Vier Quartärgruppen werden zu einer Quintärgruppe (QiG) aneinandergereiht. Die Bandbreite beträgt 17072 kHz. Die Gruppe besteht aus 3600 Kanälen. Die *Grundquintärgruppe* liegt im Frequenzbereich von 22812 bis 39884 kHz.

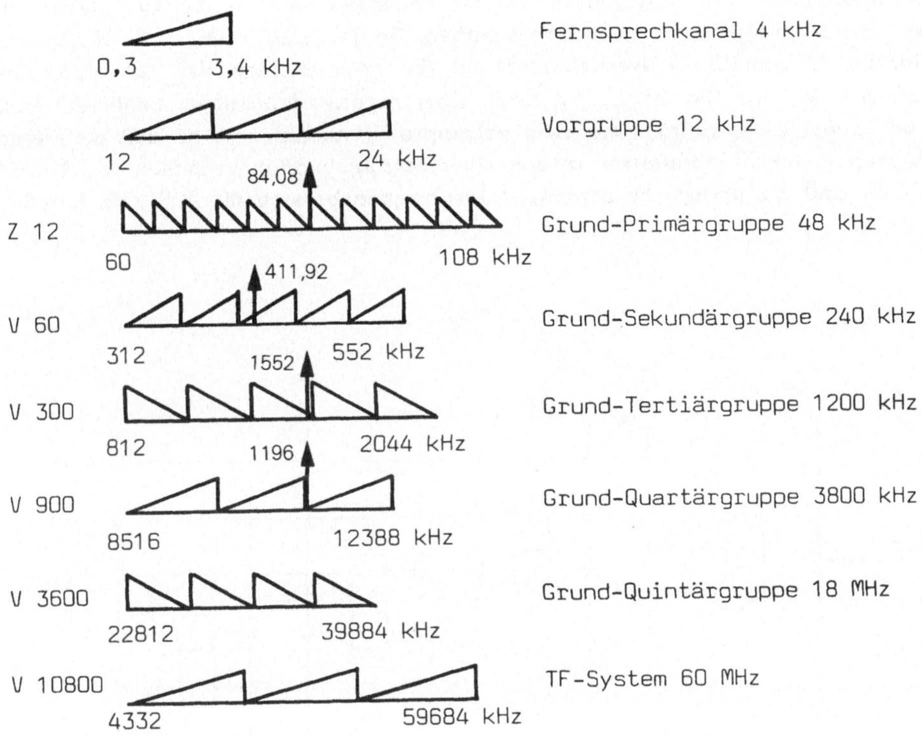

Bild 2-8   Frequenzschema für Kanalgruppen nach *CCITT*

Die in der Abbildung 2-8 dargestellten Sägezähne deuten an, ob ein Frequenzband in Regellage oder in Kehrlage angeordnet ist. Die Pfeile stellen Bezugspilote dar. Man versteht darunter Meßtöne, die senderseitig mit fester Amplitude eingespeist werden. Ihr Zweck besteht in der Einregelung der auf dem Übertragungsweg in regelmäßigen Abständen eingebauten Verstärker zum Ausgleich der Dämpfungen und Dämpfungsschwankungen.

In Bild 2-9 ist dargestellt, wie die Gruppen aus Grundprimärgruppen zusammengesetzt werden. Die Grundgruppenumsetzer, also die Kanalumsetzer KU, Primärgruppenumsetzer PGU, Sekundärgruppenumsetzer SGU, Tertiärgruppenumsetzer TGU und Quartärgruppenumsetzer QGU setzen die eingangsseitig zugeführten Frequenzbänder der Grundgruppen in neue, höherkanalige Gruppen zusammen. Der Vervielfachungsfaktor ist in Bild 2-9 angegeben.

Durch Modulation mit bestimmten Trägerfrequenzen werden die Grundgruppen in das Übertragungsfrequenzband verschoben. So ist z.B. beim Z 12 N-System (Zweidraht, 12 Kanäle, Nahverkehrsbereich) die Frequenzlage der Grundprimärgruppe von 60 bis 108 kHz. Für zwei Übertragungsrichtungen benötigt man aber bei einem Zweidrahtsystem zwei getrennte Frequenzlagen, so daß man eine Primärgruppe durch Modulation in den Übertragungsbereich zwischen 6...54 kHz verschiebt und die andere Primärgruppe im Frequenzbereich 60...108 kHz beläßt.

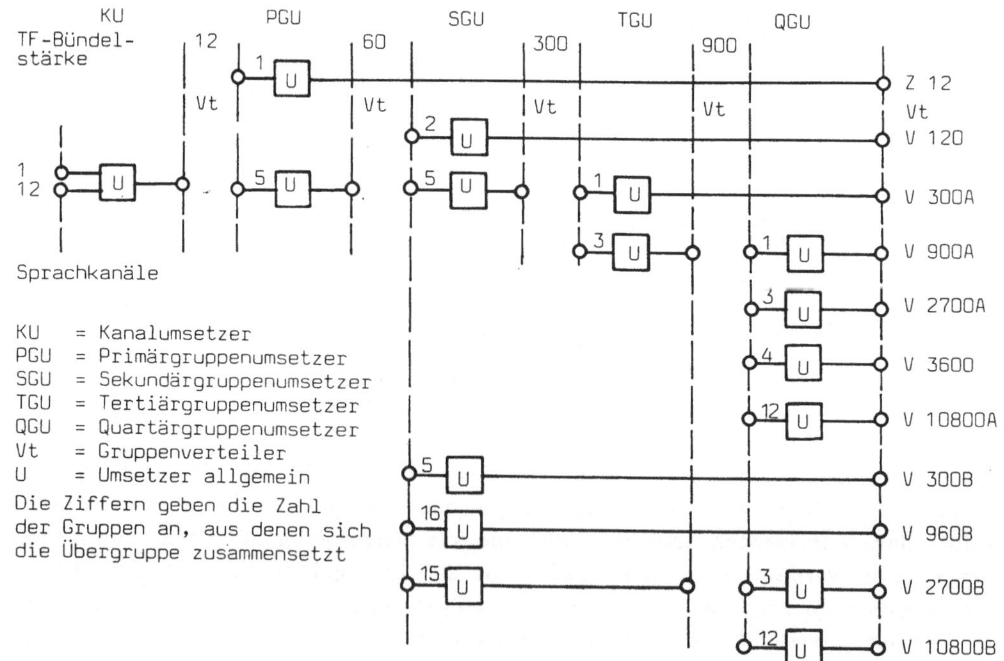

Bild 2-9 Aufbau der Grundkanalgruppen und Zuordnung zu den Übertragungssystemen

Die Normung der Kanalzahlen 12, 60 usw. hängt mit den Kabeleigenschaften zusammen. So sind z.B. 60 Kanäle für papierisolierte Sternvierer-Kabel besonders günstig. Das Kabel hat Adern von 1,2 mm Durchmesser und einen Kapazitätsbelag von 26 nF/km. Bei 20 km Verstärkerabstand kann es bis 252 kHz betrieben werden und gestattet somit je Stamm 60 Kanäle zu übertragen.

Ein weiterer Grund für die hierarchische Zusammenfassung weniger Kanäle zu Gruppen liegt in der praktischen Realisierung von Kanalfiltern. Filter können umso schwieriger hergestellt werden, je steiler die Filterflanke eines Tiefpasses bezogen auf die Grenzfrequenz ist, bzw. je steiler die Filterflanken eines Bandpasses in Bezug auf die Bandbreite und Bandmittenfrequenz sind.

2.3 Zeitmultiplextechnik

Die Zeitmultiplextechnik ist ein Verfahren zur Mehrfachausnutzung von Übertragungswegen. Bei der Mehrfachausnutzung werden *gleichzeitig* mehrere Nachrichten auf *einer* Leitung übertragen. Wohl das erstaunlichste Beispiel eines Zeitmultiplexsystems ist das in Entwicklung befindliche System PCM 30720, das geeignet ist, über eine Glasfaser von 125 µm Dicke gleichzeitig 30720 Ferngespräche über praktisch beliebige Entfernungen zu transportieren, ohne daß einer der 30720 Gesprächsteilnehmer bemerkt, daß die anderen 30719 dasselbe Kabel benutzen.

Die Fernsprechsignale werden nicht wie bei der Frequenzmultiplextechnik frequenzmäßig nebeneinander, sondern zeitlich ineinander geschachtelt in Impulsform, also digital, übertragen. Zu diesem Zweck müssen die Signale entsprechend aufbereitet werden. Dieses TDM-Verfahren (*Time Division Multiplexing*) kann man sich so vorstellen, als ob zwei synchron umlaufende Drehschalter die zu übertragenden Kanäle zyklisch abtasten und während der Kontaktzeit Signale des gerade abgetasteten Kanals über die Leitung übertragen. Man verwendet allerdings keine mechanischen Drehschalter, sondern elektronische Baugruppen, die aus hochintegrierten Schaltkreisen bestehen. Damit Nachrichten, die in Analogform vorliegen, über ein Zeitmultiplexsystem übertragen werden können, müssen sie mit dem Verfahren der *Puls-Code-Modulation* in geeignete Digitalimpulse umgesetzt werden.

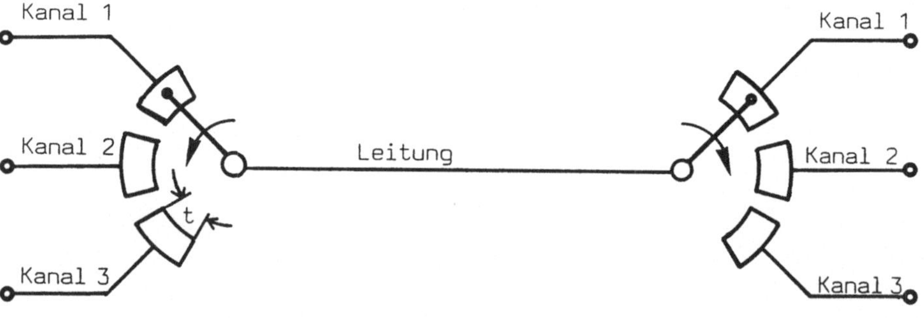

Bild 2-10   Prinzip der Zeitmultiplexbildung

2.3.1   Erzeugung des PCM-Zeitmultiplexsignals

Modulation und *Selektion* sind die Hilfsmittel zur technischen Realisierung der Mehrfachausnutzung von Übertragungswegen. Alle zu übertragenen Signale müssen so umgeformt = moduliert werden, daß die resultierende Summe aller umgeformten Signale innerhalb des ausnutzbaren Frequenzbandes des gegebenen Übertragungsweges zu liegen kommt. Die Umformung muß so erfolgen, daß Selektionskennzeichen vorhanden sind, die es erlauben, am Ende des Übertragungsweges die einzelnen Signale wieder voneinander zu trennen. Von den Selektionsverfahren *Frequenzselektion, Amplitudenselektion* und *Zeitselektion* wird das letztere genauer betrachtet.

Ein zur Übertragung vorgesehenes Signal muß zuvor so aufbereitet werden, daß die Zeitfunktion des umgeformten Signals nur innerhalb periodisch auftretender Zeitintervalle Δt_1 von Null verschieden sein darf. In einem anderen Kanal muß die Zeitfunktion nur während der periodisch auftretenden Zeitintervalle Δt_2 von Null verschieden sein. Die Zeitintervalle Δt_1 und Δt_2 überschneiden sich nicht.

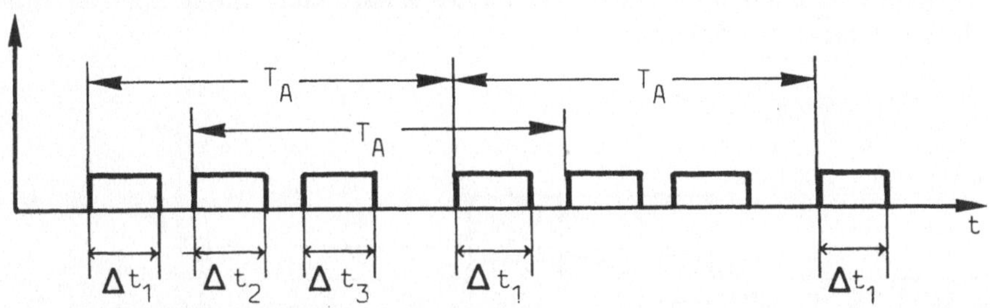

Bild 2-11   Prinzip der Zeitselektion

Eine solche Umformung ist bei allen Signalen mit endlicher Bandbreite ΔB aufgrund des *Abtasttheorems* möglich. Dessen Aussage besteht darin, daß ein niederfrequentes Signal, dessen Spektrum als höchste Frequenz f_{max} enthält, bereits eindeutig durch einzelne Funktionswerte im zeitlichen Abstand T_A bestimmt werden. T_A errechnet sich zu:

$$T_A = \frac{1}{2 \cdot f_{max}} \tag{2.16}$$

Das Selektionskennzeichen der Zeitselektion ist die Zeitlage der Zeitintervalle Δt. Die Selektion erfolgt mittels *Zeitfilter*. Ein anschauliches Beispiel eines Zeitfilters ist der rotierende Kontaktarm aus Bild 2-10.

In der Fernsprechtechnik wird ein Sprachsignal durch Tiefpaßfilter auf ein Frequenzband von 300 Hz bis 3400 Hz begrenzt. Ein solcher Sprachkanal wird in der Sekunde 8000 mal abgetastet, d.h. eine Amplitudenstichprobe entnommen. Alle 125 μs entsteht eine neue Amplitudenstichprobe. Dazwischen ist ein "großes" Zeitintervall, das dazu benutzt werden könnte, Amplitudenstichproben anderer Sprachkanäle hineinzuschachteln. Jede Stichprobe liegt in einem anderen Zeitschlitz. Die skizzierte Technik der Entnahme von Amplitudenstichproben heißt *Puls-Amplituden-Modulation, PAM*, das Übertragungsverfahren wird PAM-Zeitmultiplextechnik genannt.

Die analogen Abtastwerte lassen sich in digitaler Form jedoch viel besser übertragen und weiterverarbeiten. Daher setzt man die Amplitudenwerte dieser Stichproben mit einem Analog-Digital-Wandler in binäre Codewörter um. Jeder Amplitudenstichprobe entsprechen üblicherweise 8 bit. Dieses Verfahren wird *Puls-Code-Modulation, PCM*, genannt. Die einzelnen Codewörter werden dann zeitlich ineinander verschachtelt als PCM-Zeitmultiplexsignal übertragen. 8000 mal in der Sekunde werden 8 Bit gebildet. Damit erhält man einen binären Bitstrom von 8000·8 bit/s = 64 kbit/s.

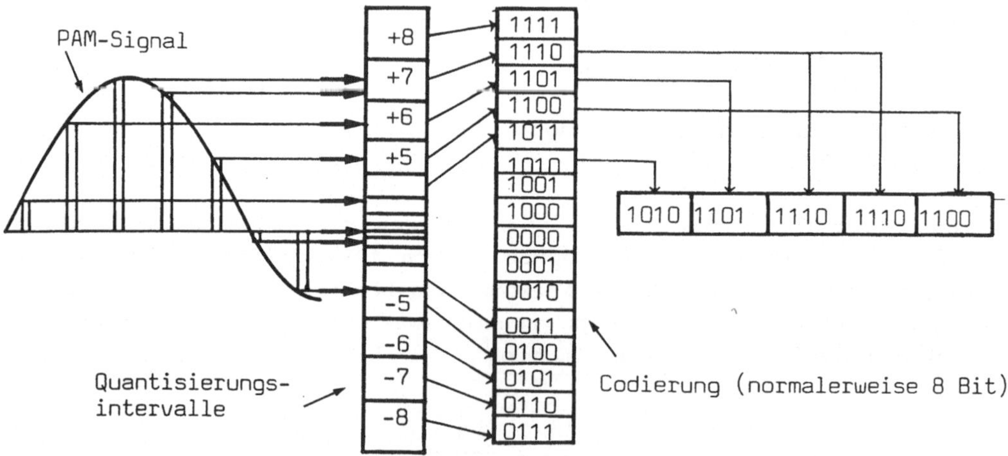

Bild 2-12   Erzeugung eines PCM-Zeitmultiplexsignals

2.3.2 Quantisierung und Codierung

Der Wertebereich der möglichen Signalwerte ist in $2^8 = 256$ Intervalle unterteilt. Davon sind 128 Intervalle für positive Signalamplituden und 128 Intervalle für negative Signalwerte vorgesehen. Bit 7 des 8-Bit-Codewortes gilt als Vorzeichenbit. Ist Bit 7 Null, dann liegen negative Amplituden vor, andernfalls hat man es mit positiven Momentanwerten zu tun.

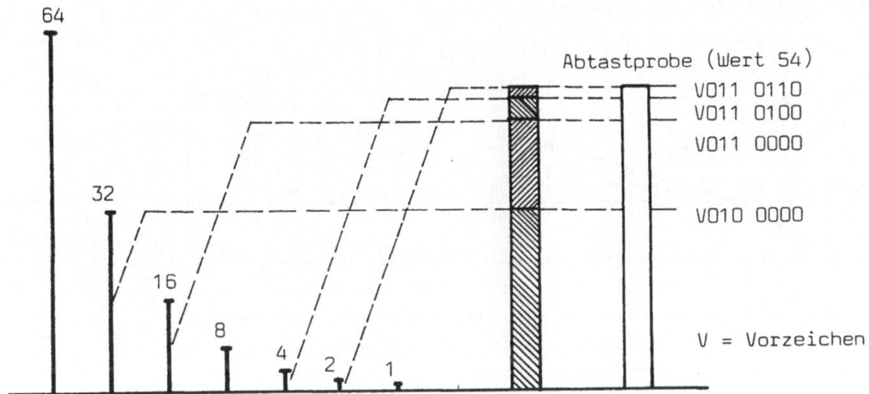

Bild 2-13   Iterationsverfahren zur Ermittlung der 8-Bit-Codewörter

Ein Codewort wird mit dem Wiegecodierverfahren in 8 Schritten ermittelt. Zuerst wird das Vorzeichen festgestellt, danach das Intervall, in das die gerade vorliegende Amplitudenstichprobe hineinfällt. Die Amplitude wird an 7 Normalen gemessen, deren Größen sich wie $2^0 : 2^1 : 2^2 ..... 2^{n-1}$ verhalten. Diese Normalwerte werden nacheinander mit der zu verschlüsselnden Abtastprobe verglichen. Der Vergleich beginnt beim größten und endet beim kleinsten Normalwert. Solange die Stichprobe größer als das angelegte Normal ist, solange wird das nächst kleinere Normal bei diesem Wägevorgang dazuaddiert. Überschreitet das angelegte Normal, bzw. die Summe der angelegten Normalwerte den Wert der Amplitudenstichprobe, so wird es, bzw. das zuletzt dazuaddierte Normal wieder zurückgestellt und der Vergleich mit dem nächstfolgenden durchgeführt. Zurückstellen bedeutet Eintrag einer Null an die entsprechende Stelle im Codewort, andernfalls wird eine Eins eingetragen.

So entsteht schrittweise eine Bitfolge, die aus Nullen und Einsen besteht, und die das Intervall der gemessenen Amplitudenstichprobe festlegt. Die Quantisierung erfolgt nichtlinear, d.h. es werden kleine Amplituden mit einem feineren Raster, und größere Amplituden mit einem gröberen Raster quantisiert. Zur Codierung und Decodierung setzt man eine 13-Segment-Kennlinie ein. Auf der Empfangsseite entstehen anhand der Codewörter die zugehörigen PAM-Ausgangssignale. Man nimmt dazu die Mittenwerte derjenigen Quantisierungsintervalle, denen die PAM-Eingangssignale sendeseitig zugeordnet wurden. Daher entsteht zwangsläufig eine Quantisierungsverzerrung, da der Wert der sendeseitigen Amplitude und der Wert der empfangsseitig generierten Amplitude voneinander abweichen können. Die Abweichung beträgt maximal ein halbes Quantisierungsintervall.

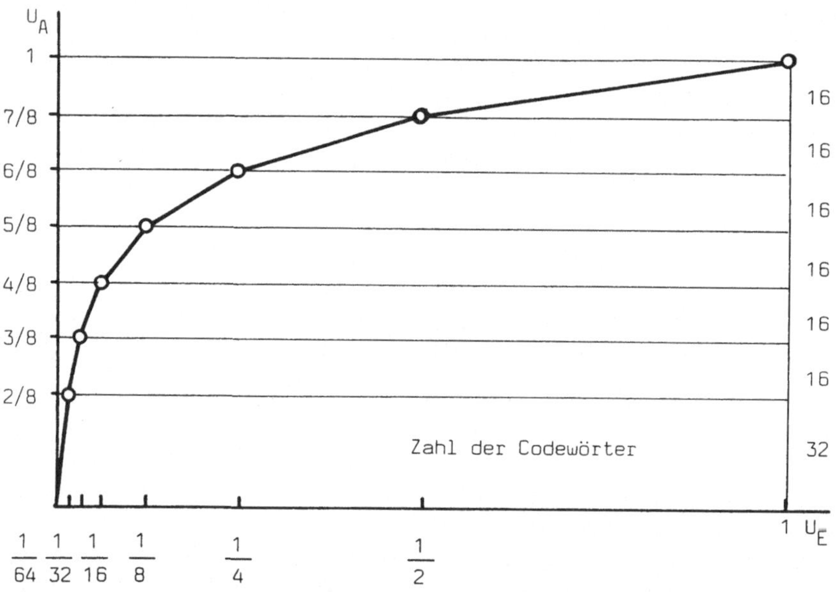

Bild 2-14   Eine Hälfte einer 13-Segment-Kennlinie

Zwar wird das Fernsprechsignal durch die PCM-Modulation etwas vergröbert und verzerrt. Auf der Übertragungsstrecke sind die Impulse aber sehr unempfindlich gegenüber vielfältigen Störungen. Der Einsatz von hochintegrierten Schaltkreisen vereinfacht das kompliziert erscheinende Verfahren und der Aufwand ist geringer als bei der analogen Trägerfrequenztechnik. Die PCM-Technik wird bereits in großem Umfang im Telefonnetz der Deutschen Bundespost eingesetzt. Die Entwicklung geht in Richtung auf eine digitale Bild- und Fernsehübertragung.

2.3.3 Bildung des Pulsrahmens PCM 30

Das Pulscode-Modulationssystem PCM 30 ist ein Grundsystem, welches die
Übertragung von 30 Fernsprechkanälen gestattet. Die zugeordneten Geräte
erzeugen *Pulsrahmen*, welche 30 Codewörter zu je 8 Bit enthalten. Jedes Code-
wort enthält eine verschlüsselte Amplitudenstichprobe eines Fernsprechkanals.
Zu den 30 Codewörtern werden noch zwei weitere Codewörter hinzugefügt. Der
Pulsrahmen beginnt mit dem Rahmenkennungswort oder dem Meldewort. In der
Mitte des Pulsrahmens ist ein Codewort mit Kennzeicheninformation eingefügt.
Insgesamt besteht also der Pulsrahmen aus 32 Codewörtern zu je 8 Bit, die
8000 mal in der Sekunde gebildet und übertragen werden. Daher entsteht ein
Datenstrom mit $32 \cdot 8 \cdot 8000$ bit/s = 2048 kbit/s = 2,048 Mbit/s.

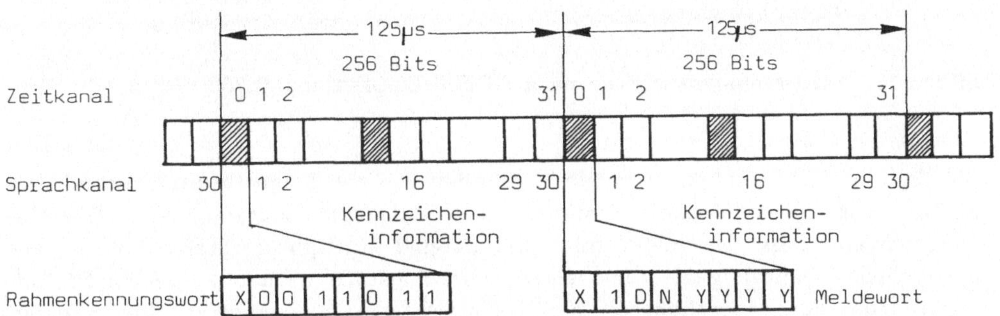

Bild 2-15   Pulsrahmenstruktur entsprechend der CCITT-Empfehlung G.732

Die Rahmenkennungswörter befinden sich in jedem zweiten Pulsrahmen. Sie
dienen zur Synchronisation der Sende- und Empfangsbaugruppen der PCM-
Übertragungssysteme. Trifft beim Empfänger ein Rahmenkennungswort ein, dann
kennt der Empfänger die zeitliche Lage des Pulsrahmens, und er kann jedem
Codewort den richtigen Fernsprechkanal zuordnen. In jedem zweiten Pulsrahmen
wird anstelle des Rahmenkennungswortes im Zeitkanal 0 ein Meldewort übertragen, welches Fehlerinformationen wie z.B. den Ausfall von Baugruppen oder
die Überschreitung der zugelassenen Bitfehlerrate meldet. Die Kennzeicheninformation befindet sich im Zeitkanal 16 in jedem Pulsrahmen. Sie enthält
vermittlungstechnische Signale wie Wählzeichen, Beginn- und Schlußzeichen.

Es werden 16 Pulsrahmen zu einem *Überrahmen* zusammengefaßt. Für jeden der 30 Fernsprechkanäle stehen 4 Bit Kennzeichen je Pulsrahmen, also 2 Kennzeichenkanäle je Pulsrahmen. Ein zusätzlicher Pulsrahmen wird benötigt, um ein Kennzeichen-Rahmenkennungswort übertragen zu können, das zum synchronen Empfang des Überrahmens dient.

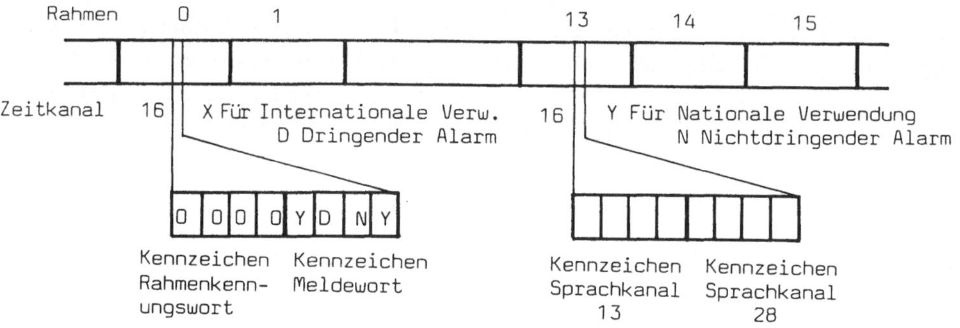

Bild 2-16   Überrahmenstruktur nach CCITT-Empfehlung G.732

Die digitale PCM-Technik ermöglicht, ähnlich wie die Trägerfrequenztechnik den Aufbau von hierarchischen Systemen zur Mehrfachausnutzung von Übertragungswegen. Dies geschieht mit Digitalsignal-Multiplexgeräten. Jeweils *vier* plesiochrone Digitalsignalströme einer Hierarchiestufe werden zu *einem* Digitalsignalstrom der nächsthöheren Hierarchiestufe zusammengesetzt. Da in einem Netz mit mehreren Knoten jeder Knoten seine eigene Taktversorgung hat, so sind die Takte an den beiden Enden der Strecke asynchron, wobei aber Grenzwerte für die zulässigen kleinen Abweichungen der Taktfrequenz eingehalten werden: Plesiochroner Betrieb.

Wenn ein Knoten 1 eine etwas höhere Taktfrequenz aufweist als ein Knoten 2, mit dem er durch eine Übertragungsstrecke verbunden ist, so kann Knoten 2 gelegentlich ein Bit nicht mehr übernehmen. Sind die Taktverhältnisse an den Knoten umgekehrt, dann wird am Knoten 2 ein Bit gelegentlich zweimal gelesen. Dieser fehlerhafte Betrieb muß ausgeschaltet werden, indem man ein *Impulsstopfverfahren* anwendet. Die derzeitigen Systeme verwenden ein *positives Stopfverfahren*. Die Übertragungsbitrate wird so hoch gewählt, daß die höchste zulässige Taktfrequenz eines Knotens eingesetzt werden kann.

Eine bestimmte Bitstelle wird als *stopfbar* vorgesehen. Eine Stopfsignalisierung teilt der Gegenstelle mit, daß das vorgesehene Bit ignoriert werden soll. Es liegt also eine Ausgleichsmöglichkeit vor, die mit elastischen Speichern kleine Taktunterschiede auszugleichen imstande ist. Man strebt bei einem Netzaufbau ein *Synchronnetz* an. Dabei steuert ein Bezugstaktgenerator im Master-Slave-Verfahren alle Taktgeber aller Knoten des Netzes. Im ISDN wird der Synchronbetrieb auf der unteren Ebene von 2,048 Mbit/s realisiert. Man wird versuchen, auch höhere Hierarchieebenen synchron zu betreiben.

PCM-System	*Multiplexgerät*	*Untersysteme* Mbit/s	*Obersystem* Mbit/s
PCM 30	PCM 30	0,064	2,048
PCM 120	DSMX 2/8	2,048	8,448
PCM 480	DSMX 8/34	8,448	34,368
PCM 1920	DSMX 34/140	34,368	139,264
PCM 7680	DSMX 140/565	139,264	564,992
PCM 30720	DSMX 565/2,4G	564,992	2400

Tabelle 2-2   Multiplexhierarchien

Nach jeder Hierarchiestufe kann der gemultiplexte Datenstrom über eine Leitungsausrüstung an ein Kabelsystem übergeben werden. Die verwendeten Kabeltypen sind bei den Systemen PCM 30 und PCM 120 unbespulte Niederfrequenz-Stromkreise oder Phantomkreise von symmetrischen Kabeln. Die Systeme höherer Hierarchiestufen, PCM 480 bis PCM 7680, werden an Koaxialkabel 1,2/4,4 und 2,6/9,5 angeschlossen. Ferner ist bei diesen Systemen der Anschluß an Lichtwellenleiter-Übertragungsstrecken vorgesehen. Neue Übertragungsstrecken werden seit 1986 ausschließlich als Glasfasersysteme ausgeführt. Auch im Fernmelde-Ortsnetz wird die Übertragung auf Lichtwellenleiter-Übertragungsstrecken angestrebt. Das System PCM 30720 befindet sich zur Zeit noch in Entwicklung.

Zusätzlich können die Systeme PCM 30 bis PCM 1920 ihre Datenströme an digitale Richtfunkanlagen übergeben. Die digital codierten PCM-Gruppen müssen dazu noch auf einen hochfrequenten Träger mit dem Verfahren der Phasenumtastung PSK (*Phase Shift Keying*) aufmoduliert werden.

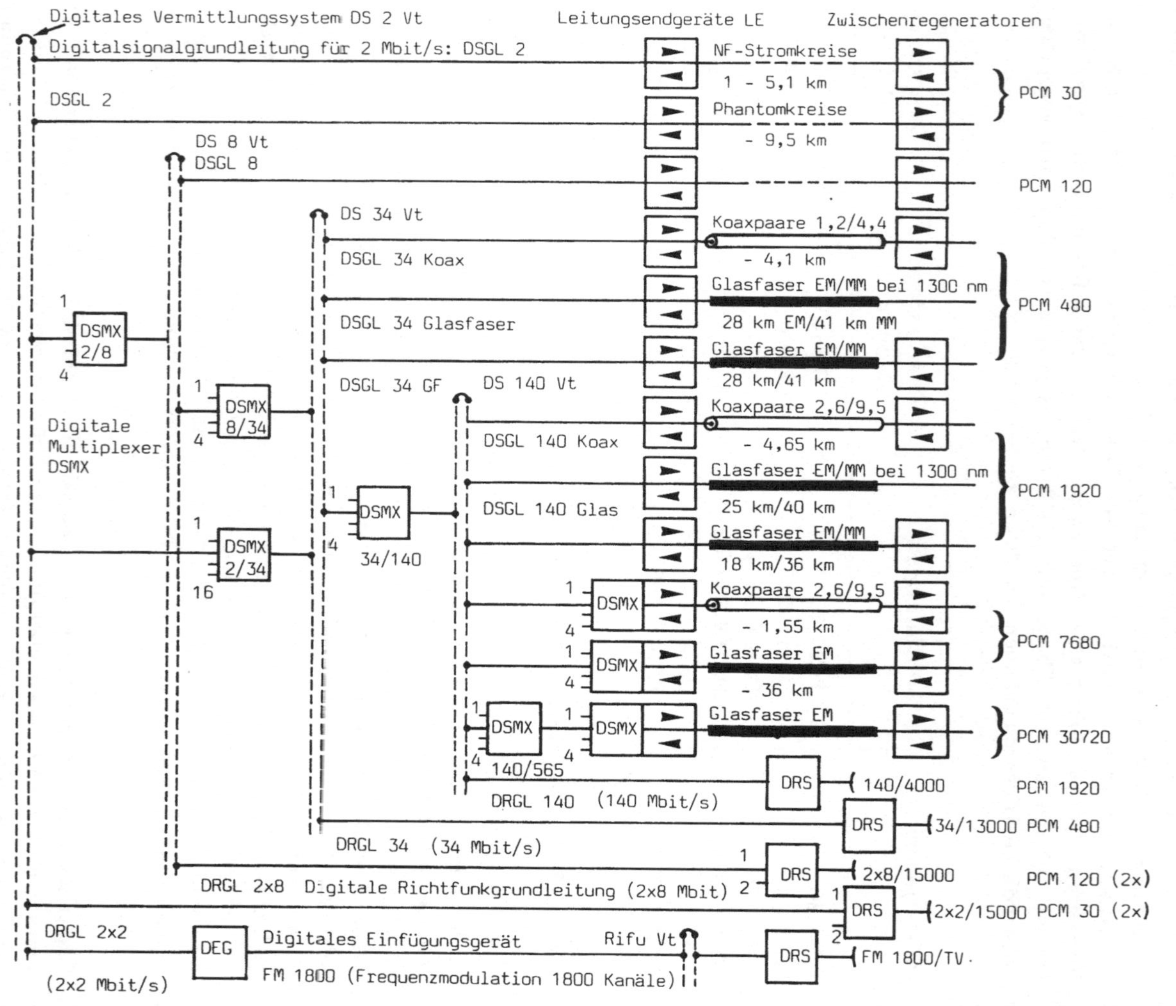

Bild 2-17   PCM-Hierarchien

2.4 Seekabelanlagen

2.4.1 Einführung

Nachdem in Europa und in den USA in der Mitte des vorigen Jahrhunderts umfangreiche kontinentale Telegrafennetze verlegt worden waren, die bereits
einzelne Telegrafen-Seekabelabschnitte im Flachwasserbereich (bis 300 m)
enthielten, wurde im Jahre 1856 von dem Amerikaner *Cyrus W. Field* eine
Gesellschaft mit dem Ziel gegründet, ein Telegrafen-Seekabel zu verlegen,
welches Irland und Neufundland miteinander verbinden sollte. Die für damalige
Begriffe riesige Entfernung von 2000 Seemeilen (1 sm = 1,852 km) brachte für
die Kabelverlegung eine Menge Probleme mit sich. Die Struktur des Meeresbodens mußte mit speziellen Tiefenloten erforscht werden, damit eine günstige
Streckenführung dem Kabel größtmögliche Lebensdauer sicherstellte. Danach
mußten 2500 Meilen Seekabel mit Spezialisolation zum Schutz gegen Seewasserkorrosion hergestellt werden. Das fertige Kabel konnte man nicht in einem
einzigen Schiff transportieren; es mußte in zwei Teile geteilt, und in zwei
Verlegeschiffen untergebracht werden.

In den Jahren 1857 und 1858 wurden Kabelabschnitte ausgelegt. Jedoch brachen
in beiden Fällen die Kabel und verschwanden in den Tiefen des Atlantik. Im
Jahr darauf glückte dann die Verlegung über die gesamte Strecke. Das Ereignis
erregte gewaltiges Aufsehen, man tauschte telegrafische Grußbotschaften zwischen Königin *Viktoria* und Präsident *Buchanan* aus. Jedoch fiel der Telegrafiebetrieb nach nur vier Wochen und der Übermittlung von 400 Telegrammen aus,
da die Kabelisolation vom Seewasser zerfressen worden war.....

Inzwischen war in Amerika 1864 der Bürgerkrieg ausgebrochen und verhinderte
zunächst weitere Versuche zur Kabelverlegung. Man entwickelte ein neues Seekabel mit einer Seele aus sieben Strängen Kupferdraht, die durch vier Schichten
Guttapercha geschützt wurden. Es wurde mit geteertem Hanf umhüllt und zur
Bewehrung mit zehn Stahldrähten spiralförmig ummantelt. Ein mit einem Rostschutzmittel getränktes Hanfband bildete die Außenhülle dieses Kabels. Im Jahre
1865 beschloß man, dieses Kabel von einem einzigen Schiff aus zu verlegen. Es
gab nur ein Schiff auf der Welt, welches die gewaltige Last der 3000 Meilen
Kabel tragen konnte, die 210 m lange *Great Eastern*. Der hölzerne Luxusdampfer war mit Schaufelradantrieb, Schraubenantrieb und Segeln ausgerüstet; für
den Betrieb als Liniendampfer war die *Great Eastern* ein finanzieller Fehlschlag.

Im Juli 1865 dampfte die *Great Eastern* von Irland aus in Richtung Neufundland und legte das Kabel hinter sich auf den Meeresboden aus. Aber nach einer Verlegestrecke von 1200 Meilen brach das Kabel und versank im Meer. Man suchte 10 Tage lang ohne Erfolg in einer Wassertiefe von 2,5 Meilen, kennzeichnete die Stelle mit einer Boje und beendete vorläufig die Suche.

Die Kabelgesellschaft von *Cyrus Field* ging bankrott. Der zähe Unternehmer gründete aber im Jahr darauf, 1866, eine neue Gesellschaft und unternahm einen weiteren Verlegeversuch. Dieses Mal gelang die Verlegung zwischen Europa und Amerika. Das im Jahr zuvor verlorengegangene Kabel wurde wieder aufgefunden, an eine andere Kabelspule angespleißt und ebenfalls verlegt. So war eine Parallelverbindungsstrecke unter Wasser zwischen Europa und Amerika entstanden. Die Kabel hatten keine Unterwasserverstärker im Übertragungsweg. Daher konnten pro Minute nur *drei* Worte übertragen werden. Zwar scheint diese Übertragungsgeschwindigkeit gering; da ein Schiff in jenen Zeiten aber *drei Wochen* zur Atlantiküberquerung benötigte, war ein gewaltiger Schritt in Richtung auf die Verbindung der beiden Kontinente getan.

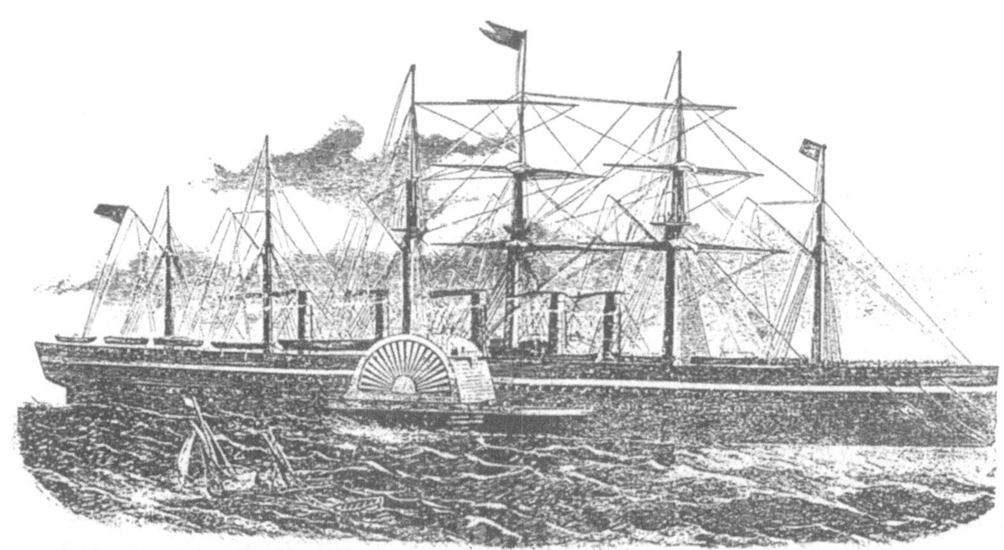

Bild 2-18   Das Schiff *Great Eastern*

Zu Beginn des 20. Jahrhunderts waren bereits 15 Telegrafen-Seekabel im Atlantischen Ozean verlegt worden. Durch die Anwendung neuer Erkenntnisse (*Krarup*-Leitung) gelang die Verminderung der Übertragungsdämpfung sowie eine Verbesserung der Kabelisolation mit dem Material Paragutta. Das Zeitalter der Telegrafen-Seekabel endete um das Jahr 1930. Insgesamt sind um diese Zeit etwa 164 000 Seemeilen Telegrafie-Kabel verlegt, von denen heute noch Abschnitte in Betrieb sind.

In Europa und in Amerika wurden erste *Fernsprech-Seekabel* verlegt, wobei man zunächst, wie in den Anfangszeiten der Telegrafie-Seekabel, den Flachwasserbereich bevorzugt. Ab 1920 setzte man Koaxialkabel ein, mit dem bereits genannten Material *Paragutta* als Dielektrikum. Noch waren keine Unterwasserverstärker in Betrieb genommen worden, so daß nur kurze Entfernungen überbrückt werden konnten. Um das Jahr 1937 wurden in bestehende Flachwasser-Seekabel versuchsweise Unterwasserverstärker mit Röhren eingesetzt. Damit konnte man bereits 60 Fernsprechkanäle übertragen. Der erste serienmäßig gefertigte Unterwasser-Zwischenverstärker wurde im Auftrag der *Britischen Fernmeldeverwaltung* im Jahre 1946 in das 200 sm lange Fernsprech-Seekabel zwischen Borkum und der englischen Ostküste eingespleißt. Über das Koaxialpaar konnte damit ein 5-Kanal-Fernsprechsystem im Frequenz-Getrenntlageverfahren über 25 Jahre hinweg betrieben werden, bevor es aus Wirtschaftlichkeitsgründen aufgegeben werden mußte.

Während in Amerika die Entwicklung *biegsamer* Unterwasserverstärker ihren Lauf nahm, in denen allerdings die Frequenz-Richtungsweichen nicht untergebracht werden konnten, so daß man *zwei* parallel liegende Kabel benötigte, verwendeten europäische Hersteller das Prinzip der *starren* Verstärker. Diese konnten mit einem bewehrten Kabel verspleißt werden, ohne daß die Gefahr von Kabelknicken (*kinks*) bestand. Dabei setzte man ein von der Britischen Postverwaltung (*UK Post Office*) entwickeltes Leichtgewicht-Seekabel mit Polyäthylen-Dielektrikum ein.

2.4.2 Das Fernsprech-Seekabelnetz

Im Jahre 1958 wurde von der *Commonwealth Communications Conference* der Beschluß gefaßt, ein geschlossenes weltumspannendes Seekabelnetz zu schaffen. Da jedoch seit 1968 Nachrichtensatelliten als Konkurrenz im Bereich der weltweiten Weitverkehrssysteme aufgetreten sind, war eine Umstellung der Planung von Seekabel-Anlagen erforderlich. Heute werden keine konventionellen Kupfer-Seekabel mehr eingesetzt, sondern ausschließlich Glasfaser-Seekabel.

Anlage	Verbindung	Länge (sm)	Kanal-kapazität	Verstärker-Anzahl	Verstärker-Abstand	Inbetriebnahme
TAT-1	GB-CDN	2070	48 (84)*	51	37	1956
TAT-2	F-CDN	2200	48 (84)*	57	37	1959
SCOTICE	GB-IS	700	24	25	26	1961
ICECAN	IS-CDN	1725	24	81	21	1962
CANTAT-1	GB-CDN	2070	80 (117)*	86	23	1961
TAT-3	GB-USA	3500	138 (178)*	182	19	1963
TAT-4	F-USA	3600	138 (178)*	186	19	1956
SAT-1	P-ZA	5873	360	624	9,7	1969
Libanonkabel	F-RL	1833	160	99	19	1970
BRACAN	E-BR	2643	160	138	19,9	1973
Portugalkabel	GB-P	1000	640	133	7,5	1969
MAT-1	E-I	990	640	93	11,4	1970
France-Maroc	F-MA	1035	640	92	12	1973
Maroc-Senegal	MA-SN	1460	640	125	12	1977
Senegal-E.küste	SN-CI	1415	640	121	12	1978
TAT-5	E-USA	3460	720	361	10	1970
CANTAT-2	GB-CDN	2850	1840	473	6,5	1974
COLUMBUS-1	E-YV	3240	1840	503	6,5	1977
TAT-6	F-USA	3380	4200	693	5,1	1976
ANZCAN	AU-CDN	8100	1380			1979
SEA-ME-WE	F-IN		120			1986
TAT-8 (Glas)	USA-F/GB	3600	38000			1988

Tabelle 2-3   Technische Daten von Fernsprech-Seekabelanlagen.   Der Punkt (*)
bedeutet, daß eine TASI-Anlage installiert wurde (*Time Assignment Speech
interpolation* = Sprachkanalvervielfachungseinrichtung). In der Tabelle sind Anlagen im Nord- und Ostseeraum nicht aufgeführt (Entfernungen in Seemeilen).

2.4.3   Prinzipieller Aufbau einer Seekabelanlage

In Bild 2-20 ist der prinzipielle Aufbau einer Seekabelanlage dargestellt. Eine
solche Anlage wird als Verbindung der Weitverkehrsnetze zweier Länder angesehen. An den Schnittstellen müssen die CCITT-Empfehlungen in Bezug auf
Pegel, Pilotpegel, Frequenzband, Geräusch etc. beachtet werden.

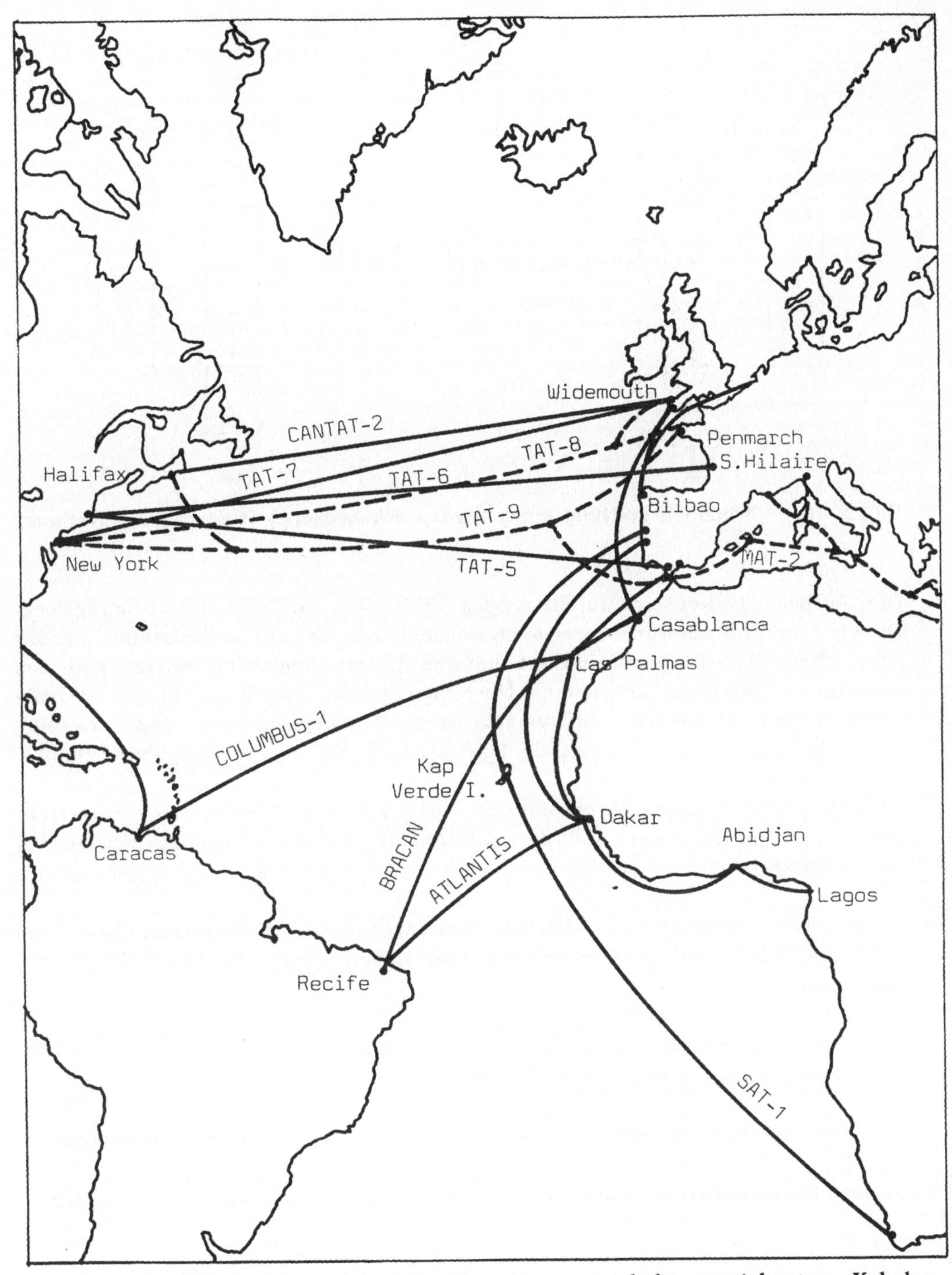

Bild 2-19 Seekabelanlagen im Atlantik. Die gestrichelt gezeichneten Kabel stellen realisierte bzw. geplante Glasfaser-Seekabelanlagen dar

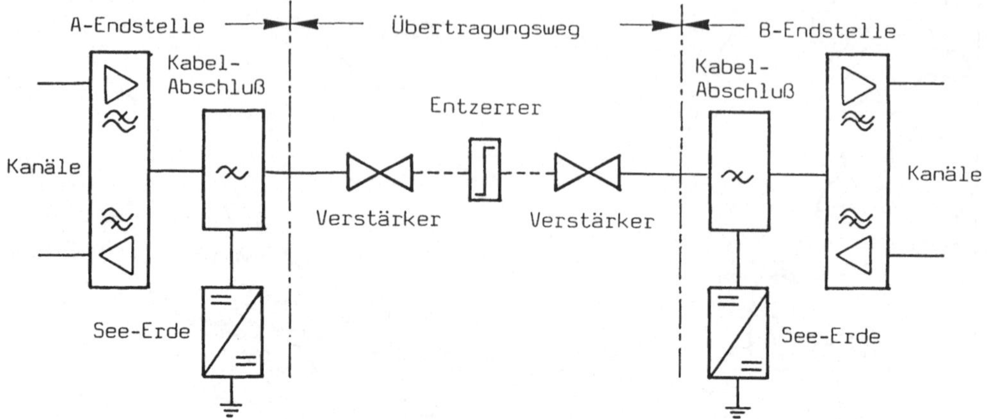

Bild 2-20   Prinzipdarstellung eines Fernsprech-Seekabel-Übertragungssystems

Der Aufbau gliedert sich in die beiden Endstellen und den Übertragungsweg.
Da ein Zweidraht-Getrenntlagesystem vorliegt, gibt es eine A-Endstelle, die das
angelieferte Basisfrequenzband als unteres Übertragungsband sendet und das
umgesetzte Basisband als oberes Übertragungsband empfängt. In der B-End-
stelle liegen sinngemäß die umgekehrten Verhältnisse vor. Jede *Tiefsee-
Endstelle* gliedert sich in folgende Einrichtungen, die doppelt aufgebaut sind:

—*Übertragungs-Endeinrichtung* mit den erforderlichen Verstärker-, Entzerrer-
und Umsetzerbaugruppen und der Richtungsweiche zur Trennung der beiden
Übertragungsbänder;

—*Fernspeiseeinrichtung* zur Gleichstromversorgung der Unterwasser-Zwischenverstärker über den Innenleiter des Koaxialpaares mit der See-Erde (!) als
Rückleiter;

—*Kabelanschlußeinrichtung*, die auch zur Zusammenführung und Trennung von
Signalenergie und Fernspeiseenergie dient.

Der *Übertragungsweg* setzt sich aus den folgenden Bestandteilen zusammen:

—*Koaxialkabel* mit einem für beide Übertragungsrichtungen benutzten Koaxialpaar

—*Unterwasser-Zwischenverstärker* für beide Übertragungsrichtungen

—*Unterwasser-Entzerrer* nach jedem 15. bis 20. Zwischenverstärker

2.4.4 Seekabel

Der Innenleiter eines koaxialen Seekabels besteht aus einer verwindungsfreien Stahlseele und und einem aufgepreßten Kupferrohr, das an den Überlappungsstellen verschweißt wird. Darüber ist als Dielektrikum Polyäthylen aufgebracht. Das Material für den Außenleiter ist ein Aluminiumband, welches von einem Polyäthylen–Außenmantel umhüllt wird. Diese Konstruktion wird als *Lightweight*-Seekabel bezeichnet.

Die bei der Verlegung auftretenden Zugkräfte werden von der Stahlseele aufgenommen, so daß für die Tiefseeabschnitte eine eigene Stahlbewehrung eingespart werden kann. Da in der Tiefsee eine Kabelgefährdung ausgeschlossen werden kann, verzichtet man auf einen äußeren Schutz des Kabelmantels. Zwischen der Endstelle und der See, bis in eine Tiefe von etwa 10 m, bringt man über dem Koaxialpaar eine Weicheisenschirmung von mehreren Lagen auf. Sie hat den Zweck, das Kabel vor elektromagnetischer Beeinflussung zu schützen.

In Küstennähe, in Schelfgebieten, bei felsigem Boden, in Fischfanggebieten und in Gebieten, in denen mit Eisbergen gerechnet werden muß, schützt man das Kabel durch Bewehrung mit verzinkten Stahldrähten im Durchmesser von 2,5 bis 9 mm. Die Bewehrung wird, je nach Gefährdung, in einer oder in mehreren Drahtlagen ausgeführt. Sie ruht auf einer Bettung aus z.B. Jute. Bei mehreren Lagen von Bewehrungsdrähten sind die Lagen durch Bettungen voneinander getrennt. Das Seekabel wird mit einer doppelten Lage von Polypropylen umgeben, welche zusätzlich mit teerähnlichen Massen zum Schutz gegen das Seewasser getränkt werden.

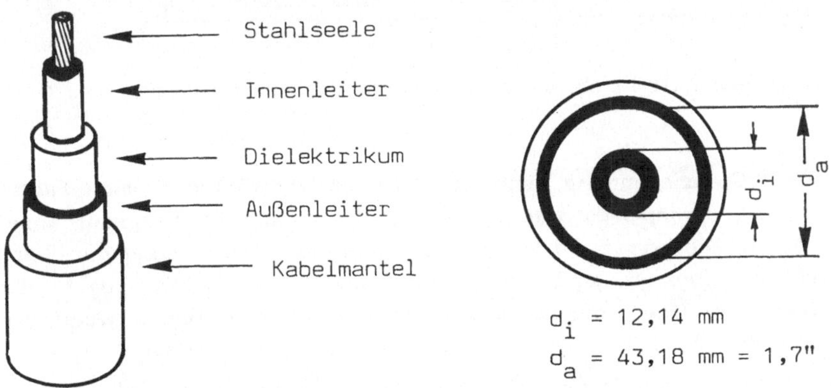

d_i = 12,14 mm

d_a = 43,18 mm = 1,7"

Bild 2-21   Aufbau eines 1,7" *Lightweight*-Seekabels.

2.4.5 Unterwasser-Zwischenverstärker und Entzerrer

Der Unterwasser-Zwischenverstärker ist wie ein Trägerfrequenzverstärker nach dem Zweidraht-Getrenntlage-Verfahren aufgebaut. Der übertragungstechnische Teil enthält zwei entzerrende Verstärkerbaugruppen für die beiden Übertragungsrichtungen, zwei Richtungsweichen und zwei Fernspeiseweichen zur Auftrennung von Fernspeiseenergie (mit der Frequenz 0) von den Übertragungsfrequenzbändern. Der Hochband-Verstärker (B) unterscheidet sich etwas vom Tiefband-Verstärker (A), da er eine automatische temperaturgesteuerte Verstärkungsregelung und eine andere Frequenzgangsteuerung besitzt.

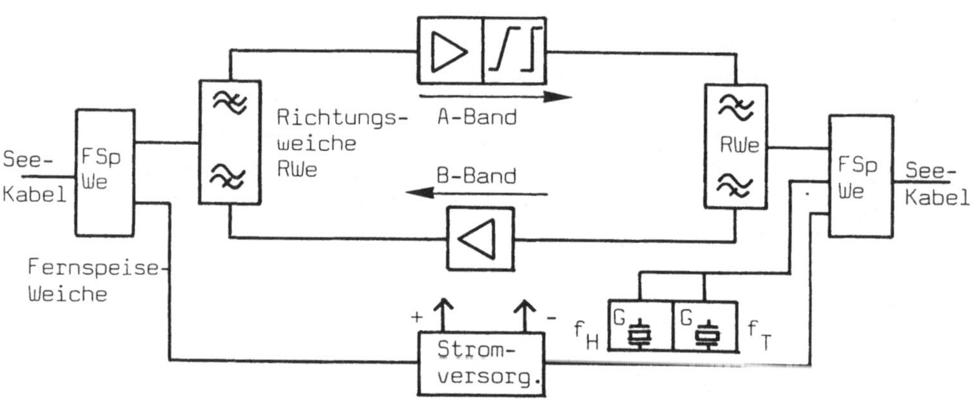

Bild 2-22   Prinzipschaltbild eines Unterwasser-Zwischenverstärkers

Bei 15 bis 20 Volt Gleichspannung benötigt solch ein Verstärker je nach Fabrikat 150 bis 500 mA Fernspeisestrom. Daraus resultiert eine Leistungsaufnahme von 2 bis 10 Watt. Die Verstärkerbaugruppen sind mit Z-Diodenketten überspannungsgeschützt. Ebenso sind die Stromversorgungseinheiten gegen die eventuell auftretenden Überspannungen gerüstet. Damit man die einwandfreie Funktion eines Verstärkers überprüfen kann, wird eine Überwachungsbaugruppe (VrÜw) in das Gehäuse eingesetzt, die aus z.B. zwei Quarzoszillatoren besteht.

Sie senden je ein Dauersignal auf je einer individuell jedem Verstärker zugeordneten Frequenz getrennt für das obere und das untere Übertragungsband. In den Endstellen werden die ankommenden Signale zeitlich nacheinander ausgewertet und geben so ein Maß für den Verstärkungsgrad der Unterwasser-Zwischenverstärker. Die Bauelemente für die Unterwasser-Zwischenverstärker werden als Langlebensdauer-Bauelemente (min. 20 Jahre) in klimatisierten Reinräumen hergestellt und auch dort auf Platinen montiert. Es liegt auf der Hand, daß bei dieser geforderten Betriebssicherheit ganz besondere Arbeitsbedingungen herrschen müssen, bei denen Hektik und Akkord nicht auftreten können. Nach "unzähligen" Messungen, Prüfungen und Kontrollen wird die vollständig zusammengebaute elektrische Einheit in einer zylindrischen Tragekonstruktion entweder in einem starren Stahlgehäuse oder in einem Kupfer-Beryllium-Gehäuse mit Gelenk untergebracht. Die Länge eines solchen Verstärkers beträgt zwischen den Kabeleinführungen etwa 2,5 m, der Durchmesser ist mit ca. 0,35 m zu beziffern, bei einem Gesamtgewicht von 500 kg. Nach weiteren elektrischen Prüfungen wird ein einmonatiger Drucktest unter Wasser bei + 10° C Wassertemperatur und 800 kp/cm^2 Belastung vorgenommen. Danach erfolgt die Abnahme durch die jeweilige Postverwaltung.

Die *Entzerrer* haben die Funktion, unmittelbar vor der Verlegung eine frequenzabhängige Dämpfung in die Seekabelverbindung einzufügen, da die Verstärker nur auf Grund rein rechnerischer Planungswerte voreingestellt und anschließend hermetisch verschlossen wurden. Die Unterwasser-Entzerrer enthalten feste und veränderbare Entzerrernetzwerke, die während der Verlegung an Bord des Schiffes noch zugänglich sind. An Hand von fortlaufend durchgeführten Messungen werden dann Fehler des zugehörigen Verstärkerblocks und alle sonst vorher nicht berücksichtigten Restverzerrungen erfaßt und so rechtzeitig mit den Netzwerken kompensiert, daß die Verlegung des Seekabels fortgeführt werden kann, ohne die Geschwindigkeit des Schiffes herabzusetzen.

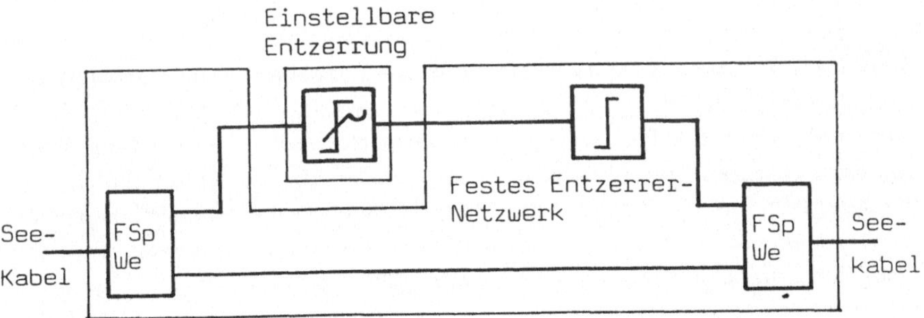

Bild 2-23   Blockschaltbild eines Unterwasser-Entzerrers

2.4.6   Endstellen

Die Endeinrichtungen eines Seekabelsystems verbinden das Inlandnetz eines
Staates mit den Unterwassereinrichtungen. Die Endeinrichtungen haben folgende
Aufgaben:

-Das ankommende Frequenzband, welches die Gruppen des Inlandverkehrs
enthält, muß so umgesetzt werden, daß es über die Seekabel-Verbindung übertragen werden kann.

-Der Übertragungspegel muß für die Seekabelstrecke eingestellt werden; ferner
beseitigen einstellbare Zusatzentzerrer die Einflüsse von Temperatur und die
Auswirkungen von Kabelreparaturen.

-Die Eigenschaften der Endeinrichtungen und der gesamten Seekabelverbindung
muß mit Hilfe von geeigneten *Pilotfrequenzen* dauernd überwacht werden. Tritt
ein Fehler in den Endeinrichtungen auf, so wird die automatische Umschaltung
auf Ersatzgeräte ausgelöst.

Das an der Übertragungsendeinrichtung ankommende Signal wird durch eine
Bandsperre von Geräuschen, die aus dem Inlandnetz stammen, befreit. In einem
Koppelnetzwerk werden Dienstkanäle und Leitungspilote hinzugesetzt. Letztere
beurteilen die Qualität des Übertragungsweges allein. Das Basisfrequenzband
wird in das frequenzmäßig tieferliegende A-Band umgesetzt, das an die B-End-
stelle übertragen wird. Dort wird es mit Hilfe der Systemträgerfrequenz wieder
in die Basisfrequenzlage zurückmoduliert. Am Ausgang der B-seitigen Übertragungsendeinrichtung werden die Leitungspilotfrequenzen wieder ausgekoppelt
und für Überwachung und Regelung verarbeitet. Ferner wird das Systemge-
räusch gemessen und überwacht. Die zugesetzten Dienstkanäle werden ebenfalls
ausgekoppelt.

Die Seekabel-Übertragungsstrecke wird bei der ersten Inbetriebnahme entzerrt.
Am ersten und am letzten Verstärkerfeld muß ein Längenausgleich erfolgen, da
hier der Seekabelabschnitt nur 1/3 bis 3/4 einer normalen Verstärkerfeldlänge
beträgt, und weil daher die Pegelverhältnisse vom Normalfall abweichen. Ferner
müssen die Auswirkungen von Kabelreparaturen durch einen frequenzabhängigen
Verstärkungsausgleich mit Leitungsnachbildungen (Kunstkabel) beseitigt werden.
Das Zusammenspiel von Kunstkabel, einstellbaren Dämpfungsgliedern und Entzerrern ermöglicht die Übertragung eines weiten Pegelbereiches.

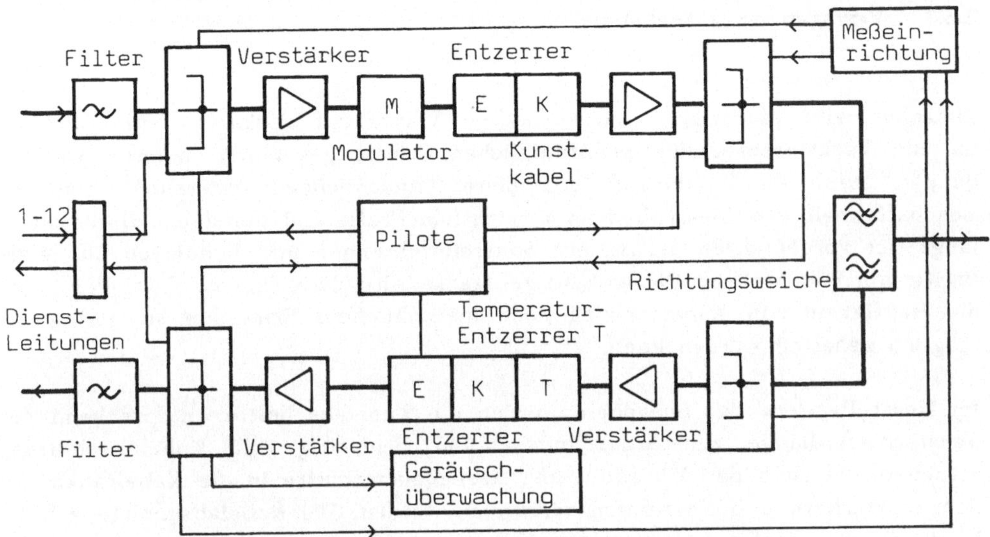

Bild 2-24   Übertragungsendeinrichtung eines Seekabelsystems

Die Betriebsspannungen für alle Einrichtungen der Endstelle werden aus der Gleichspannung von 60 V (bei der DBP) abgeleitet. Strom und Spannung für die Fernspeisung werden aus der ·Versorgungsgleichspannung mit, Hilfe eines Transistor-Wechselrichters erzeugt, der mit 400 Hz betrieben wird. Diese Wechselspannung wird auf den notwendigen Wert hochtransformiert, gleichgerichtet und gesiebt. Über die Fernspeiseweiche wird die Gleichspannung dem Innenleiter des Koaxialkabels zugeführt.

Normalerweise liefert jede Endstelle den *halben* Wert der Fernspeisespannung, da eine zweiseitige Speisung vorgesehen ist. Sollte eine Störung auftreten, dann ist jede Endstelle in der Lage, die *volle* Fernspeisespannung zu liefern. Welche Größenordnungen haben Spannungen und Ströme? Bei Tiefseesystemen von ca. 7000 km Länge werden Spannungen von 15 000 V benötigt, so daß auf jeder Seite 7500 V bereitgestellt werden müssen. Hier erfolgt aus Gründen der Sicherheit *ausschließlich* zweiseitige Speisung. Der Strom bewegt sich in der Größenordnung von 500 mA. Bei anderen Systemen, z.B. beim englischen 45-MHz-Seekabelsystem zwischen den Niederlanden und England, ist eine Fernspeisespannung von 2500 V vorgesehen, bei einem Strom von 500 mA.

2.4.7 Verlegen eines Seekabels

Zunächst wird planerisch eine vorläufige Trasse auf Seekarten eingezeichnet, die im Flachwasserbereich größtmöglichen Schutz gegenüber äußeren Gefährdungen durch Fischereibetrieb etc. bietet. Anschließend untersucht man die Beschaffenheit des Meeresbodens hinsichtlich Profil und etwaigen Hindernissen längs der vorgeplanten Trasse mit Sonareinrichtungen und Echoloten auf einer Breite von 800 Metern. Die endgültige Trasse wird daraufhin so festgelegt, daß die Häufigkeit von Kabelschäden nach menschlichem Ermessen so gering als möglich gehalten werden kann.

Im Herstellerwerk des Seekabels werden die Kabelabschnitte entsprechend der Verstärkerfeldlänge zurechtgeschnitten und beidseitig mit Kabelabschlüssen versehen, die nach der Verladung der Seekabelabschnitte in die Kabeltanks mit den Verstärkern und Entzerrern verbunden werden. Die Kabelabschnitte werden in die Tanks ringförmig um einen Konus von Hand eingelegt, Lage um Lage. Die Enden der Kabelabschnitte werden zum Arbeitsdeck oder in die Ecken eines Kabeltanks geführt, je nach Konstruktion.

Das Seekabel wird über das Heck des Verlegeschiffes mit Kabellegemaschinen ausgelegt, die *bremsend* oder *treibend* arbeiten. Im ersteren Fall entspricht die Verlegegeschwindigkeit der Schiffsgeschwindigkeit, im letzteren Fall wird eine zusätzliche Mehrlänge ausgelegt. Das Bodenprofil wird durch Echolotungen dauernd überprüft, so daß man die Verlegegeschwindigkeit dem Profil anpassen kann. Über Bug wird nur im Falle von Instandsetzungen und beim Verlegen in Küstengewässern gearbeitet. Ein Kabelschiff verfügt über eine Ladekapazität von etwa 1000 km Kabellänge.

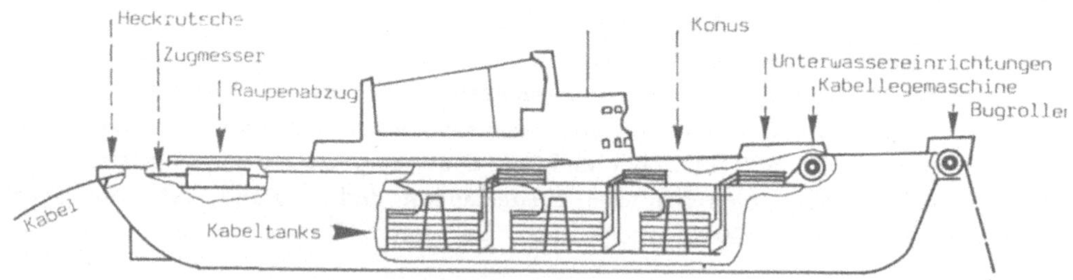

Bild 2-25   Querschnitt durch ein Kabelschiff

2.5   Beispiele

2.5.1   Leitungsbeläge von Koaxialkabeln

Man berechne den *Widerstandbelag* für Gleichstrom nach Beziehung (2.1) für ein Koaxialkabel, dessen Innenleiter und Außenleiter den *gleichen* Kupferquerschnitt haben sollen. $\varkappa = 1/\rho = 57$ m/Ωmm^2; $q = 4{,}52$ mm^2; $d_i = 2{,}4$ mm.

$$R' = \frac{2\ \Omega\ \text{mm}^2}{57\,\text{m} \cdot 4{,}52\ \text{mm}^2} = 7{,}75 \cdot 10^{-3}\ \Omega/\text{m}$$

Pro Kilometer Leitungslänge beträgt der Ohmsche Widerstand bei Gleichstrom und tiefen Frequenzen 7,75 Ω. Wie sehen die Verhältnisse bei höheren Frequenzen aus? Gerade der Widerstandbelag ist sehr stark frequenzabhängig, da der Stromfluß mit höher werdender Frequenz auf eine immer dünnere Schicht an der Leiteroberfläche zusammengedrängt wird; man spricht vom *Skineffekt*, (*Skin* engl. Haut). Die Theorie [38] liefert für Koaxialkabel eine Näherungsformel, die für hohe Frequenzen (f > 50 kHz) gültig ist.

$$R' = (1/2r_i + 1/2\,r_a)\ \sqrt{\frac{\mu_o\mu_r f}{\pi\varkappa}} \qquad (2.17)$$

Für ein Koaxialkabel mit den Daten $r_i = 1{,}2$ mm, $r_a = 4{,}4$ mm, $\mu_r = 1$ und $\mu_o = 4\pi \cdot 10^{-9}$ Vs/Acm erhält man folgende zugeschnittene Größengleichung, die für einige Frequenzen ausgewertet wird:

$$R' = 0{,}444 \cdot 10^{-4}\ \sqrt{\frac{f}{\text{Hz}}}\ 1/\text{m}$$

Frequenz [MHz]	0,1	1	10	100
Widerstand pro km [Ω]	14	44	140	440

Die Magnetostatik stellt für den *Induktivitätsbelag* folgende Beziehung bereit:

$$L' = \frac{\mu_o \mu_r}{2\pi} \ln(r_a/r_i) \qquad (2.18)$$

Mit den zuvor gegebenen geometrischen und magnetischen Daten erhält man für den Induktivitätsbelag eines Kleintubenkabels 2,4/8,8:

$$L' = \frac{4\pi \cdot 10^{-9} \text{ Vs } \ln(4,4/1,2)}{2\pi \text{ A } 10^{-2} \text{ m}} = 2,6 \cdot 10^{-7} \text{ H/m} = 0,26 \text{ mH/km}$$

Der Kilometer Koaxialkabel hat eine Induktivität von 0,26 mH, wenn die relative Permeabilität zu 1 gesetzt wird. Der *Kapazitätsbelag* C' ergibt sich nach den Gesetzen der Elektrostatik in der Gestalt der Gleichung (2.19).

$$C' = \frac{2\pi \varepsilon_o \varepsilon_r}{\ln(r_a/r_i)} \qquad (2.19)$$

Für das bisher besprochene Koaxialkabel erhält man mit den Werten $\varepsilon_1 = 1$, $\varepsilon_o = 0,885 \cdot 10^{-13}$ As/Vcm und den geometrischen Daten wie zuvor, folgenden Kapazitätsbelag:

$$C' = \frac{2\pi \, 0,885 \cdot 10^{-13} \text{ As}}{1,23 \text{ V } 10^{-2} \text{ m}} = 45,2 \text{ pF/m} = 45,2 \text{ nF/km}$$

Mit den allgemeinen Beziehungen für den Widerstandsbelag und den Kapazitätsbelag ergibt sich dann durch Division der Wellenwiderstand Z, der bereits in Formel (2.3) berechnet worden ist. Als *Ableitungsbelag* G' wird angegeben:

$$G' = \omega C' \tan\delta \qquad (2.20)$$

In der Beziehung (2.20) ist die Größe $\tan\delta$ der Verlustfaktor des Isolationsmaterials. Für Papier ist dieser Wert $6\cdot 10^{-3}$, für Styroflex und Styropor 10^{-4}.

2.5.2 Symmetrische Kabel

Symmetrische Kabel zählen zu den *verlustarmen* Leitungen. Deren Dämpfung wird durch die Beziehung (2.6) beschrieben. Es gilt hierbei: $\alpha_R \gg \alpha_G$. In der Anfangszeit der Übertragungstechnik wurde zur Erhöhung der Reichweite die Kabeldämpfung durch Einschaltung von Spulen verringert, ein Vorschlag der auf *Pupin* nach Anregung von *Heaviside* zurückgeht. Die Widerstandsdämpfung α_R wird durch die Erhöhung von L' solange verringert, wie α_R die Ableitungsdämpfung α_G überwiegt. Dieses Prinzip geht auf Kosten der hohen Frequenzen, da eine Pupinleitung *Tiefpaßcharakteristik* besitzt. Oberhalb der Grenzfrequenz f_o steigt die kilometrische Dämpfung stark an. Für die Grenzfrequenz wird die Beziehung (2.21) in [38] angegeben.

$$ f_o = \frac{1}{\pi\, l_o \sqrt{L'\cdot C'}} \tag{2.21} $$

In regelmäßigen Abständen l_o werden die Hin- und die Rückleiterinduktivität auf einen gemeinsamen Kern aufgebracht. l_o beträgt typisch 1,7 km. Der Widerstand der Pupin-Spule hat den typischen Wert von 3 Ω. Pro Spulenfeldlänge l_o erhöht sich der Widerstandsbelag um 1,8 Ω/km. Wenn der Induktivitätsbelag L' typisch 0,7 mH/km ist, so erhöht er sich durch Einschaltung der Induktivität von 80 mH auf 47,7 mH/km. Der Kapazitätsbelag C' hat einen Wert von 35 nF/km. Mit diesen Werten ergibt sich die Grenzfrequenz der Pupin-Leitung:

$$ f_o = \frac{\sqrt{10^6}\ \text{m}}{\pi\cdot 1,7\cdot 10^3\ \text{m}\ \sqrt{47,7\cdot 10^3\ \text{H}\cdot 35\cdot 10^{-9}\ \text{F}}} = 4{,}58\ \text{kHz} $$

Man sieht, daß die pupinisierte Leitung eine sehr geringe obere Grenzfrequenz aufweist.

2.5.3 Signalquader und Übertragungskanal

Als Beispiel für einen *Signalquader* wird die menschliche Sprache betrachtet.
Wenn von der Zeitdauer T_S abgesehen wird, dann gelten folgende mittlere
Bandbreiten- und Dynamikwerte, mit 100 Hz als tiefster Frequenz:

$$\text{Bandbreite } \Delta B_S = 10 \text{ kHz}$$
$$\text{Dynamik } \quad D_S = 50 \text{ dB}$$

Der zugehörige *Übertragungskanal* soll ein Fernsprechkanal sein. Seine Bandbreite
und seine Dynamikwerte sind folgende:

$$\text{Bandbreite } \Delta B_K = 3{,}1 \text{ kHz}$$
$$\text{Dynamik } \quad D_K = 50 \text{ dB}$$

Man sieht, daß die Bandbreite des Signals durch den Übertragungskanal stark
eingeschränkt wird. Nach Untersuchungen von *Fletcher* und *Galt* hat diese
Beschneidung des Frequenzbandes keinen großen Einfluß auf die *Sprachver-
ständlichkeit*, da der ausgeblendete Bereich unter 300 Hz nichts zur Verständ-
lichkeit beiträgt, und der entfernte Bereich über 3400 Hz nur noch geringfügige
Verbesserungen hervorruft. Es soll jetzt die *Kanalkapazität* C des Fernsprechkanals nach Formel (2.13) berechnet werden.

$$C = 3100 \cdot \text{ld} \ (100\,000) \ \text{bit/s} = 51\,460 \ \text{bit/s} \approx 50\,000 \ \text{bit/s}$$

Pro Sekunde können ca. 50 000 bit über einen Fernsprechkanal übertragen
werden. Beim Telefonieren wird diese Kanalkapazität jedoch nur zu einem geringen Teil, etwa zu einem Tausendstel, also mit 50 bit/s ausgenutzt. Woher
kommt dieser geringe Betrag? Bei Ablesen eines Textes werden etwa 20 Buchstaben pro Sekunde gelesen, die je 1 bit Information tragen. Zu diesen 20 bit
kommt noch ein geringer Betrag, in dem die Tonhöhe, die Lautstärke etc. verschlüsselt sind. Dies ergibt jedoch eine Informationsmenge von kaum 50 bit je
Sekunde, eine Tatsache, die auf die unökonomische Übertragung von Sprachsig-
nalen vom Standpunkt der Informationstheorie hinweist.

Wenn man das Verhältnis von Nutzsignal P_N und Störsignal P_S, den Störabstand, zu 10^5 ansetzt, dann gilt für die Anzahl der übertragbaren Amplitudenstufen beim Fernsprechen nach Formel (2.12):

$$m_K = \sqrt{100\,000} = 316$$

In der Literatur findet man den Hinweis, daß bei Frequenzen um 1 kHz das menschliche Ohr etwa 80 Lautstärkestufen unterscheiden kann. Insgesamt soll ein normales Ohr etwa 850 verschiedene Tonhöhen unterscheiden können.

Bei der analogen *Fernsehtechnik* geht man von der Kanalbandbreite $\Delta B_K = 5$ MHz und der Dynamik $D_K = 50$ dB aus. Mit diesen Werten ergibt die *Shannon*-Formel (2.13) die Kanalkapazität C:

$$C = 5 \cdot 10^6 \; \text{ld} \; (100\,000) \; \text{bit/s} = 83\,000\,000 \; \text{bit/s}$$

Mit der Fernsehtechnik kann wesentlich mehr Information pro Zeiteinheit übertragen werden als mit der Fernsprechtechnik. Da die *bewußte Verarbeitung* von Nachrichten mit einer "Geschwindigkeit" in der Größenordnung von 20 bit/s geschieht, so ergibt sich folgende Konsequenz: Sachverhalte, die die Verarbeitungsgeschwindigkeit des Menschen überschreiten, müssen zwangsläufig *vergröbert* dargestellt werden, da sonst im Menschen ein Informationsverlust entsteht. Da die im Fernsehen gesendeten Informationen oft einen höheren Informationsgehalt als die Kanalkapazität des Mediums "Fernsehen" haben, tritt zwangsläufig ebenfalls eine *Vergröberung* des übertragenen Weltbildes auf.

2.5.4 Frequenzspektrum eines Ringmodulators

Beim Ringmodulator findet eine *Multiplikation* zwischen Trägerschwingung und Signalschwingung statt. Stellvertretend für die primäre Zeichenschwingung wird in der nachfolgenden Rechnung eine Sinusfunktion $s_1(t)$ angenommen. Als Trägerschwingung kann eine Rechteckspannung $f_T(t)$ eingesetzt werden, welche abwechselnd die äußeren und inneren Dioden des Modulators öffnet und schließt, so daß diese wie Schalter wirken.

Signalschwingung: $s_1(t) = \hat{s}_1 \sin \omega_1 t$

Trägerschwingung: $f_T(t) = (4/\pi) \cdot [\ \sin\Omega_o t + (1/3) \cdot \sin 3\Omega_o t + (1/5) \cdot \sin 5\Omega_o t + ...]$

Produktbildung: $s_1(t) \cdot f_T(t) = \dfrac{4\,\hat{s}_1}{\pi} \sin \omega_1 t \cdot [\ \sin\Omega_o t + (1/3) \cdot \sin 3\Omega_o t + ...]$

Bei der Produktbildung treten Einzelkomponenten der Form $\sin\alpha \cdot \sin\beta$ auf. Mit der trigonometrischen Umrechnungsformel (2.22) werden diese Produkte umgeformt.

Umrechnungsformel: $\sin\alpha \cdot \sin\beta = \dfrac{1}{2} [\ \cos(\alpha - \beta) - \cos(\alpha + \beta)]$ (2.22)

$$s_1(t) \cdot f_T(t) = \frac{2\,\hat{s}_1}{\pi} \Big[\ \cos(\Omega_o - \omega_1)t - \cos(\Omega_o + \omega_1 t)\ +$$

$$+\ \frac{1}{3} \big(\ \cos(3\Omega_o - \omega_1)t - \cos(3\Omega_o + \omega_1)t\ \big)\ +$$

$$+\ \frac{1}{5} \big(\ \cos(5\Omega_o - \omega_1)t - \cos(5\Omega_o + \omega_1)t\ \big)\ + ...\ \Big]$$

Jede Kosinusschwingung stellt eine Spektrallinie dar, wie Bild 2-7 zeigt. Die Frequenzen der Kosinusschwingungen sind neu entstanden; es bilden sich, nach Gleichung (2.15), Summenfrequenzen und Differenzfrequenzen. Von Interesse sind nur die Frequenzen $\Omega_o \pm \omega_1$, die untere und die obere Seitenfrequenz; alle anderen Frequenzen werden ausgesiebt. In der Amplitude ist die Lautstärke verschlüsselt.

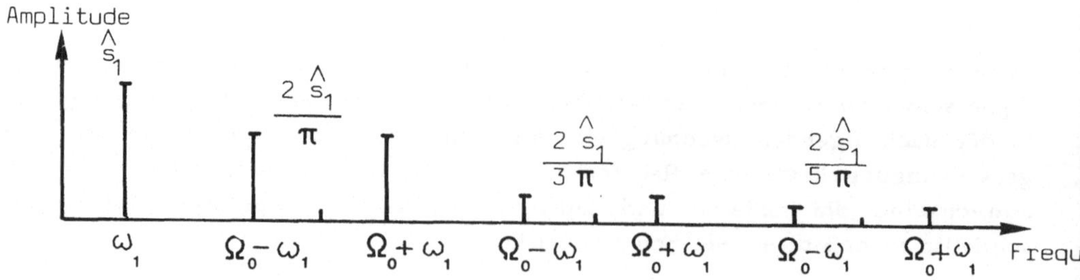

Bild 2-26   Frequenzspektrum

3 Richtfunktechnik

3.1 Einführung

Man bezeichnet als *Richtfunk* eine drahtlose Übertragung von Nachrichten mit Hilfe von Radiowellen, die auf *einen bestimmten* Zielpunkt hin gerichtet ist.

Die Richtwirkung wird mit speziellen Antennen erzeugt, welche die Sendeleistung in eine bestimmte Richtung konzentrieren. Daher genügen für den Richtfunk geringere Sendeleistungen als beim Rundfunk, der die Sendeenergie rundum abstrahlt.

Eine Folge der Richtwirkung besteht darin, daß man die gleichen Radiofrequenzen für mehrere Richtfunkstrecken wiederholt einsetzen kann. Der Radiofrequenzbereich erstreckt sich zwischen den Eckfrequenzen 0,2 GHz und 30 GHz. Man bezeichnet diesen Frequenzbereich auch als "Mikrowellenfenster". Innerhalb des Fensters sind bestimmte Radiofrequenzbereiche für die Übertragung von Nachrichten zugelassen.

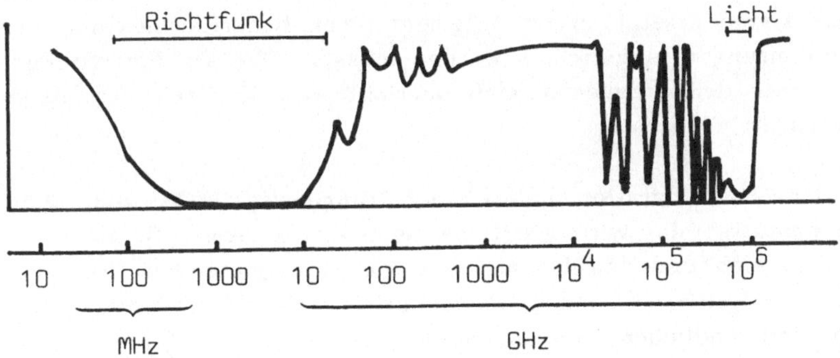

Bild 3-1   Relative Dämpfung elektromagnetischer Wellen in der Atmosphäre

Die Richtfunkgeräte enthalten Komponenten zur Erzeugung dieser Radiofrequenzen. Die zur Übertragung vorgesehenen Nachrichten werden mit Hilfe von Modulationseinrichtungen auf die Trägerfrequenz aufmoduliert.

Die Entwicklung des Richtfunks geht auf den zweiten Weltkrieg zurück. Die damalige Forschungsanstalt der Deutschen Reichspost hatte Geräte zur parallelen Übertragung von 15 Sprachfrequenzbändern entwickelt, die im Frequenzbereich um 500 MHz arbeiteten. Mit diesen Geräten konnten Fernmeldeverbindungen über viele hundert Kilometer Entfernung schnell errichtet werden. Im Jahre 1947 übernahm die Deutsche Bundespost ein Richtfunknetz mit Geräten der ehemaligen Wehrmacht, welches die Städte Bremen, Nürnberg und München mit Frankfurt/Main verband.

Ab 1952 standen Geräte für die Übertragung von 24 Sprachkanälen zur Verfügung, die im 2-GHz-Bereich arbeiteten. Damals wurde eine Fernseh-Übertragungsstrecke mit Frequenzmodulation zwischen Hamburg und Köln eingerichtet, die ebenfalls bei 2 GHz betrieben wurde. Die Entwicklung auf dem Gebiet der Frequenzmodulation ging dann in raschen Schritten voran. Es entstanden Breitband-Systeme zur Übertragung von 600, 960 und 2700 Sprachkanälen. Das Richtfunknetz breitete sich schnell im Bereich der Weitverkehrstechnik aus und trat in Konkurrenz zu den Kabellinien. Parallel dazu existiert ein Übertragungsnetz für Fernsehübertragungen zwischen den Studios der einzelnen Rundfunkgesellschaften, zwischen den Studios und den zugehörigen Fernsehsendern sowie zum Programmaustausch mit den europäischen Nachbarländern.

Die Bundespost hat im Jahre 1979 die Entscheidung getroffen, ihr Fernsprechnetz zu digitalisieren. Seit dieser Zeit werden *digitale* Richtfunksysteme im Bereich der Telekommunikation eingesetzt. Dabei werden bestehende Analogsysteme durch Digitalsysteme ersetzt, wenn aufgrund einer Bedarfsermittlung zusätzliche Richtfunkleitungen eingerichtet werden müssen. Digitale Richtfunkgeräte erschließen ferner den Frequenzbereich oberhalb von 12 GHz, der bisher nicht ausgenutzt wurde.

Die Entwicklung der Großintegration digitaler Schaltungen in CMOS- und Bipolar- Technologie gestattet die wirschaftliche Realisierung von z.B. adaptiven Entzerrern im Zeitbereich und den Einsatz von fehlerkorrigierenden Codierungen. Dadurch ist es möglich, störenden Gegebenheiten, als da sind Witterung, Geländeformation und endlicher Frequenzbereich in positivem Sinne entgegenzuwirken. Digitale Verfahren ermöglichen schließlich noch die Verschlüsselung der zu übertragenden Nachrichten und erhöhen dadurch die Sicherheit gegenüber unerwünschtem Mithören.

3.2 Richtfunksysteme in Übertragungsnetzen

Als die Bundespost damit begann, digital arbeitende Vermittlungsstellen einzurichten, war aus wirtschaftlichen Gründen die Analogtechnik gegenüber der Digitaltechnik unterlegen.

Die Industrie hat eine erste Generation von Richtfunksystemen mit digital wirkenden Modulatoren entwickelt, wobei die Verfahren *QPSK* (*Quaternary Phase Shift Keying*) und *16QAM* (16stufige Quadratur Amplitudenmodulation) angewandt wurden. Die Bundespost hat diese Digitalrichtfunksysteme zunächst bis zu einer Übertragungskapazität von 34 MBit/s in den Frequenzbereichen 1,9 GHz, 13 GHz und 15 GHz eingesetzt. Danach folgten Systeme in den Frequenzbereichen von 3,9 GHz, 6,7 GHz und 11,2 GHz für eine Übertragungsrate von 140 Mbit/s.

Das digital arbeitende Fernmeldenetz mit der Individualkommunikation verschiedenartiger Dienste in getrennten Netzen soll zur Einbindung in das dienstintegrierende digitale Nachrichtennetz *ISDN* (*Integrated Services Digital Network*) weiterentwickelt werden. In der Bundesrepublik sind die Leitungen zur Versorgung der Fernsehsender über Richtfunk geführt. Diese Richtfunkleitungsnetze werden von der Deutschen Bundespost betrieben. Das Sendernetz zur Ausstrahlung des 1. TV-Programmes ist im Eigentum der Landesrundfunkanstalten, die Sendernetze für das 2. TV-Programm und die 3. TV-Programme sind Eigentum der Deutschen Bundespost. Der finanzielle Aufwand zum Betrieb der Leitungs- und Sendernetze wird der Bundespost von den Rundfunkanstalten bezahlt.

Die Übertragung der Fernsehprogramme erfolgt z.Zt. in Analogtechnik, da bisher noch keine geeignete digitale Codierung mit einer wirtschaftlichen Bitrate für TV-Signale genormt ist. Aus diesem Grund müssen beim Richtfunk eigene Netze für Fernsprechübertragung und parallel dazu für Fernsehübertragung vorgesehen werden.

Die Situation in den Übertragungsnetzen ist weltweit durch die Konkurrenz zwischen den Medien Richtfunk und optischer Nachrichtenübertragung über Lichtwellenleiter gekennzeichnet. Einerseits kann die Übertragungskapazität optischer Strecken einfach durch Erhöhung der Faserzahl nahezu beliebig erhöht werden. Dagegen ist die Übertragungskapazität auf Richtfunkleitungen aufgrund des beschränkten Frequenzvorrates begrenzt.

Andererseits bietet die Richtfunktechnik die Möglichkeit, geografische Hindernisse zu überbrücken, die für eine Kabelverlegung ungeeignet erscheinen. Ferner stellt sich die Richtfunktechnik in großräumigen Ballungsgebieten mit Problemen im Hinblick auf Wegerechte und Behinderungen des Verkehrs oft als einzig sinnvolles Medium für die Nachrichtenübertragung dar. Zur Erhöhung der Betriebssicherheit bietet sich der Richtfunk als Zweitweg an. Ein weiteres Einsatzgebiet besteht im Aufbau von transportablen Strecken für Sonderzwecke.

Bild 3-2   Richtfunkantennen auf dem Fernsehturm in Hamburg (Foto: ANT)

3.3 Aufbau einer Richtfunklinie

3.3.1 Analoge Richtfunkstrecken

Die Nachrichtenübertragung beim Richtfunk geschieht mit mit *elektromagnetischen Wellen*, also mit Wellen, die mit den Lichtwellen verwandt sind. Es treten die von den Lichtwellen her bekannten Erscheinungen der geradlinigen
Ausbreitung, Beugung um ein Hindernis herum, Reflexion, Streuung und Brechung bei Änderung des Brechungsindexes längs der Übertragungsstrecke auf.

Daher muß zwischen Sende- und Empfangsantenne einer Richtfunkverbindung
optische Sicht existieren, damit die Empfangsleistung nicht zu stark absinkt.
Mit der Freiraumausbreitung läßt sich nur eine begrenzte Entfernung überbrük-
ken, die bei Analogstrecken im Mittel 50 km beträgt. Die Erdüberhöhung
beträgt dann etwa 37 m, eine Höhe, für die sich preiswerte Antennenträger
errichten lassen. Die Erdüberhöhung h in Funkfeldmitte ist die Höhe der Erdoberfläche gegenüber der gedachten Sehne zwischen den Endpunkten A und B
der Verbindung. Krümmungsfaktor k = 4/3 (siehe Kap. 3.4.1), d = Funkfeldlänge.

$$h \;=\; \frac{(d/km)^2}{k \cdot 51} \; m \tag{3.1}$$

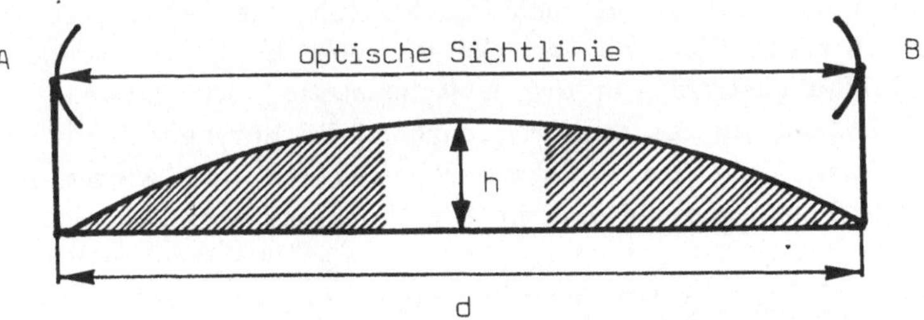

Bild 3-3 Erdüberhöhung h- bei glatter Erdkugel für ein Funkfeld der Länge d

Eine größere Entfernung kann in Einzelstrecken von etwa 50 km aufgeteilt
und mit Hilfe von Zwischenstellen für die Nachrichtenübertragung eingerichtet
werden. Man schaltet mehrere *Funkfelder* hintereinander und kann so Weitverkehrsverbindungen über viele tausend Kilometer realisieren.

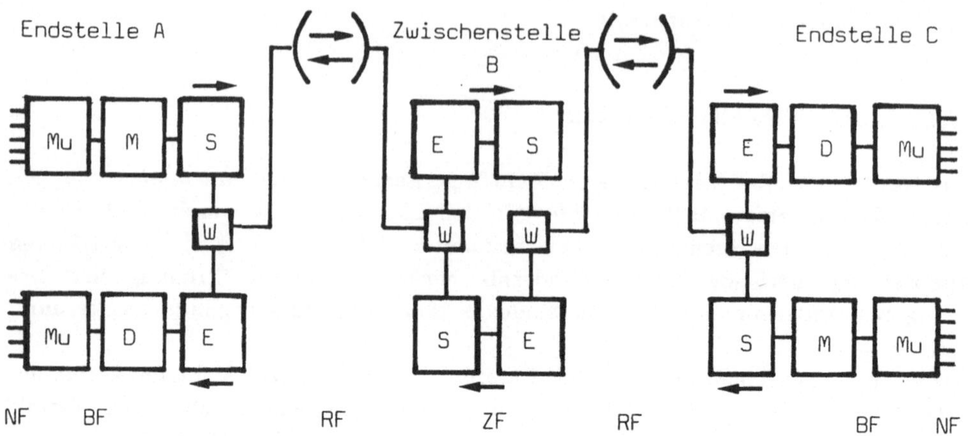

Bild 3-4   Prinzipdarstellung einer analogen Richtfunkstrecke

In Bild 3-4 ist zu sehen, daß zwei *Endstellen* A und C über eine *Zwischenstelle* B miteinander verbunden sind. In den Funkfeldern herrscht Zweirichtungsbetrieb, die Antennen werden für Senden *und* Empfang eingesetzt. Aus der Niederfrequenzlage NF wird über Multiplexeinrichtungen Mu das Basisfrequenzband BF erzeugt, das einem Modulator M angeboten wird. Der Modulator setzt das Frequenzband in die Radiofrequenzlage RF um. Ein Sendeverstärker erzeugt die erforderliche Leistung, die über eine Weichenschaltung W der Antenne zugeführt und in das Funkfeld abgestrahlt wird.

In der Zwischenstelle B wird das Signal nach Durchlaufen einer Weichenschaltung W im Empfänger E regeneriert und nach Verstärkung durch den Sender S in das nächste Funkfeld abgestrahlt. In der Zwischenstelle wird entweder in die Zwischenfrequenz ZF, oder in das Basisfrequenzband BF durchgeschaltet. In letzterem Falle kann man Teile des Basisbandes abzweigen und wieder neu belegen, wobei dann der Rauschabstand und die Pegelkonstanz absinken.

Das verstärkte Signal wird über die Weichenschaltung W in das Funkfeld übertragen und gelangt zur Endstelle C. Hier erfolgt dann im Demodulator D die Rückumsetzung des Radiofrequenzbandes RF in das Basisfrequenzband BF. Multiplexeinrichtungen Mu sorgen am Ende der Übertragungsstrecke wieder für die Erzeugung der niederfrequenten Bänder NF, von denen man zu Beginn der Übertragungsstrecke ausgegangen war.

Das Basisband BF besteht aus einem Bündel von Fernsprechsignalen, das mit Hilfe der Trägerfrequenztechnik aufgebaut wurde. Das Basisband kann anstelle eines Teils der Fernsprechkanäle auch aus digitalen Daten bestehen. Es ist möglich, einen Teil der Fernsprechkanäle mit Wechselstromtelegrafiekanälen oder anderen Datenkanälen zu belegen. Außer den genannten Signalarten werden Fernsehsignale übertragen, denen ein oder mehrere Tonsignale überlagert werden. Zusätzlich ist eine vom Bild unabhängige Tonübertragung möglich.

3.3.2 Digitale Richtfunkstrecken

Der Aufbau von Digitalrichtfunksystemen der ersten Generation unterscheidet sich nicht sehr von dem der Analogrichtfunksysteme mit Frequenzmodulation. Solange keine höherstufigen Modulationsverfahren (16 QAM) eingesetzt wurden, konnte man die ZF-Schnittstellen der bisherigen Analogrichtfunksysteme für Weitverkehrsnetze ohne große Veränderungen an den Funkgeräten mit digital arbeitenden Modems für 4 PSK oder 8 PSK beschalten und die Geräte für die Digitalsignalübertragung einsetzen.

Auf der Empfangsseite der Geräte mußten, bis auf den ZF-Teil und die sich daran anschließenden Komponenten, ebenfalls keine grundlegenden Veränderungen vorgenommen werden. Bei Schwundeinbrüchen treten bei der Übertragung von Digitalsignalen hauptsächlich Dämpfungsverzerrungen auf, seltener große Laufzeitverzerrungen. Man hat verschiedene Verfahren zur Verfügung, die für die Einhaltung der Übertragungsqualität sorgen.

Adaptive Dämpfungsentzerrer im Zwischenfrequenzbereich vermindern die Amplitudenverzerrung auch bei tiefen Schwundereignissen. Als wirkungsvolle Zusatzmaßnahme wird die *Raumdiversity* mit Antennenabständen ab 7m eingesetzt. Bei besonders ungünstigen Funkfeldern können zusätzlich *adaptive Basisbandentzerrer* mit Transversalfiltern dazu beitragen, die Restverzerrungen der Raumdiversity-Verbindung zu vermindern.

Im Blockschaltbild 3-5 kann man den Weg des Signals verfolgen. Das ankommende Datensignal muß zunächst aufbereitet werden. Zu diesem Zweck wird das codierte Digitalsignal (z.B. HDB3-Code) in ein NRZ-Signal gewandelt. Beim HDB_n-Code (hier n = 3; *High Density Bipolar Code)* wird der 0 die Sendeamplitude Null, der 1 alternierend die Sendeamplitude +A oder −A zugeordnet. Wenn allerdings mehr als drei Nullen übertragen wurden, dann wird ein besonderer Impulszug gesendet, um die Daueramplitude Null zu vermeiden. Dadurch werden im Spektrum tiefe Frequenzen vermieden, die übertragungstechnische

Schwierigkeiten (Übertrager) aufgeworfen hätten. Ferner ist die Aufrechterhaltung des Synchronismus im Empfänger auch bei längeren Nullfolgen immer möglich. Das NRZ-Signal (*Non Return to Zero*) entspricht wieder dem ursprünglichen Digitalsignal. Ferner wird der Takt aus dem HDB_3-Signal abgeleitet. Alle diese Funktionen laufen in der Baugruppe SA (Signalaufbereitung) ab.

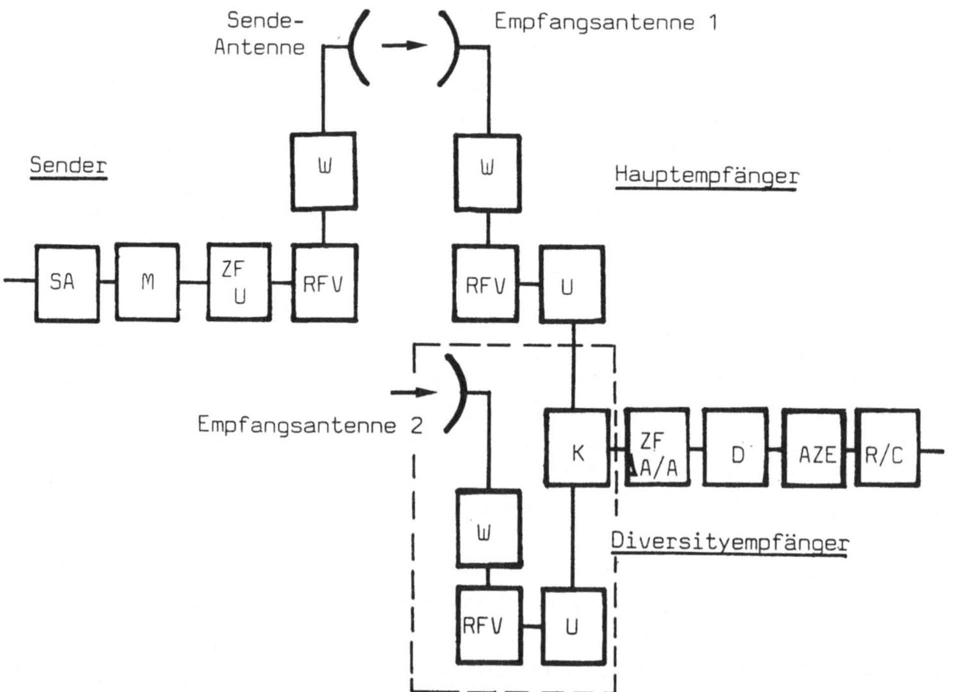

Bild 3-5   Blockschaltbild einer digitalen Richtfunkstrecke

Nach Zusammenstellung eines richtfunkeigenen Rahmens und einer eventuellen Verwürfelung aus Sicherheitsgründen erfolgt die Modulation in einem digitalen Modulator M. Am Modulatorausgang liegt ein Träger in der Zwischenfrequenzlage (z.B. 70 MHz) vor, der in der Phase umgetastet wird, wenn ein PSK-Verfahren angewendet wurde.

Die folgende Baugruppe ZF verstärkt die Zwischenfrequenz. Anschließend wird
die Zwischenfrequenz im Umsetzer U in die Radiofrequenzlage umgesetzt. Da
die Ausgangsleistung des Sendemischers nur einige Milliwatt beträgt, muß man
in einem Radiofrequenzverstärker RFV diese Leistung auf einige Watt verstärken. Über eine Kanalweichenkette W und einen Hohlleiterzug wird dann die
Sendeantenne gespeist. Die Kanalweichenkette gestattet den Anschluß und den
Betrieb mehrerer Sender und Empfänger parallel an einer Antenne. Ferner ist
eine Polarisationsweiche vorgesehen, die zwei gekreuzte linear polarisierte Signale der Antenne zuführen kann.

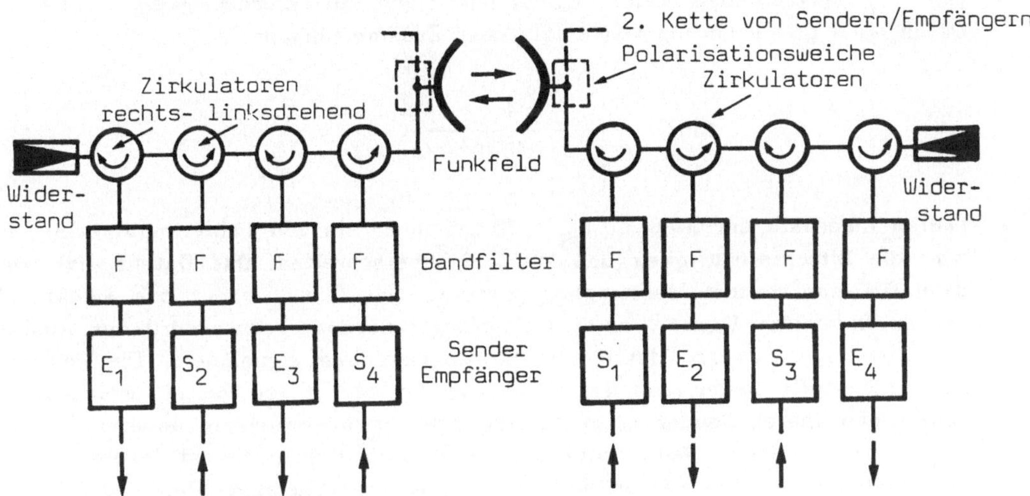

Bild 3-6   Kanalweichenkette

Empfangsseitig ist in Abbildung 3-5 neben dem Hauptempfänger ein Diversity-
empfänger vorgesehen. Das empfangene Signal durchläuft wieder die Bauelemente Polarisationsweiche, Hohlleiter und Kanalweichenkette.

In einem Radiofrequenzverstärker RFV wird der schwache Empfangspegel angehoben. Der anschließende Umsetzer U demoduliert das Signal in die Zwischenfrequenzlage ZF. Da die vielstufigen Modulationsverfahren empfindlich gegenüber Schwunderscheinungen sind, wird die Übertragungsstrecke mittels Raumdiversity geschützt. Ein Kombinator K wertet die Ausgangssignale der Umsetzer
nach dem Kriterium des maximalen Empfangspegels aus.

An seinen Ausgang schließt sich der Zwischenfrequenzverstärker ZF an. Ein adaptiver Amplitudenentzerrer $\Delta A/A$ erhöht die Widerstandsfähigkeit der Systeme gegenüber Schwundeinbrüchen. Die Demodulation des umgetasteten Zwischenfrequenzträgers erfolgt im Demodulator D.

Nach der adaptiven Zeitbereichsentzerrung AZE, die zur Gruppenlaufzeitentzerrung vorgesehen ist, wird im Regenerator R der serielle Datenstrom wiederhergestellt. Die Zusatzbits des richtfunkeigenen Rahmens müssen wieder entfernt und einer Auswerteschaltung zugeführt werden, welche die Leitungskennung und das Paritätsbit verarbeiten. Treten Bitfehler auf, so wird pro Bitfehler ein Fehlerimpuls erzeugt. Zwischen der Anzahl n der innerhalb der Meßzeit t_M auftretenden Fehlerimpulse und der Bitfehlerhäufigkeit (BFH) im Datensignal gilt näherungsweise folgender Zusammenhang:

$$\text{BFH} \approx \frac{n \cdot 4}{t_M \cdot 34{,}368 \cdot 10^6 \ 1/s} \tag{3.2}$$

Laufen innerhalb der Meßzeit t_M = 30 ms mehr als 256 Fehlerimpulse ein, so wird die Bitfehlerhäufigkeit den Wert 10^{-3} überschreiten. Das Datensignal wird dann für eine weitere Übertragung gesperrt. Das Gerät sendet das Signal AIS (*Alarm Indication Signal*) an den Empfängerausgang. Ferner wird der Ausfall des Übertragungsweges durch eine Störungsmeldung signalisiert. Die Leitungskennung stellt sicher, daß das Gerät nur das Signal verarbeitet, welches von dem zugeordneten Sender stammt, und nicht etwa von einem anderen Sender, der bei der gleichen Radiofrequenz arbeitet, und dessen Signal infolge Überreichweiten oder Schwund an den Empfängereingang gelangt. Eine etwa vorgenommene Verwürfelung wird rückgängig gemacht und schließlich stellt die Baugruppe C aus dem NRZ-Signal wieder das HDB_3-Signal her.

3.4 Wellenausbreitung im freien Raum

3.4.1 Einführung

Die Wellenausbreitung der in der Richtfunktechnik verwendeten Radiowellen geschieht quasioptisch, d.h. auf ähnliche Weise wie bei den Lichtwellen, obwohl die Wellenlängen der beim Richtfunk verwendeten Radiowellen um den Faktor 10^5 größer als diejenigen der Lichtwellen sind. Wir betrachten einige Einflüsse auf die Wellenausbreitung, die von praktischer Bedeutung sind.

Bild 3-7   Digitales Richtfunksystem DRS 2-140/18700 (ANT Backnang). Das Gerät wird im Ortsnetzbereich oder auf der unteren Regionalebene zur Übertragung von 2, 8, 34 oder 140 Mbit/s-Digitalsignalen im Frequenzbereich 17,7 GHz bis 19,7 GHz eingesetzt. Es lassen sich Funkfeldlängen bis zu 10 km realisieren.

Wenn eine Radiowelle auf die Grenzfläche zwischen zwei Medien mit unterschiedlichen Dielektrizitätskonstanten ε_r und Permeabilitätskonstanten μ_r fällt, so wird ein Teil der Energie der Welle reflektiert; die Restwelle wird gebrochen. Es treten die Erscheinungen *Reflexion* und *Brechung* an dielektrischen Grenzschichten auf. Die Erscheinung der Reflexion wird auch an elektrisch gut leitenden Ebenen beobachtet. Eine Brechung kann kontinuierlich erfolgen, wenn sich der Brechungsindex längs des durchlaufenen Weges, etwa durch Änderung der Lufttemperatur, stetig ändert. Dadurch erscheint der "Funkstrahl" stetig gekrümmt.

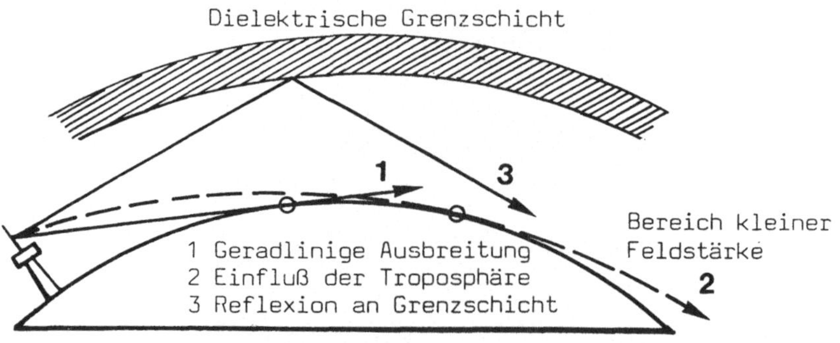

Bild 3-8   Beispiele zu Ausbreitungswegen

Der Fall der stetigen Krümmung eines Funkstrahls zur Erdoberfläche hin wird in der Richtfunktechnik durch den *Krümmungsfaktor k* berücksichtigt, der normalerweise in Mitteleuropa den Wert 4/3 aufweist. Dieser Faktor k vergrößert scheinbar den Erdradius r_E von 6370 km auf $k \cdot r_E = 8500$ km.

Man ändert also beim Anfertigen von Geländeschnitten die Erdüberhöhung so, daß man zeichnerisch die Strahlenwege als gerade Linien darstellen kann. Es werden weltweit Unterlagen über die Brechungsverhältnisse in der unteren Atmosphäre gesammelt, die in Form von Landkarten und Tabellen die Brechungsindizes auf statistischer Basis darstellen. Der Krümmungsfaktor k kann auch Werte von k < 0,5 bei anormaler Strahlenbrechung nach oben, und Werte bis zu k = ∞ bei Brechung zur Erde hin annehmen. Der letztere Fall tritt bei einer *Duktbildung* auf, bei der der Funkstrahl über eine längere Strecke parallel zur Erdoberfläche verläuft und daher zu Überreichweiten führt.

Treffen elektromagnetische Wellen auf begrenzt ausgedehnte und nicht durchlässige Hindernisse, so werden diese Wellen um das Hindernis herum *gebeugt*. Damit gelangt auch Energie in den "Schattenraum". Je größer die Wellenlänge im Vergleich zu der Ausdehnung des Hindernisses ist, desto stärker ist der Beugungseffekt. Daher laufen Wellen mit größeren Wellenlängen als *Bodenwellen* längs der Erdoberfläche weit über den Horizont hinaus.

Wenn sich innerhalb des Ausbreitungsmediums die Eigenschaften dieses Mediums ändern, dann tritt die Erscheinung der *Streuung* auf. Kleine Teilchen, etwa Regentropfen, Inhomogenitäten des Brechwertes und Schichtenbildungen erzeugen eine diffuse Streustrahlung in alle Richtungen des Raumes. Die Energie der enstehenden Streustrahlung wird dabei der Welle entzogen. Dieser an sich unerwünschte Effekt wird bei *Scatter-Verbindungen* (*to scatter = zerstreuen*) ausgenutzt. Dabei besteht eine Nachrichtenverbindung zwischen zwei Stationen ohne direkte Sichtverbindung über hoch in der Troposphäre gelegene Streuzonen.

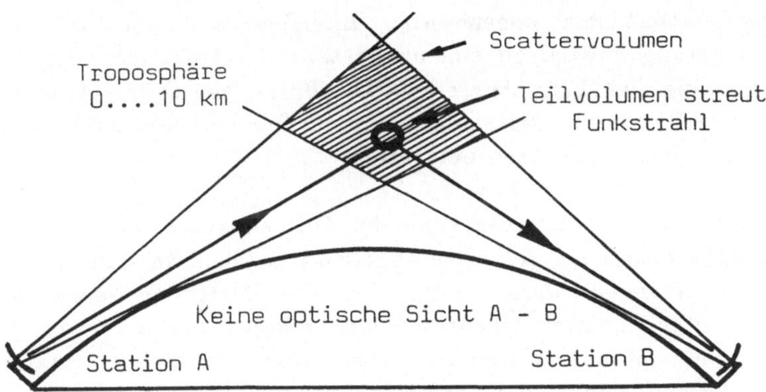

Bild 3-9   Nachrichtenverbindung über eine Scatter-Richtfunkstrecke

Elektromagnetische Wellen erleiden Verluste in Form einer *Absorption* , die auf verschiedenartige Eigenschaften des jeweiligen Ausbreitungsmediums zurückzuführen ist. *Elektrische Ströme* können Wellenenergie in Wärme verwandeln, eine Erscheinung, die z.B. bei Auftreten von Wirbelströmen vorliegt. Ein Sonderfall der elektrischen Ströme sind die *dielektrische Ströme*, die dielektrische Verluste erzeugen können. Im Falle des Entstehens von *molekularen Resonanzen* wird Wellenenergie in Wärme verwandelt und geht so für die Übertragung verloren. Dies ist an Bestandteilen der Luft und bei Wasserdampf zu beobachten.

Die Amplitude einer Welle nimmt beim Durchlaufen eines verlustbehafteten Mediums exponentiell mit der Weglänge ab. Es liegt eine *Dämpfung* vor, die unerwünscht ist, da ein möglichst großer Teil der Sendeenergie den Empfänger erreichen soll. Es kann auch der Fall auftreten, daß man in Schaltungen der Hochfrequenztechnik Wellen mit Hilfe von *Absorbern* vernichten möchte. Hier erweist sich Graphitstaub in einem Trägermaterial als geeignetes Material. In Bild 3-6 sind an den Enden der Kanalweichenketten je ein Absorber angeordnet.

Wenn die Empfangsfeldstärke, zeitlich gesehen, starken Schwankungen unterworfen ist, die sogar zu einer zeitweisen völligen Auslöschung der Feldstärke führen können, dann ist auf der Übertragungsstrecke *Schwund* (engl. *fading*) aufgetreten. Schwund vergrößert die Funkfelddämpfung zeitweise. Für das Auftreten von Schwunderscheinungen sind mehrere Ursachen verantwortlich.

Am Empfangsort sind für die Empfangsfeldstärke die Amplituden- und Phasenverhältnisse der Einzelkomponenten mehrer elektromagnetischer Wellen maßgebend, die auf unterschiedlich langen Wegen zum Empfänger gelangen. Diese Mehrwegeausbreitung erzeugt den sogenannten *Interferenzschwund*, der bei phasenrichtiger Überlagerung sowohl zu einem Verstärkungseffekt, als auch zu einer völligen Auslöschung der Empfangsfeldstärke führen kann. Die Ausbreitungswege können sowohl durch Reflexionen am Erdboden, als auch über Reflexionen an troposhärischen Schichten entstehen.

Infolge ungünstiger Brechungsverhältnisse kann der Fall eintreten, daß die Radiowellen von der Empfangsantenne zeitweise abgelenkt werden. In diesem Fall spricht man von *Abschattungsverlusten*. Wenn sich die Dämpfung längs des Ausbreitungsweges infolge starker Niederschläge erhöht, dann tritt ein Schwundeinbruch (Regendämpfung) infolge von *Absorption* auf. Dies ist besonders bei Frequenzen oberhalb von 10 GHz der Fall.

Die Erfahrung zeigt, daß Schwund innerhalb von Funkfeldern mit freier Sicht bei Nacht wesentlich häufiger entsteht als am Tage. Man kann davon ausgehen, daß bei Funkfeldlängen $d \leq 50$ km am Tage bei normalen Ausbreitungsbedingungen je Funkfeld in maximal 7% der Tagesstunden eines ungünstigen Monats starker Schwund auftritt. Bei Nacht kann man einen Wert von 30% für die genannten Randbedingungen annehmen. Berechnungen zeigen, daß eine Schwundreserve von ca. 7 dB im Mittel ausreichend ist. Bei genaueren Planungen müssen die Eigenschaften der einzelnen Funkfelder berücksichtigt werden. Dabei kann es sich ergeben, daß zum Vermindern des dämpfungsabhängigen Geräusches (Grundrauschen der Empfängereingangsstufen) besondere Vorkehrungen (z.B. Antennengewinn erhöhen) notwendig sind.

Bei der Systemauslegung muß man die Schwunderscheinungen berücksichtigen und Gegenmaßnahmen treffen. Einige Maßnahmen sollen stichwortartig aufgezählt werden. Die Empfänger müssen mit einer automatisch wirkenden *Regelung* der Verstärkung versehen sein, welche die zu erwartende Schwundtiefe ausregelt. Ferner kann die gleiche Nachricht gleichzeitig auf verschiedenen Wegen übertragen werden. Dieser Fall der *Raumdiversity (engl. Diversity = Verschiedenheit)* ist in Bild 3-5 dargestellt. Anstelle der Raumdiversity kann die gleiche Nachricht auch auf verschiedenen Frequenzen parallel übertragen werden. Allerdings erfordert diese *Frequenzdiversity* zusätzliche Bandbreite.

3.4.2 Die erste Fresnelzone

Bei dem überwiegenden Teil der Richtfunkverbindungen handelt es sich um Verbindungen mit freier Sicht zwischen Sender und Empfänger, so daß sich die Radiowellen ungehindert ausbreiten können. Es muß aber nicht nur die optische Sichtlinie frei von Hindernissen sein, sondern noch ein zusätzlicher Raum um die Sichtlinie herum, der an der Wellenausbreitung beteiligt ist. Dieser Raum wird als *erste Fresnelzone* bezeichnet und stellt sich als ein *Rotationsellipsoid* dar, in dessen Brennpunkten die Antennen angeordnet sind. Wie entsteht die Oberfläche des Ellipsoids? Man denkt sich einen Umwegstrahl, dessen Weglänge um $\lambda/2$ größer als ein direkter Strahl ist, und der über eine Reflexion am Boden zur Empfangsantenne gelangt. Die Summe aller denkbaren Reflexionspunkte für solche Umwegstrahlen bildet die Oberfläche des Ellipsoids.

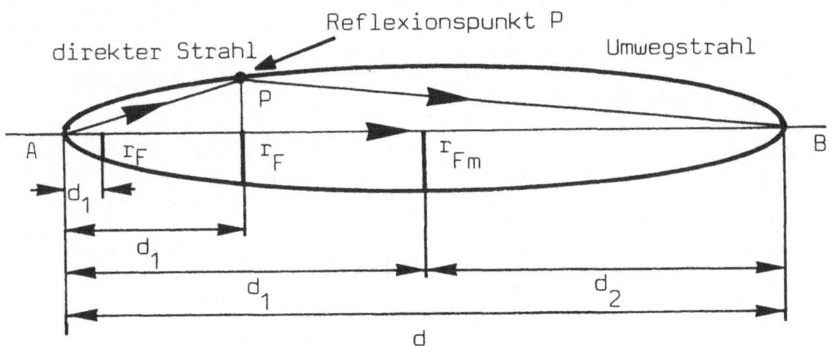

Bild 3-10   Darstellung der ersten Fresnelzone

Wenn man den Fall berücksichtigt, daß am Reflexionspunkt ideale Reflexionsverhältnisse vorliegen, z. B. auf einer Wasseroberfläche, dann tritt zusätzlich ein Phasensprung von $\varphi = 180^O$ auf, so daß der direkte Strahl und der Umwegstrahl, der einen Gangunterschied von einer halben Wellenlänge haben soll, sich phasenrichtig überlagern. Der Reflexionsfaktor beträgt in diesem Fall R = -1. Am Empfangsort entsteht ein Verstärkungseffekt. Bei nicht vollkommener Reflexion wird der Betrag des Reflexionsfaktors $|R| < 1$. Dann wird der Extremfall der phasenrichtigen Überlagerung nicht erreicht.

Es zeigt sich, daß bei sehr flachem Einfall des Umwegstrahls auch auf einem Gelände mit rauher Oberfläche eine nennenswerte Reflexion stattfinden kann. Wenn der Einfallswinkel des Funkstrahls steiler wird, d.h. wenn Reflexionen in Fresnelzonen höherer Ordnungen eintreten, dann wird der Betrag des Reflexionsfaktors schnell verringert. Daher wirken sich Reflexionen innerhalb der ersten Fresnelzone wesentlich stärker auf die Empfangsfeldstärke aus als Reflexionen, die in höheren Fresnelzonen (Gangunterschiede des Umwegstrahls λ, $3/2 \cdot \lambda$, $2 \cdot \lambda$,... bewirken Fresnelzonen der Ordnung 2, 3, 4, ...) entstehen.

Bei Übertragung auf Richtfunkstrecken besteht die Forderung, daß unter Berücksichtigung der Erdkrümmung die erste Fresnelzone hindernisfrei bleibt. Da die erste Fresnelzone im Raum ein Rotationsellipsoid darstellt, gilt die Hindernisfreiheit auch für Hindernisse seitlich der Strahlrichtung. Damit man die Lage der ersten Fresnelzone in Bezug auf die Übertragungsstrecke in einen sog. *Schnittrahmen* einzeichnen kann, benötigt man Maßangaben über die Breite der ersten Fresnelzone an verschiedenen Punkten. Die Länge des Funkfeldes sei d.

Kleine Halbachse in Funkfeldmitte:

$$r_{Fm} = 8{,}67 \cdot \sqrt{\frac{d/km}{f/GHz}} \ m \tag{3.3}$$

Weitere Punkte an der Stelle $d_1 = d - d_2$:

$$r_F = 17{,}3 \cdot \sqrt{\frac{d_1/km \cdot d_2/km}{d/km \cdot f/GHz}} \ m \tag{3.4}$$

Die Entfernung d_1 wird vom linken Ende des Funkfeldes, die Entfernung d_2 wird vom rechten Ende des Funkfeldes gerechnet.

Für Punkte in der Nähe einer Antenne, z.B. in wenigen km Abstand vom Ende
eines Funkfeldes gilt nachfolgende Formel:

$$r_F = 17{,}3 \cdot \sqrt{\frac{d_1\,/\mathrm{km}}{f\,/\mathrm{GHz}}}\ \ \mathrm{m} \qquad\qquad (3.5)$$

Wenn man die Radien der Fresnelzonen höherer Ordnung n (n = 2, 3, 4,...) berechnen möchte, müssen die errechneten Werte r_F, bzw. r_{Fm}, mit dem Faktor
$\sqrt{n}$ multipliziert werden.

3.4.3   Geländeschnitt

In der Richtfunktechnik wird zwischen den Endpunkten eines Funkfeldes un-
gehinderte Wellenausbreitung und somit eine freie erste Fresnelzone gefordert.
Man muß zur Feststellung der Hindernisfreiheit der Fresnelzone in ein beson-
deres Formblatt den Geländeverlauf zwischen den Endpunkten A und B des
Funkfeldes eintragen. Über diesem Geländeprofil wird die erste Fresnelzone
eingezeichnet, und zwar so, daß bei entsprechender Antennenhöhe, die sich
dann im Verlauf der Anfertigung des Geländeschnittes ergibt, höchstens Reflexionspunkte auf der Fresnelellipse ergeben, aber keine Hindernisse in diese
Zone hineinragen.

Die üblichen Formblätter berücksichtigen die Krümmung des Funkstrahls zur
Erde hin durch die Korrektur des Erdradius' mit dem Krümmungsfaktor k =
4/3. Die Höhenlinien in den Schnittrahmenformularen folgen in einem 100m-Ra-
ster aufeinander. Man hat eine starke Maßstabsverzerrung von z.B. 50:1 gewählt, damit die kleinen Höhenunterschiede im Verhältnis zu dem viele Kilometer langen Funkfeld sich deutlich abheben.

Die Endpunkte eines Funkfeldes, das von A nach B führt, werden in eine topo-
grafische Landkarte eingezeichnet. Der Kartenmaßstab soll 1 : 25 000, bzw.
1 : 50 000 betragen, die Karte selbst muß Höhenlinien aufweisen. Man bestimmt dann die höchsten und tiefsten Geländepunkte, sowie Zwischenpunkte
in ihrer geografischen Höhe über Normal-Null (NN), und zeichnet diese Punkte
im richtigen Abstand von den Antennenorten in den Schnittrahmen ein. Die einzelnen Punkte werden durch gerade Linien miteinander verbunden.

Bauwerke, Wälder etc. werden gesondert in das Geländeprofil eingetragen. Danach bestimmt man die erforderlichen Radien der ersten Fresnelzone und zeichnet diese im Geländeschnitt über den höchsten Geländepunkten ein. Man ermittelt die Antennenhöhen dann so, daß die Verbindungsgerade zwischen den Antennen nirgendwo unterhalb der markierten Punkte verläuft.

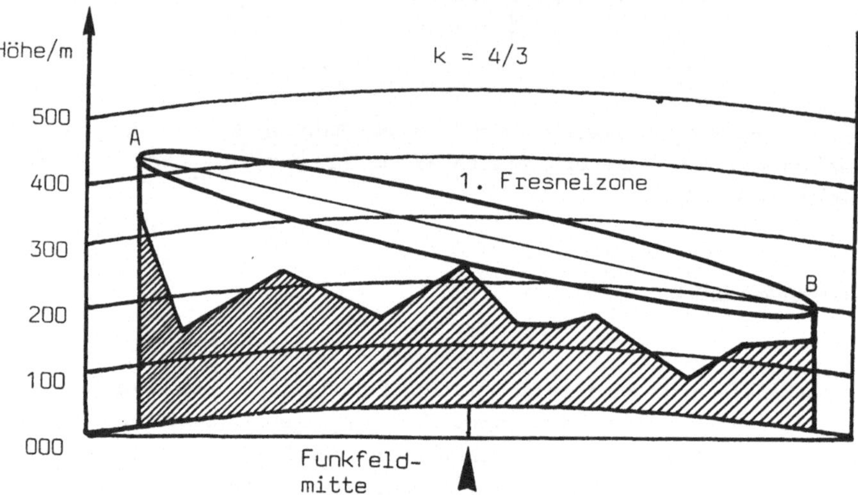

Bild 3-11   Geländeschnitt und erste Fresnelzone

Der Geländeschnitt gibt nicht nur über die Ausbreitungsbedingungen Auskunft, sondern er weist auch auf die Aufstellungshöhe der Antennen hin. Diese Höhe bestimmt die Höhe des Antennenträgers und damit dessen Gesamtkosten. Da man in der Planungsphase nicht immer die wirklich verwendeten Frequenzen kennt, wählt man für die Bestimmung der Radien der Fresnelzone den untersten Frequenzbereich, d.h. man berechnet die Fresnelzone mit der größten Breite. Der Standort der Antenne wird so ausgesucht, daß möglichst viele Richtfunkverbindungen nach unterschiedlichen Richtungen betrieben werden können. Eine Ortsbesichtigung ist unumgänglich, damit der anhand von Karten angefertigte Geländeschnitt korrigiert werden kann.

Aus Sicherheitsgründen kann auch mit dem Krümmungsfaktor k = 1 gerechnet werden. Dann würden in einem Geländeschnitt mit dem Faktor k = 1 diejenigen Reflexionspunkte als Hindernisse in die erste Fresnelzone hineinragen, die bei k = 4/3 gerade auf der Ellipsenkurve liegen würden. In besonderen Fällen, bei denen große Genauigkeit der Vorausbestimmung der Funkfelddämpfung notwendig ist, müssen *Ausbreitungsmessungen* durchgeführt werden.

3.4.4 Freiraumdämpfung und Funkfeld-Gesamtdämpfung

Der Übertragungsweg eines *Funkfeldes* beginnt an den Ausgangsklemmen des Senders und endet an den Eingangsklemmen des Empfängers. Zwischen diesen beiden Klemmenpaaren besteht die *Funkfeld-Gesamtdämpfung* a_s.

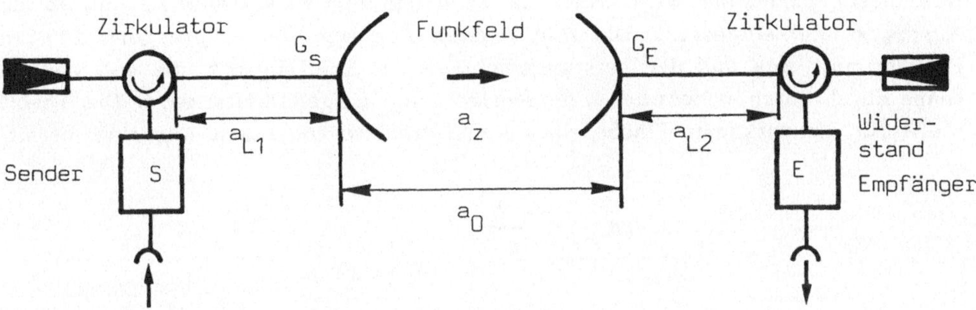

Bild 3-12   Funkfeld und Dämpfungsaufteilung

Man kann die unterschiedlichen Dämpfungsanteile der Funkfeld-Gesamtdämpfung a_s aus der Darstellung 3-11 entnehmen.

Die *Freiraumdämpfung* a_0 stellt den größten Dämpfungsanteil dar. Diese Dämpfung berechnet sich über die nachfolgende Beziehung:

$$a_0 = 10 \lg \frac{P_s}{P_e} \ dB \tag{3.6}$$

Die Sendeleistung P_s eines idealen Kugelstrahlers wird zur Empfangsleistung P_e eines idealen Kugelstrahlers in Beziehung gesetzt. Obwohl diese Kugelstrahler nicht realisiert werden können, ist ihre Anwendung als Berechnungsgrundlage nützlich. Die Leistungsgrößen werden ersetzt. Im Abstand von vielen Wellenlängen befinden sich der elektrische und der magnetische Feldstärkevektor in Phase. Die elektromagnetische Welle überträgt eine Wirkleistung. Man spricht von der *Strahlungsdichte* S (*Poynting-Vektor*) und multipliziert die Vektoren der elektrischen und magnetischen Feldstärke miteinander:

$$S = E \times H \tag{3.7}$$

Da der ideale Kugelstrahler als Sendeantenne eingesetzt wurde, kann man den Betrag des Poynting-Vektors S leicht berechnen, indem man die Sendeleistung P_s durch die Oberfläche einer Kugel mit dem Radius d, also der Funkfeldlänge, dividiert.

$$S \quad = \quad \frac{P_s}{4 \pi d^2} \tag{3.8}$$

Aus dieser Beziehung wird dann die Sendeleistung rückgewonnen und in den Ausdruck (3.6) eingesetzt. Die vom zweiten Kugelstrahler empfangene Leistung P_e bestimmt sich aus der Leistungsdichte S am Empfangsort, die von der Antenne durch deren *wirksame Antennenfläche* A_w aufgenommen wird. Die Theorie stellt für die wirksame Fläche eines Kugelstrahlers folgenden Ausdruck bereit:

$$A_{wk} = \frac{\lambda^2}{4 \pi} \tag{3.9}$$

Damit ergibt sich für die Empfangsleistung das Produkt:

$$P_e \quad = \quad A_{wk} \cdot S \tag{3.10}$$

Wenn die beiden Leistungsbeziehungen für Sende- und Empfangsleistung in den Ausdruck (3.6) eingesetzt werden, dann erhält man die *Freiraumdämpfung* a_o:

$$a_o \quad = \quad 20 \cdot \lg \frac{4 \pi d}{\lambda} \quad dB \tag{3.11}$$

Die Freiraumdämpfung hängt von der Länge des Funkfeldes und von der Wellenlänge der verwendeten Radiofrequenz $f = c/\lambda$ ab. Die hier zusammengestellten Formeln ermöglichen noch die Definition der wichtigen Antennengröße *Gewinn* g bzw. dem *Antennengewinnmaß* G. Da die in der Richtfunktechnik verwendeten Antennen die abgestrahlte Energie bündeln, kann die Strahlungsdichte in Hauptstrahlrichtung S_{max} zu der Strahlungsdichte eines Kugelstrahlers S_k in Beziehung gebracht werden. Bei gleicher zugeführter Leistung gilt:

$$g \quad = \quad \frac{S_{max}}{S_k} \quad = \quad \frac{A_w}{A_{wk}} \tag{3.12}$$

Das Antennengewinnmaß G erhält man durch Logarithmierung des jeweiligen Ausdrucks für den Antennengewinn:

$$G \; = \; 10 \cdot \lg \frac{S_{max}}{S_k} \; = \; 10 \cdot \lg \frac{A_w}{A_{wk}} \qquad\qquad (3.13)$$

Neben der Freiraumdämpfung a_O sind die Dämpfungen der *Hohlleiter* a_{L1} und a_{L2} von Bedeutung. Die Dämpfungen hängen von der Art der Hohlleiter und der verwendeten Länge ab. Diese Dämpfungsmaße sind in den Datenblättern von Hohlleiterherstellern zu finden.

Sollte der Fall gegeben sein, daß die Freiheit der ersten Fresnelzone nicht zu verwirklichen ist, dann muß man mit einer *Zusatzdämpfung* a_Z zur Freiraum- dämpfung rechnen. Für ein Einzelhindernis kann auf Ergebnisse der Beugungs- theorie von Fresnel zurückgegriffen werden. Die Zusatzdämpfung ist eine Funk- tion der Höhe Δh, in der der Funkstrahl über der Hindernisspitze verläuft, und dem Radius der ersten Fresnelzone an dieser Stelle $\Delta h/r_F$ und kann näherungs- weise aus der Darstellung 3-13 entnommen werden.

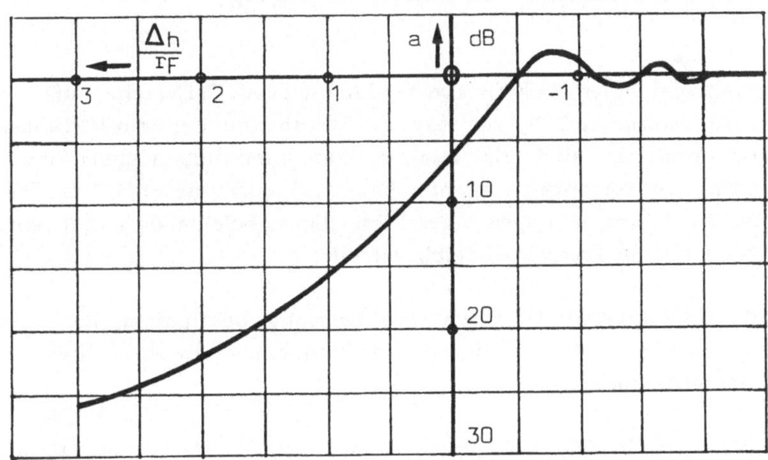

Bild 3-13   Zusatzdämpfung a_Z bei einem Einzelhindernis

Wenn die Hindernisspitze über die optische Sichtlinie hinausragt, muß der Quo- tient $\Delta h/r_F$ als negativ eingesetzt werden, sonst positiv.

Die Gesamtdämpfung des Funkfeldes enthält die bisher genannten Anteile Freiraumdämpfung, Hohlleiterdämpfungen und Zusatzdämpfung. Da man die Antennen mehrfach ausnutzt, müssen noch die Dämpfungen der Weichen und Filter in der Summe berücksichtigt werden. Diese Dämpfungen werden zu den jeweiligen Zuleitungsdämpfungen a_L addiert, so daß sie nicht als eigene Summanden erscheinen. Von dieser Dämpfung wird die Summe der Antennengewinne subtrahiert, da man keine Kugelstrahler, sondern Richtantennen einsetzt.

$$a_S = a_O + a_{L1} + a_{L2} + a_Z - (G_S + G_E) \qquad (3.14)$$

Mit der *Systemdämpfung* a_S kann der *Signal-Geräusch-Abstand* s_G am Ende eines Funkfeldes berechnet werden. Dazu benötigt man eine Gerätekenngröße, die als *Systemwert* S bezeichnet wird. Die drei Größen a_S, s_G und S sind in einer Gleichung zusammengefaßt, die bei Kenntnis der Systemdämpfung und des Systemwertes die Berechnung des Signal-Geräusch-Abstandes ermöglichen.

$$s_G = S - a_S \qquad (3.15)$$

3.5 Geräusche und Geräuschabstand bei Analogübertragung

In jedem Nachrichtenkanal einer Richtfunkverbindung treten Geräusche auf, die sich auf zeitlich völlig unregelmäßig verlaufende Störspannungen zurückführen lassen. Diese Störspannungen sind als Summe von unendlich vielen Sinusschwingungen mit zufällig verteilten Augenblickswerten aufzufassen . Die Frequenzen der Sinusschwingungen liegen unendlich dicht beieinander und sind stetig über einen bestimmten Frequenzbereich verteilt.

Die Geräusche kann man quantitativ durch ihre Leistung bestimmen, die über einen Zeitbereich gemittelt wird, und durch die Frequenzbandbreite, über die die Schwingungen verteilt sind.

Die Geräuschleistung wird in pW angegeben: $1 \text{ pW} = 10^{-12}$ W. Ferner ist die logarithmische Angabe üblich: -90 dBm, d.h. 90 dB unterhalb der Leistung von 1mW. Die Leistungsangabe ist bei der Fernsprechübertragung üblich. Bei Fernsehübertragung und Tonübertragung wird die Größe von Geräuschspannungen verwendet. Die Geräuschleistung wird am Ende einer Nachrichtenverbindung mit einer definierten Bezugs-Signalleistung verglichen.

Diese so definierte Größe stellt den *Signal-Geräusch-Abstand* dar. Die Bezugs-Signalgröße wird für einen bestimmten Punkt der Nachrichtenverbindung angegeben und ist für verschiedene Nachrichtenarten unterschiedlich definiert.

$$s_G \ = \ 10 \cdot \lg \ \frac{P_S}{P_G} \ dB \qquad\qquad (3.16)$$

P_S stellt die Bezugs-Signalleistung am Meßpunkt, P_G die "bewertete" Geräuschleistung am Meßpunkt dar. Der Meßpunkt ist häufig der Anfangspunkt der Übertragungsstrecke und hat den relativen Pegel Null, da hier Signalleistung und Bezugsleistung gleich groß sind. An irgendeiner Stelle im Übertragungssystem sagt der relative Pegel aus, um wieviel dB sich das Nutzsignal von seinem Pegel am Anfang der Übertragungsstrecke unterscheidet.

Daher kann der Geräuschabstand an irgendeiner Stelle im Übertragungssystem durch den Abstand des auf den relativen Pegel Null bezogenen Bezugspegels des Nutzsignals vom Bezugspegel des Geräusches am relativen Pegel Null bestimmt werden.

$$s_G \ = \ L_S - L_G \ = \ L_{SO} - L_{GO} \qquad\qquad (3.17)$$

Die Leistung P am relativen Pegel Null wird in pW0, der Leistungspegel p in dBm0 angegeben. Bei Fernsprechübertragung ist der Geräuschabstand im Sprachkanal gleich $- L_{GO}$. Bei Tonprogrammübertragung wird, ebenso wie bei Fernsehübertragung, mit Spannungsangaben gearbeitet. Für den Geräuschabstand bei Tonübertragung gilt folgender Ausdruck:

$$s_G \ = \ 20 \cdot \lg \ (4{,}4V/U_{G,6}) \qquad\qquad (3.18)$$

$U_{G,6}$ ist die am relativen Pegel 6 dBr gemessene Geräuschspannung. Dabei ist der relative Pegel + 6 dBr der für Tonleitungsverstärker genormte Ausgangspegel. Im Falle der Fernsehübertragung wird der Geräuschabstand durch den Abstand des Effektivwertes der Geräuschspannung von der Amplitude des Bildanteils bestimmt, der den Wert 0,7 V_{ss} am Durchschaltepunkt besitzt.

$$s_G \ = \ 20 \cdot \lg \ (0{,}7V/U_{G,eff}) \qquad\qquad (3.19)$$

Bei bekannten Geräuschleistungen bzw. Geräuschspannungen am Meßpunkt
können mit den genannten Formeln die Signal-Geräusch-Abstände für die verschiedenen Übertragungsarten berechnet werden. Die Eigenschaften der Sinnes-
organe haben Einfluß auf den subjektiven Eindruck von Geräuschen, die dem
Nutzsignal unterlagert sind. Auge und Ohr empfinden eine Störung, je nach
deren Frequenzlage, verschieden stark.

Daher werden die Geräuschkomponenten in Abhängigkeit ihrer Frequenzlage
bewertet. Dies bedeutet, daß die Geräuschspannungen vor der Messung durch
den Einsatz von Bewertungsfiltern verzerrt werden. Es gibt Bewertungsfilter
für Sprache, Tonrundfunk und Fernsehen, die mit genormten Bewertungskurven
versehen sind.

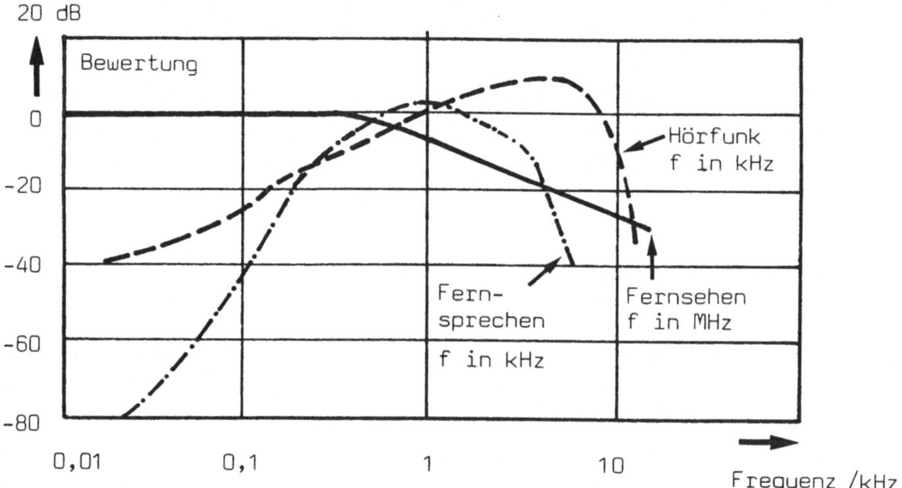

Bild 3-14   Bewertungskurven für Fernsprechen, Tonübertragung und Fernsehen

Der *Bewertungsfaktor* stellt das Verhältnis der unbewertet gemessenen zur bewertet gemessenen Geräuschleistung dar. Bei *Sprache* bewirkt die Bewertung
eine Verringerung der Geräuschleistung gegenüber der unbewerteten Messung
um 2,5 dB. Im Falle der *Tonrundfunkübertragung* werden die Frequenzen des
oberen Hörbereichs bis 9 kHz entsprechend dem subjektiven Eindruck gegenüber dem Nutzsignal angehoben. Daher entsteht eine Erhöhung der bewertet gemessenen Geräuschleistung um 6 dB im 10 kHz-Kanal. Die Bewertung für *Fernsehübertragung* führt zu einer Verbesserung des gemessenen Geräuschabstandes
um 8,5 dB, wenn die Geräuschleistung als gleichmäßig über das 5 MHz breite
Frequenzband verteilt angenommen wird. Dabei werden 625 Zeilen für das
Fernsehbild vorausgesetzt.

Drei Arten von Geräuschen können bei Analogübertragung unterschieden werden: *Grundgeräusche, Intermodulationsgeräusche* und *Fremdkanal-Störgeräusche.* Die Grundgeräusche sind in einem Nachrichtenkanal bereits vorhanden, ohne daß der Kanal mit einer Nachricht belegt ist. Diese Geräuschart kann auf Wärmebewegungen der Ladungsträger zurückgeführt werden.

Intermodulationsgeräusche entstehen aufgrund von Nichtlinearitäten des Übertragungsweges durch die Belegung des Nachrichtenkanals mit anderen Nachrichten, die über den gleichen Richtfunkkanal geführt werden. Die beiden bisher genannten Geräuscharten haben ihre Entstehungsursache in Funkgeräten, Zusatzgeräten und Modems des eigenen Übertragungsweges.

Fremdkanal-Störgeräusche werden von anderen Radiokanälen des gleichen Systems erzeugt. Oft ist dieser Geräuschbeitrag vernachlässigbar klein.

Die Geräuschbeiträge der Modems, der Funkgeräte und der Zusatzgeräte sind von wesentlicher Bedeutung bei der Geräuschberechnung. Diese belegungsunabhängigen Eigengeräusche werden unterteilt in dämpfungsabhängige und in dämpfungsunabhängige Geräusche. Die *dämpfungsabhängigen Geräusche* können durch die Streckenplanung einer Richtfunk-Übertragungsstrecke beeinflußt werden. Dazu ist die Kenntnis des *Systemwertes* erforderlich. Die *dämpfungsunabhängigen Geräusche* entstehen in den Oszillatoren, Frequenzvervielfachern etc. Sie bilden einen festen, durch die Geräte bestimmten Geräuschbeitrag, der nicht beeinflußt werden kann. Diese Geräusche werden zu den Intermodulationsgeräuschen addiert.

3.6　Der Systemwert

Die dämpfungsabhängigen Geräuschbeiträge einer Richtfunkverbindung sind im Verlauf der Streckenplanung veränderbare Größen, welche die Verbindungsqualität entscheidend anzuheben ermöglichen. So kann die Freiraumdämpfung durch Verkürzung des Funkfeldes verringert werden. Man kann Antennen größeren Durchmessers einsetzen, da dann größere Gewinne vorliegen, die Bodenfreiheit von Antennen ist veränderbar etc. Die Berechnung der dämpfungsabhängigen Empfängergeräusche wird mit Hilfe des Parameters *Systemwert* auf die Berechnung der *Systemdämpfung* a_s zurückgeführt. Innerhalb eines bestimmten Bereiches ist die Summe aus dem Geräuschabstand und der Systemdämpfung konstant.

Diese Konstante stellt den *Systemwert* S dar. Die Konstanz der Summe ergibt sich aus der Tatsache, daß das Nutzsignal im Empfänger infolge einer automatisch arbeitenden Verstärkungsregelung vor dem Demodulator auf einen konstanten Pegel angehoben wird. Die Verstärkung ändert sich proportional zur Übertragungsdämpfung. Dadurch wird auch das Eingangsrauschen des Empfängers mit verstärkt. Das konstante Nutzsignal wird von einem verstärkungsproportionalen Rauschen unterlagert. Je größer die Übertragungsdämpfung ist, desto geringer wird der Signal-Geräusch-Abstand (Bild 3-15).

$$S = s_G + a_S \qquad (3.20)$$

Der Sytemwert kann durch drei Größen beschrieben werden, von denen die eine Größe C abhängig von der Art der zu übertragenden Nachricht, deren Bandbreite, der Modulationsart und den damit zusammenhängenden Parametern wie Modulationsgrad, Hub und Vorverzerrung ist. Die beiden anderen Größen sind der Sendeleistungspegel L_{SE} und das Empfängerrauschmaß F (Größen in dB)

$$S = C + L_{SE} - F \qquad (3.21)$$

Die Werte für die Konstante C sind in Tabellen aufgeführt, die für Fernsprech-, Fernseh- und Tonrundfunkübertragung vorliegen. Die Werte bewegen sich etwa zwischen 100 dB und 160 dB. In den genannten Tabellen werden die Systemwerte für je einen Meßkanal an der unteren, an der oberen Bandgrenze und für einen in der Mitte des Bandes angegeben.

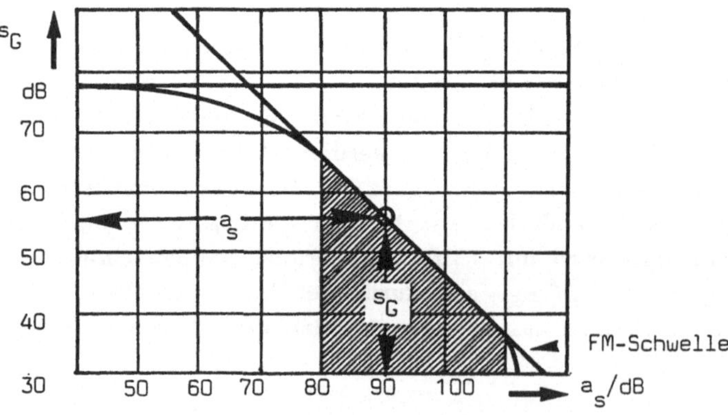

Bild 3-15   Signal-Geräusch-Abstand s_G als Funktion der Systemdämpfung a_S

Man sieht in Bild 3-15, daß bei kleinen Systemdämpfungen die dämpfungsunabhängigen Geräusche allein das Grundgeräusch bestimmen. Bei mittleren und größeren Systemdämpfungen ist dieser Anteil dagegen vernachlässigbar. Es besteht hier ein linearer Zusammenhang zwischen Signal-Geräusch-Abstand und Systemdämpfung. Bei einem Empfangspegel, der etwa 10 - 12 dB über dem Effektivwert der Geräuschspannung liegt, beginnt das Schwellenverhalten des Systems. An dieser *FM-Schwelle* nimmt der Geräuschabstand stark ab, da infolge des zu kleinen Nutzsignalpegels vorhandene Störspitzen demoduliert werden und dadurch unerwünschte Geräuschbeiträge hervorrufen.

3.6.1 Hypothetische Bezugskreise

Die Organisation *CCIR* (*Comite Consultatif International de Radio*) hat Empfehlungen für die Planung von Richtfunkverbindungen herausgegeben, die für die Sprach-, Ton- und Fernsehübertragung Modellverbindungen von 2500 km Länge vorschlagen. Diese werden *Hypothetische Bezugskreise* genannt. Für diese Modellverbindungen sind Grenzwerte für die zulässige Geräuschleistung angegeben. Die Bezugskreise existieren für Sichtverbindungen und Überhorizontverbindungen. Sie sind in *homogene Modulationsabschnitte* gegliedert, innerhalb derer die Nachrichten unverändert über den Abschnitt übertragen werden.

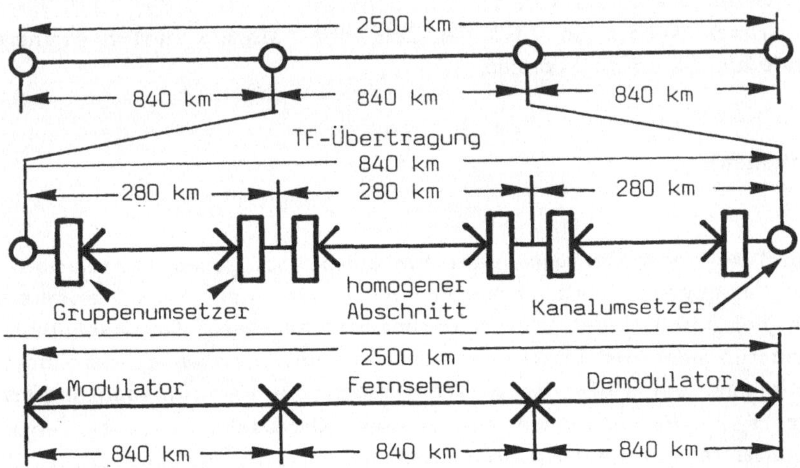

Bild 3-16   Hypothetische Bezugskreise für TF- und Fernsehübertragung

Der obere Bezugskreis in Bild 3-16 ist für Fernsprechübertragung vorgesehen.
Er besteht aus neun homogenen Abschnitten mit je 280 km Länge. Der untere
Bezugskreis für Fernsehübertragung hat drei 840 km lange Abschnitte. Am Anfang und am Ende eines jeden homogenen Abschnitts existieren Modulationseinrichtungen.

3.6.2 Geräuschempfehlungen für zulässige Geräusche

Für den 2500 km langen Bezugskreis werden bei Fernsprechübertragung folgende Grenzwerte empfohlen:

Die Geräuschleistung soll 10000 pW, bezogen auf den relativen Pegel Null, im
größten Teil der Zeit nicht überschreiten. 2.500 pW entfallen auf die Multi-
plexgeräte, 7500 pW auf die Richtfunkgeräte. Für einen 280 km langen
Modulationsabschnitt sind 840 pW vorgesehen. Pro km sind also 3 pW der
Grenzwert der zulässigen Geräuschleistung. Die 7.500 pW stellen den
Grenzwert sowohl für den zeitlichen Mittelwert einer beliebigen Stunde, als
auch für 80 % der Minutenmittelwerte eines beliebigen Monats dar. In 0,1 % der
Minutenmittelwerte eines Monats soll die Geräuschleistung von 47.500 pW
nicht überschritten werden.

Bei einer Fernsehübertragung werden vom CCIR die Geräuschabstände angegeben. Am Ende eines Bezugskreises, der aus drei homogenen Abschnitten besteht, soll der Geräuschabstand von 56 dB höchstens in 20 % der Zeit eines
Monats unterschritten werden. In 0,1 % der Zeit eines Monats dürfen kleinere
Geräuschabstände als 44 dB vorkommen.

3.6.3 Geräuschbilanz

In diesem Kapitel soll eine Geräuschbilanz für einen homogenen Modulations-
abschnitt einer analogen Richtfunkstrecke in allgemeiner Form erläutert
werden. Im Beispiel 3.10.8 findet man Zahlenangaben zu dieser Geräuschbilanz.
Zunächst werden für jedes der Funkfelder die *Systemdämpfungen* a_S berechnet.
Danach ermittelt man mit Hilfe der *Systemwerte* S die *dämpfungsabhängigen
Geräuschbeiträge* s_G . Normalerweise werden diese Geräuschbeiträge für einen
unteren, einen mittleren und einen oberen Meßkanal im Frequenzband ermittelt.
Die funkfeldabhängigen Geräuschbeiträge werden addiert und in dB umgerechnet.

Dann müssen aus den Datenblättern der Geräte die *dämpfungsunabhängigen Geräuschbeiträge* ermittelt werden. Dies sind die Grundgeräusche und Intermodulationsgeräusche vom Modem und von den Funkgeräten. Das Grundgeräusch vom Modem wird nur einmal eingesetzt, die Grundgeräusche der Funkgeräte werden mit der Zahl der Gerätesätze multipliziert. Sinngemäß das gleiche gilt für die Intermodulationsgeräusche. Die Summe der Geräuschbeiträge wird gebildet. Für Zusatzgeräte und Fremdkanal-Störgeräusche setzt man einen Festbetrag ein. Die Gesamtsumme der Geräusche ergibt das *Gesamtgeräusch* für die schwundfreien Zeiten. Für jeden der drei Kanäle erhält man einen Wert für das Gesamtgeräusch. Da der untere Basisbandkanal häufig unkritisch in Bezug auf die Geräuschbilanz ist, weil der Anteil des Empfängergeräusches praktisch keine Rolle spielt, genügt die Berechnung der Geräusche für den mittleren und oberen Kanal.

Der Wert für das Gesamtgeräusch wird durch die Gesamtlänge der Verbindung des homogenen Modulationsabschnittes dividiert. Damit ergibt sich ein Wert in pW pro km, der mit dem Wert von 3 pW pro km verglichen wird. Die Differenz zwischen dem errechneten Wert und dem vom CCIR vorgeschlagenen Wert steht als *Schwundreserve* zur Verfügung.

3.7 Geräusch und Geräuschabstand bei PCM-Übertragung

Die Geräusche bei der Übertragung von *Puls-Code-Modulationssignalen* stellen sich als *Quantisierungsrauschen* dar, welches unabhängig von der jeweiligen Nutzsignalleistung einen *konstanten Wert* besitzt. Da der Geräuschabstand proportional zur Größe des Nutzsignals abnimmt, werden kleine Signale in der Nähe des Nullpunktes in einem feinerem Raster quantisiert als große Signale in der Nähe der Aussteuerungsgrenze. Diese Verzerrung wird durch Kompander oder nichtlineare Codierer erzeugt, die mit einer 13-Segment-Kennlinie arbeiten. Die gleiche Kennlinie wird für die Codierung wie für die Decodierung verwendet.

Bei der PCM-Übertragung wirken sich thermische Geräusche und Störungen günstiger aus als bei der Übertragung analoger Signale. Solange auf der Empfangsseite eine Amplitudenstufe richtig identifiziert wird, wirkt ein Geräusch auf dem Übertragungskanal nicht nachteilig. Wenn allerdings, durch Geräusche verursacht, scheinbar falsche Impulse decodiert werden, dann treten *Bitfehler* auf, eine Erscheinung, die jenseits der *PCM-Schwelle* schnell anwächst. Die zeitlich gesehen statistische Verteilung von Störimpulsen bewirkt eine statistische, geräuschähnliche Störung.

Es existiert zwischen der Geräuschleistung vor und nach der Demodulation keine Proportionalität. Die Übertragung bleibt bis zum Erreichen der Schwelle ohne Geräusche. Bei Überschreiten der Schwelle wird die Übertragung sehr schnell vollständig gestört (Kap. 3.3.2).

Die Grenze der Bitfehlerrate beträgt 10^{-3}. Dann treten bei Sprachübertragung 64 Bitfehler je Sekunde auf, da mit 64 kBit/s übertragen wird. Für hochwertige Übertragung muß die Bitfehlerrate auf den Wert 10^{-6} oder weniger abgesenkt werden. Die nach der Dekodierung auftretende Bitfehlerhäufigkeit steht im Zusammenhang mit dem Träger-Störleistungsverhältnis vor dem Demodulator. Ferner spielt die Art der Modulation eine Rolle. Man kann als Richtwerte 8 - 14 dB Abstand zwischen Träger und Geräuschleistung ansetzen. Diese Mindestwerte dürfen auf keinen Fall unterschritten werden. Für das Auftreten von Schwund und anderen Störungen müssen noch Reserven von etwa 40 dB vorgesehen werden, so daß in schwundfreien Zeiten die Empfangsleistung um ca. 50 dB über der Rauschleistung am Empfängereingang liegt.

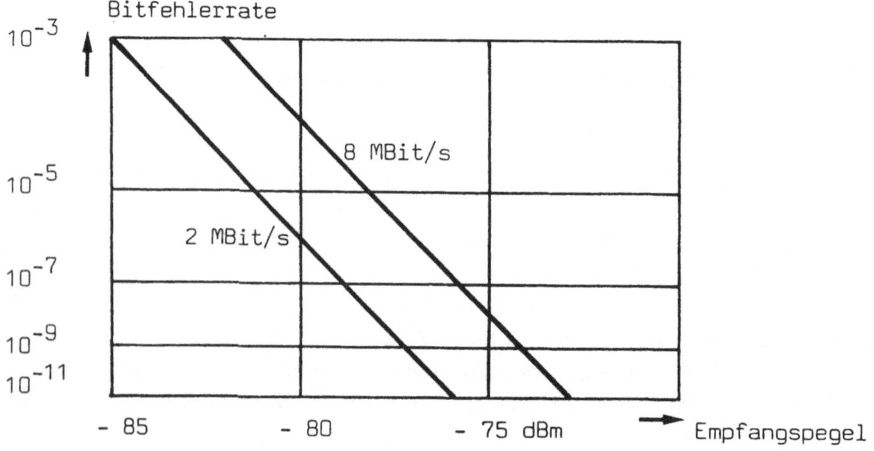

Bild 3-17   Bitfehlerrate in Abhängigkeit vom Empfangspegel

Da die Nachrichten in digitaler Form vorliegen und als Folgen von Impulsen übertragen werden, kann leicht eine Regenerierung dieser Impulsfolgen erzeugt werden. Daher wirken sich kleine Störungen im digitalen Nachrichtenkanal nicht aus. Bei der Hintereinanderschaltung von Funkfeldern summieren sich die Geräusche nicht, ganz im Gegensatz zur Analogübertragung.

Da die *Qualität* und *Verfügbarkeit* entscheidende Faktoren im Bereich der Weitverkehrstechnik sind, werden vom CCIR Grenzwerte als Planungsgrundlage in der Empfehlung 634 angesetzt. Bei längenproportionaler Unterteilung sind Qualitätsvorgaben für einen 64 kbit/s-Kanal vom CCIR festgelegt. Die Längenproportionalität ist nachfolgend dargestellt:

Ausfallwahrscheinlichkeit: p_e = 0,05 % · d/2500 km   (3.22)

Entfernung	2500 km	280 km	46,7 km
Minuten eingeschränkter Qualität $10^{-3} \geq$ BFH $\geq 10^{-6}$	0,4 %	0,045 %	0,0075 %
Fehlerbehaftete Sekunden	0,32 %	0,036 %	0,006 %
Stark fehlerbehaftete Sekunden BFH $\geq 10^{-3}$	0,054 %	0,006 %	0,001 %

Tabelle 3-1   Qualitätskriterien bei digitalen Richtfunkverbindungen. Zeitprozent eines Monats mit schlechten Ausbreitungsbedingungen.

Bei Einhaltung der Forderung für "stark fehlerbehaftete Sekunden" werden die beiden anderen Forderungen ebenfalls erfüllt.

In der CCIR-Empfehlung 557-1 wird der zulässige Zeitprozentsatz der Nichtverfügbarkeit eines 2500 km langen Bezugskreises mit 0,3 % pro Jahr angegeben. Wenn man von einer ausbreitungsbedingten Nichtverfügbarkeit 1/3 dieses Prozentsatzes zuläßt, dann ergibt sich für das gegebene Funkfeld ein Prozentwert von $2,28 \cdot 10^{-4}$. Da die ausbreitungsbedingte Nichtverfügbarkeit (BFH > 10^{-3} für mehr als 10 sec) meist durch Niederschläge verursacht wird, kann man diesen Einfluß für Frequenzen kleiner 12 GHz vernachlässigen.

3.8   Antennen und Energieleitungen

3.8.1   Grundbegriffe

Das Blockschaltbild 3-6 zeigt, daß Senderausgang und Empfängereingang über
Filter, Zirkulatoren und Hohlleiterzüge mit je einer Antenne verbunden sind.
Die Aufgabe der Sendeantenne besteht darin, die leitungsgebunde Radiowelle
des Hohlleiters in eine *Raumwelle* umzuwandeln. Dieser Vorgang soll möglichst
verlustarm erfolgen. Umgekehrt hat die Empfangsantenne die Aufgabe, die
ankommende elektromagnetische Wellenenergie mit möglichst hohem
Wirkungsgrad in den Hohlleiter einzuspeisen, der den Energietransport zum
Empfängereingang übernimmt. Im allgemeinen können die gleichen Antennenkonstruktionen sowohl als Sendeantennen wie auch als Empfangsantennen
verwendet werden. Die wichtigsten elektrischen Eigenschaften von Antennen
sind nachfolgend dargestellt.

Die *Richtcharakteristik* einer Antenne stellt die im Fernfeld erzeugte räumliche
Feldstärkeverteilung als Funktion der Kugelkoordinatenwinkel φ und ϑ dar. Die
Feldstärke ist dabei auf den Maximalwert der Feldstärke des Fernfeldes bezogen.
Die Feldstärkeverteilung für eine bestimmte Antenne wird sowohl in einem
Vertikaldiagramm als auch in einem Horizontaldiagramm dargestellt.

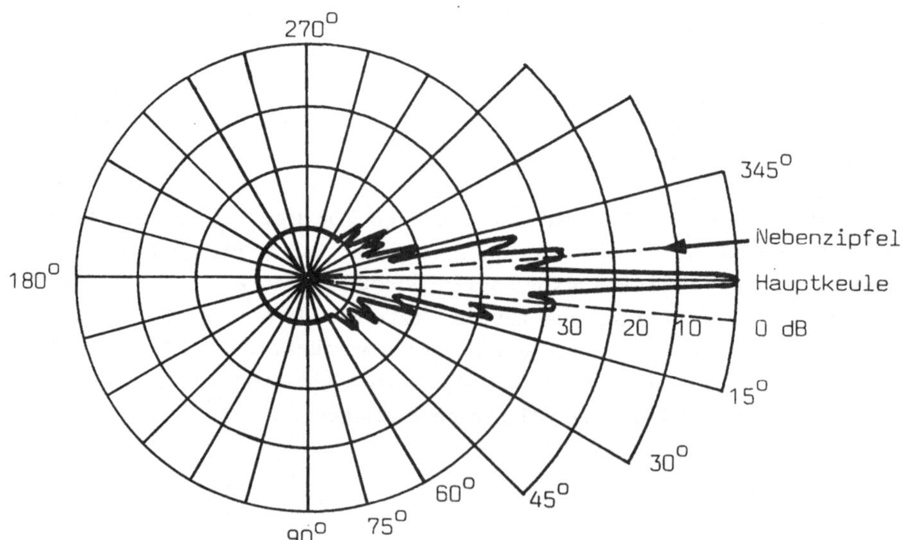

Bild 3-18   Horizontaldiagramm einer Richtfunkantenne

Die *Halbwertsbreite* stellt denjenigen Winkelbereich dar, innerhalb dessen die Strahlungsdichte einer Antenne auf nicht mehr als auf den halben Betrag (3 dB) der maximalen Strahlungsdichte abnimmt.

Das Verhältnis der Strahlungs- oder Empfangsleistung in Hauptstrahlrichtung zur entsprechenden Leistung in einem bestimmten Winkel zur Hauptstrahlrichtung wird *Winkeldämpfung* genannt. Das Leistungsverhältnis liegt in dB vor.

Wenn der genannte Winkel gerade 180° beträgt, dann legt die *Rückdämpfung* die Stärke der Strahlung in rückwärtiger Richtung dieser Antenne fest.

Von technischem Interesse sind die Hauptstrahlungsrichtung, die *Hauptkeule*, die Richtung und die Stärke der Nebenstrahlung, die *Nebenzipfel*, die Strahlung in rückwärtiger Richtung, die *Rückstrahlung* und die Richtungen, in die die Antenne nicht strahlt, die *Nullrichtungen*. An Knotenpunkten mit vielen in unterschiedliche Richtungen strahlenden Antennen sind diese Größen notwendig, um das Maß der gegenseitigen Störungen abschätzen zu können.

Die Größe *Antennengewinn* ist bereits in Kapitel 3.4.4 beschrieben worden. Der Scheinwiderstand am Antennenanschluß wird *Eingangswiderstand* genannt. Dieser muß an den Wellenwiderstand der Energieleitung angepaßt werden, um Reflexionen zu vermeiden.

3.8.2   Antennentypen

Für Richtfunkverbindungen werden stark bündelnde Antennen mit großem Gewinn und hoher Nebenzipfeldämpfung eingesetzt. Die dichten Richtfunknetze erfordern viele neben- und übereinander angeordnete Antennen auf den Sendetürmen und Masten. Aus Gründen des Platzangebotes müssen die Antennen daher in ihren geometrischen Abmessungen klein gehalten werden. Von keiner der Antennen darf störende Leistung in eine der anderen Antennen gelangen.

Im wesentlichen werden die Flächenstrahler *Parabolantenne*, *Muschelantenne* und *Hornparabolantenne* eingesetzt. Die Reihenfolge der Antennen entspricht der Zunahme der Nebenzipfeldämpfung. Da der Halbwertswinkel $\Delta\varphi$ nicht kleiner als $0{,}8^O$ werden sollte, damit bei Sturm die Antennenkeule infolge der Turmsteifigkeit nicht zu stark ausgelenkt werden kann, liegt die obere Grenze für den Antennengewinn bei etwa 45 dB.

Eine einfachere Bauform der aufgezählten Flächenstrahler sind *Hornstrahler* , die auch als *Trichterstrahler* bezeichnet werden. Sie dienen zur Speisung der Parabol-, Hornparabol- und Muschelantennen und sollen zuerst beschrieben werden.

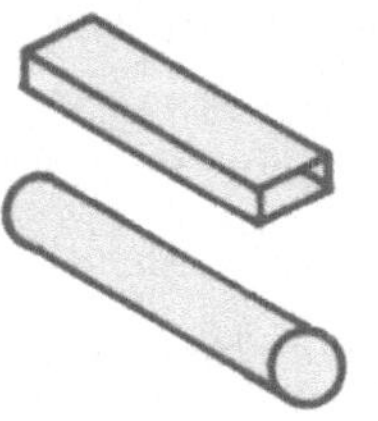

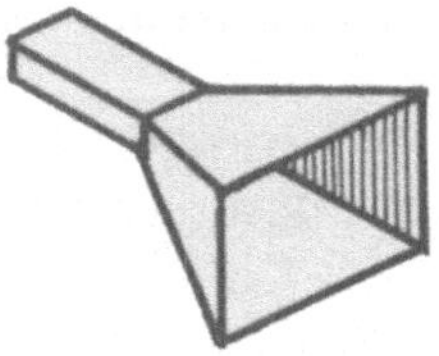
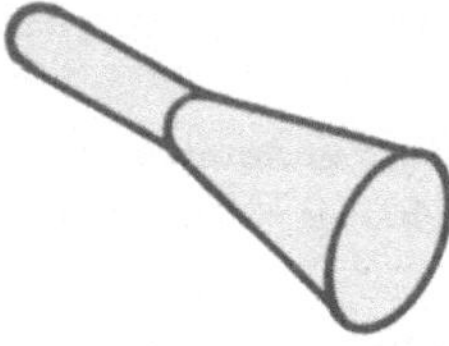

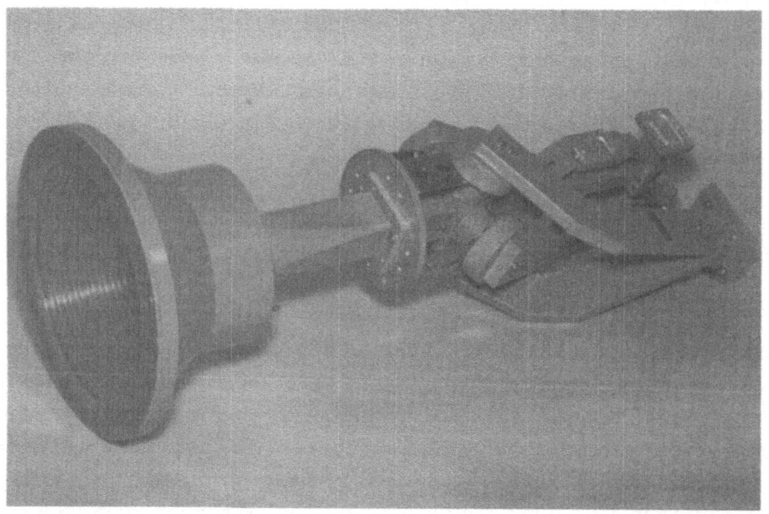

Bild 3-19   Formen von Hornstrahlern schematisch (oben) und praktische Ausführung eines Rillenhornstrahlers für zwei Polarisationsebenen.

Die Leitungswelle wird dadurch in eine Raumwelle überführt (und umgekehrt), indem man einen Hohlleiter allmählich aufweitet. Der Übergang stellt die Antenne dar. Die Abmessungen bewegen sich in der Größenordnung einer Wellenlänge oder darüber. Von der aufgeweiteten Hohlleiteröffnung wird die leitungsgebundene Welle näherungsweise in Form einer Kugelwelle abgestrahlt. Es entstehen gewölbte Phasenfronten, da die Laufzeiten der Welle zwischen dem Brennpunkt und der Öffnungsebene von der Achse zum Rand des Hornstrahlers zunehmen. Die Bündelungseigenschaften werden dadurch verschlechtert. Je kleiner der Öffnungswinkel und je größer die Öffnung, bezogen auf die Wellenlänge sind, desto besser sind Abstrahlung und Bündelung.

Diese *schlanken* Hornstrahler sind wegen der Baulänge ungeeignet. Die Öffnungswinkel heute verwendeter Hornstrahler betragen zwischen 40° und 90°. Damit man ebene Phasenfronten trotz der großen Öffnungswinkel realisieren kann, werden zum Ausgleich der Phasendifferenzen *dielektrische Linsen* eingesetzt. Konvexe Linsen aus dielektrischem Material verzögern die achsennahe Strahlung. Konkave Linsen aus Metallplatten, die parallel zu den elektrischen Feldlinien im Abstand von mehr als einer halben Wellenlänge angeordnet sind, beschleunigen die randnahe Strahlung.

Mit *Parabolantennen* erhält man eine sehr starke Richtwirkung im Bereich der Zentimeter- und Dezimeterwellen. Im Brennpunkt eines rotationssymmetrischen Parabolspiegels ist ein Erregersystem angeordnet. Dieser Primärstrahler besteht aus einem Hornstrahler, einem offenen Hohlleiter, einem Zylinderparabolreflektor oder einem symmetrisch gespeisten Dipol. Von dem Bündelungsgrad des Erregungssystems ist die Ausleuchtung der Parabolantenne abhängig.

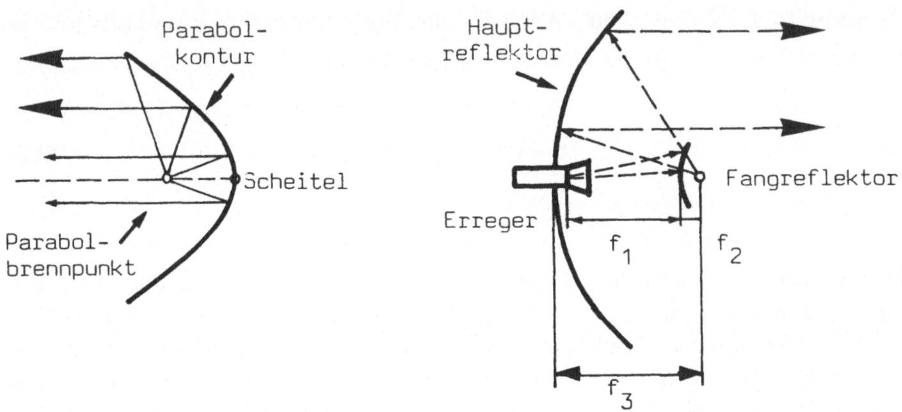

Bild 3-20   Rotationsparabolantenne und Cassegrain-Antenne

Da der Primärstrahler und die Speiseleitung sich *vor* der Antenne befinden, erzeugen sie in der abgestrahlten Wellenfront einen Schatten, der den Gewinn vermindert und die Nebenzipfel vergrößert. Ferner wirkt der Erreger als Empfangsantenne für den von ihm abgeschatteten Strahlungsanteil, und es findet eine Rückwirkung statt. Das Problem läßt sich nur durch Spiegel lösen, die aus einem *nicht* rotationssysmmetrischen Ausschnitt des Paraboloids bestehen, den Hornparabol- und Muschelantennen.

Mit Rotationsparabolantennen wird, bei einem Durchmesser von 40λ bis 50λ, ein Wirkungsgrad von 50 bis 60% erreicht. Der erste Nebenzipfel ist um etwa 20 dB gedämpft. Bei einem Winkel von 30° außerhalb der Hauptstrahlrichtung beträgt die Nebenzipfeldämpfung mehr als 45 dB. Mit einem tiefen Reflektor und seitlichen Abschirmblechen lassen sich höhere Nebenzipfeldämpfungen erzielen. Der Gewinn einer Rotationsparabolantenne kann nach Gleichung (13) in Kapitel 2.4.4 berechnet werden. Für die *Halbwertsbreite* eines Parabols mit dem Durchmesser D gilt näherungsweise:

$$\Delta\varphi \approx 70^O \ (\lambda/D) \tag{3.23}$$

Wenn der Durchmesser von Rotationsparabolantennen sehr groß gegenüber der Wellenlänge ist, dann kann das Mehrspiegelsystem nach *Cassegrain* angewendet werden. Der Primärstrahler befindet sich dann in Scheitelnähe und strahlt einen konvexen Fangreflektor an. Der Fangreflektor ist so angeordnet, daß der eine seiner Brennpunkte (f_1) mit dem Strahlungszentrum des Erregers zusammenfällt, der andere dagegen mit dem Brennpunkt des Paraboloids (f_2). Die wirksame Brennweite f beträgt dann, wenn f_3 die Brennweite des Hauptspiegels ist:

$$f = \frac{f_1}{f_2} \, f_3 \tag{3.24}$$

Cassegrain-Antennen haben den Vorteil der verkürzten Baulänge, eine geringere Übertragungsdämpfung durch den Wegfall der Speiseleitung vom Hauptreflektor zum Primärstrahler und eine günstige Strahlungscharakteristik. Der Antennentyp wird bei Troposcatter-Anlagen und in Erdefunkstellen eingesetzt. Eine *Cassegrain*-Antenne von 17 m Durchmesser hat bei der Radiofrequenz 11,5 GHz einen Gewinn von 63,5 dB, bei der Frequenz 14,2 GHz den Gewinn von 65,1 dB. Die Halbwertsbreite $\Delta\varphi$ beträgt dabei weniger als $0,1^O$.

Wenn man die störende Rückwirkung bei einer Rotationsparabolantenne vermeiden möchte, so kann ein *Ausschnitt* aus einem Parabolspiegel mit einem zur Scheitellinie unsymmetrischen Erregersystem angestrahlt werden. Dabei wird ein quadratischer oder runder Hornstrahler außerhalb der Öffnungsfläche des Parabolausschnittes bis an den angestrahlten Ausschnitt herangeführt. Es entsteht dann keine Abschattung und damit nur eine vernachlässigbare Rückwirkung. Eine solche *Hornparabolantenne* besitzt eine Reihe von Vorteilen:

Das lange Speisehorn kann in einem wesentlich größeren Frequenzbereich an die Zuführungsleitung angepaßt werden als die kleinen Erregerstrahler. Die Verluste durch Abschattung entfallen. Spiegel und Strahler bilden eine geschlossene Baueinheit, die eine große Rückdämpfung aufweist. Das lange Speisehorn bewirkt eine hohe Polarisationsgenauigkeit. Seitliche und rückwärtige Nebenzipfel sind klein, dadurch ist der Wirkungsgrad hoch.

Bei einem Öffnungswinkel von 40° und einer Fläche von 7,5 m^2 hat eine solche Hornparabolantenne im Bereich von 6 GHz einen Wirkungsgrad von 57 bis 59%, eine Halbwertsbreite im Bereich von $1,2^O$ und eine Nebenzipfeldämpfung von mehr als 60 dB bei 30° Auslenkung aus der Hauptstrahlrichtung. Im Falle sich kreuzender Richtfunkstrecken ist diese hohe Nebenzipfeldämpfung erwünscht.

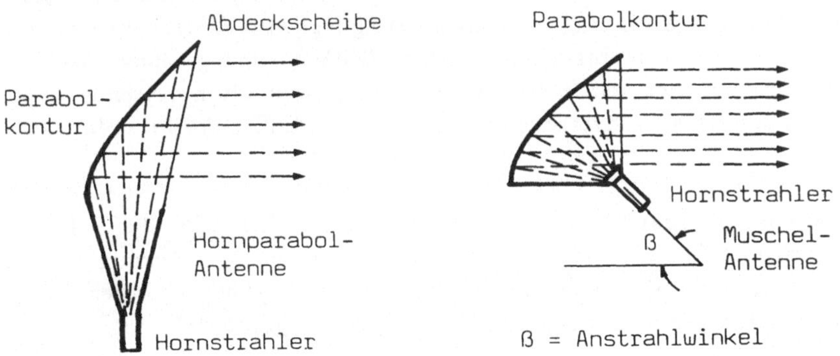

Bild 3-21   Hornparabolantenne und Muschelantenne

Ein weiterer Antennentyp, der im Bereich der Richtfunktechnik eingesetzt wird
und der in seinen elektrischen Eigenschaften zwischen denen der Rotationsparabolantenne und der Hornparabolantenne liegt, stellt die *Muschelantenne* dar.
Der klein ausgeführte Erregerstrahler strahlt den Ausschnitt eines Parabolspiegels in einem Winkel von 30° bis 50° zur Scheitellinie des Parabols an. Dabei
liegt der Strahler innerhalb des Raumes, der durch die Parabolfläche und die
allseitig vorgezogenen Blenden gebildet wird.

Wegen des kleinen Strahlers stellt sich dieser Antennentyp schmalbandiger als
eine Hornparabolantenne dar. Ferner ist infolge der andersartigen Ausleuchtung
das Strahlungsdiagramm in der Nähe der Hauptkeule ungünstiger als bei einer
Hornparabolantenne gestaltet.

Sowohl Hornparabol- als auch Muschelantennen werden durch glasfaserver-
stärkte Polyesterplatten gegen Witterungseinflüsse geschützt. Darüber hinaus
vermeidet man Kondenswasserbildung bei allseitig geschlossenen Antennen
durch Einbeziehung der Antennen in die Versorgung der Hohlleiterzuführungen
mit trockener Luft.

Von geringerer Bedeutung als die aufgezählten Flächenstrahler sind *Dipolantennen*
und *Wendelantennen*. Im Bereich der Kurzwellen, sowie Meter- und Dezimeterwellen, werden Dipolantennen mit großem Gewinn eingesetzt. Man stellt eine
größere Anzahl Strahler in Linien und Zeilen zu Dipolfeldern zusammen.

Ferner werden Dipolantennen als Primärstrahler für Spiegelantennen angewandt.
In bestimmten Fällen sind zirkular polarisierte Radiowellen von Vorteil, die von
Wendelantennen erzeugt werden. Ein einseitig gespeister, zu einer Wendel
gebogener Leiter stellt das Strahlerelement dar. Man erhält eine beinahe kreis-
förmige Polarisation der Strahlung bei einem Steigungswinkel der Wendel von
10° bis 20° und einer Windungslänge in der Größenordnung einer Wellenlänge. Ein Empfang ist nur mit einer gleichsinnig gewendelten Antenne möglich. Je nach Windungssinn entsteht eine rechts- oder linkszirkular polarisierte
Welle.

Da sich bei Reflexionen zirkular polarisierter Wellen am Erdboden die Polarisa-
tionsrichtung umkehrt, nimmt eine Wendelantenne nur die gleichsinnig polarisierten Wellen und nicht die reflektierten Wellen auf. Daher wird der Interferenzschwund am Empfängereingang zum Verschwinden gebracht.

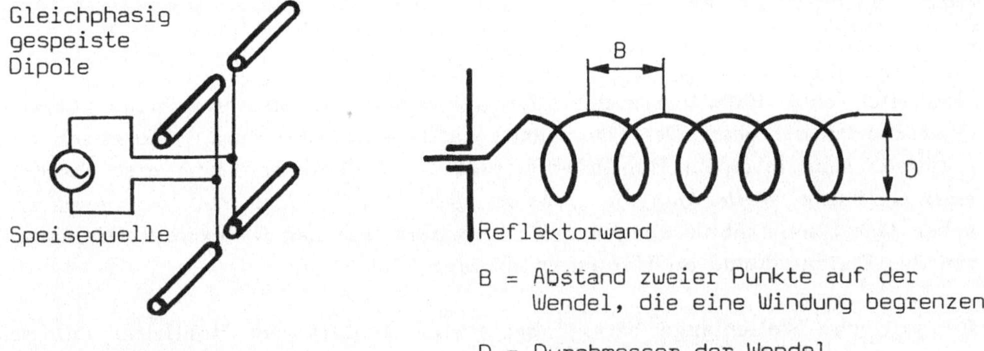

Bild 3-22   Dipolantenne und Wendelantenne

In den Fällen, bei denen zwischen der sendenden und der empfangenden Station keine optische Sicht besteht und man eine weitere Zwischenstelle aus Kostengründen vermeiden möchte, setzt man *ebene Umlenkspiegel* ein. Antennenferne Umlenkspiegel wirken wie ebene Flächenstrahler. In manchen Fällen ersetzen antennennahe Umlenkspiegel die hohe Dämpfung des Hohlleiterzuges zwischen Antenne und Richtfunkgeräten. Die eigentlichen Antennen befinden sich am Boden und strahlen senkrecht nach oben die am Mast befestigten Umlenkspiegel an.

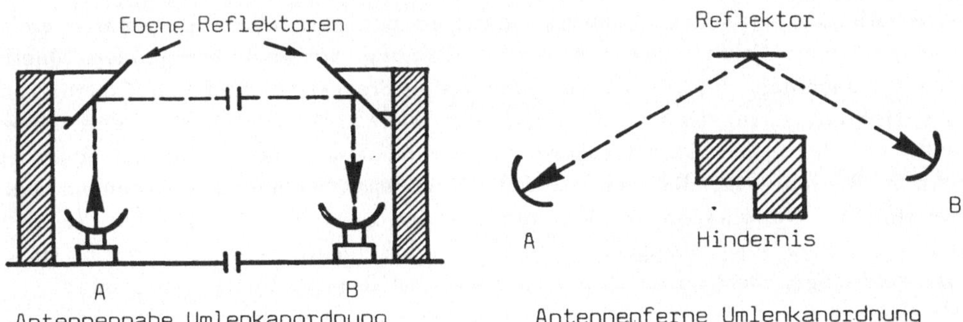

Bild 3-23   Antennennahe und antennenferne Umlenkspiegel

3.8.3 Energieleitungen

Hohlleiter sind Einleitersysteme, die aus einem Metallrohr gleichbleibenden Querschnitts bestehen. Der Querschnitt kann rechteckig, rund, quadratisch und elliptisch sein. In einem Hohlleiter erfolgt die Wellenausbreitung erst oberhalb einer *kritische Wellenlänge* λ_c , wobei diese Wellenlänge von den geometrischen Querschnittsabmessungen des Hohlleiters und der Dielektrizitätskonstanten des Dielektrikums im Hohlleiter abhängt.

Die kritische Wellenlänge beträgt bei einem rechteckigem Hohlleiter mit der langen Seite a, sowie bei einem quadratischen Hohlleiter mit der Kantenlänge a für den Grundwellentyp H_{10}:

$$\lambda_c = 2 \cdot a \tag{3.25}$$

Die kritische Wellenlänge eines kreisrunden Hohlleiters mit dem Innendurchmesser D errechnet sich für den Grundwellentyp H_{11} zu:

$$\lambda_c = 1{,}706 \cdot D \tag{3.26}$$

Für biegbare elliptische Hohlleiter mit einem Achsenverhältnis von $d_B/d_A = 0{,}6$ ergibt sich die Grenzwellenlänge zu:

$$\lambda_c = 1{,}68 \cdot d_A \tag{3.27}$$

Unterhalb der kritischen Frequenz existieren nur aperiodisch gedämpfte elektromagnetische Felder, die mit der Entfernung von der erregenden Quelle schnell abnehmen. Für die Übertragung tiefer Frequenzen und von Gleichstrom sind Hohlleiter ungeeignet, da ihnen der hierzu erforderliche zweite Leiter fehlt. Oberhalb der Grenzfrequenz der Grundwelle gibt es Grenzfrequenzen höherer Wellentypen, die sich oberhalb ihrer spezifischen Grenzfrequenz ausbreiten. Die Wellentypen werden auch *Moden* genannt. Der Bereich, in dem mehrere Moden ausbreitungsfähig sind, wird *mehrdeutig* genannt, im Gegensatz zum *eindeutigen* Bereich, in dem sich allein der Grundwellentyp ausbreitet.

Die Ausbreitungsverhältnisse im eindeutigen Bereich eines Hohlleiters sind besonders übersichtlich, da die Grundwelle nur durch Reflexion und Dämpfung beeinflußt werden kann. Dagegen können im mehrdeutigen Bereich an Querschnittsänderungen des Hohlleiters Anteile der Grundwellen in höhere Wellentypen, und von diesen wieder zurück in die Grundwelle gewandelt werden. Dies führt zu Laufzeitverzerrungen und zu zusätzlichen Geräuschen und ist daher unerwünscht. Die Betriebsfrequenz wird oberhalb der kritischen Frequenz des Hohlleiters, aber unterhalb der kritischen Frequenzen aller möglichen höheren Wellentypen gelegt, so daß sich nur die jeweilige Grundwelle ausbreiten kann.

Sämtliche Hohlleiterwellen haben eine Feldkomponente in ihrer Ausbreitungsrichtung. Je nach Art dieser axialen Feldkomponente bezeichnet man die entsprechenden Wellentypen als E-Wellen oder als H-Wellen. Die einzelnen Wellentypen unterscheidet man durch zwei Indizes, die mit der Anzahl der Knotenlinien in der Querschnittsebene zusammenhängen.

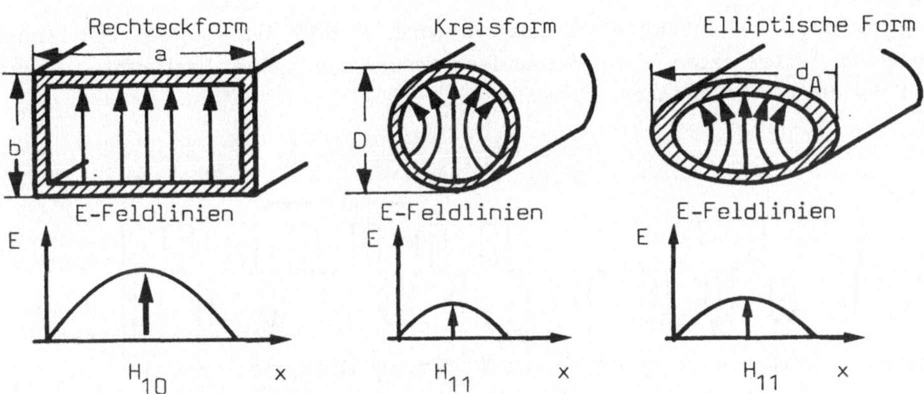

Bild 3-24   Hohlleiterquerschnitte und Beispiele zu Wellentypen

3.9 Frequenzplanung

3.9.1 Aufteilung der Frequenzbereiche

Internationale Vereinbarungen regeln den störungsfreien Betrieb vieler Funkdienste, die sich das vorhandene Frequenzspektrum teilen. Die *Internationale Fernmeldeunion UIT (Union Internationale des Telecommunications)* weist den verschiedenen Funkdiensten wie z.B. dem Richtfunk, Rundfunk etc. Frequenzbereiche zu. Dabei ist die Welt in drei Regionen eingeteilt worden, wovon Europa,

Afrika, der vordere Orient und der außereuropäische Teil der Sowjetunion zur Region 1 zugerechnet werden.

Damit die zugeteilten Frequenzbereiche wirtschaftlich ausgenutzt werden, ordnet man um empfohlene Mittenfrequenzen *Frequenzraster* an. Diese ermöglichen den Parallelbetrieb von mehreren RF-Kanälen über eine Antenne in einem Funkfeld. Es muß außerdem gewährleistet sein, daß sich mehrere Richtfunklinien störungsfrei kreuzen können. Neben den international festgelegten Rastern existieren Sonderraster, die sowohl auf nationaler, wie auch auf übernationaler Basis entstanden sind.

3.9.2   Aufbau eines Frequenzrasters

Der grundsätzliche Aufbau eines Rasters wird in Bild 3-25 dargestellt. Innerhalb eines festgelegten Frequenzbandes werden nur eine bestimmte Anzahl genau definierter Frequenzen verwendet.

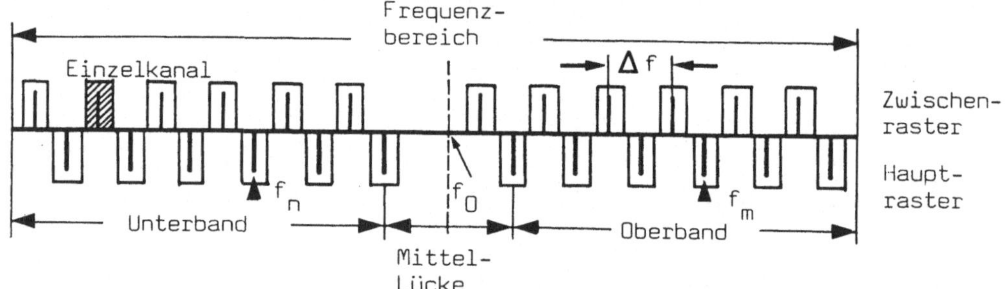

Bild 3-25   Aufbau eines Frequenzrasters

Die Gesamtbreite des Frequenzbereiches eines Rasters hängt von der vorgesehenen Übertragungskapazität ab. Der festgelegte Frequenzbereich wird in eine obere und in eine untere Hälfte eingeteilt, die als *Oberband* und als *Unterband* bezeichnet werden. Sie sind durch eine *Mittellücke* getrennt. Damit erreicht man eine Trennung der Sendefrequenzen von den Empfangsfrequenzen. Alle Sendefrequenzen sollen z.B. im Unterband, alle Empfangsfrequenzen im Oberband liegen und umgekehrt. In jedem Teilband liegen die gleiche Anzahl n von Kanalmittenfrequenzen im gegenseitigen Rasterabstand Δf zueinander. Man kann die einzelnen Mittenfrequenzen mit den Formeln (3.28, 3.29) berechnen.

Unterband $$f_n = f_O - f_a + n \cdot \Delta f \qquad (3.28)$$

Oberband $$f_m = f_O + f_b + n \cdot \Delta f \qquad (3.29)$$

Die Mittenfrequenz des betreffenden Frequenzrasters wird mit f_O bezeichnet, f_a und f_b sind konstante Werte, die in Empfehlungen festgelegt sind. Die Frequenzen f_n und f_m sind als zusammengehörige Radiofrequenzen eines Kanalpaares zu betrachten, welches den konstanten Abstand $f_a + f_b$ innerhalb des Rasters aufweist. Auf der Frequenz f_n wird gesendet, auf der Frequenz f_m wird empfangen und umgekehrt.

Wenn die Rasterabstände in einem solchen *Hauptraster* hinreichend groß in Bezug auf die Modulationsbandbreite ausgewählt worden sind, dann kann man in ein solches Einzelraster ein *Zwischenraster* hineinschachteln. Diese zusätzlichen Rasterfrequenzen sind um den halben Rasterabstand $0,5 \cdot \Delta f$ gegenüber den durch die angegebenen Formeln festgelegten Frequenzen nach oben oder unten verschoben. Bei Anwendung von *Doppelraster* müssen Entkopplungsbedingungen beachtet werden. So ist die gleichzeitige Verwendung von benachbarten Frequenzen im Haupt- und Zwischenraster in einer Station und im gleichen Funkfeld nicht zugelassen.

Innerhalb eines Richtfunknetzes werden aus dem vorhandenen Vorrat an Rasterfrequenzen mehrmals die gleichen Frequenzen entlang der im Zickzack geführten Übertragungsstrecke ausgewählt. Alle Sendefrequenzen eines Ortes liegen z. B. nur im Oberband, im angrenzenden Funkfeld dann nur im Unterband, usw. Dann werden gegenseitige Beeinflussungen der Radiokanäle von vornherein klein gehalten.

3.10   Beispiele

3.10.1   Erdüberhöhung zwischen zwei Punkten

Man berechne die Erdüberhöhung in der Mitte eines Funkfeldes für die als glatt
angenommene Erdkugel. Der Krümmungsfaktor der " Funkstrahlen" wird mit dem
Wert k = 4/3 angenommen. Es werden die zwei Funkfelder mit den Längen
d = 20 km; 50 km angenommen. (Formel (3.1), Kap. 3.3.1).

$$\text{Erdüberhöhung}: \qquad h_{20} = \frac{20 \cdot 20}{(4/3) \cdot 51} \ m \ = \ 5,9 \ m$$

$$h_{50} = \frac{50 \cdot 50}{(4/3) \cdot 51} \ m \ = \ 36,8 \ m$$

3.10.2   Berechnung einer Fresnelellipse

Ein Funkfeld hat die Länge d = 50 km und wird bei der Radiofrequenz f = 4 GHz
betrieben. Man berechne die Radien der ersten Fresnelzone für die Entfernungen
d_1 = 5 km (Antennennähe), d_1 = 12,5 km und d_1 = 25 km (Funkfeldmitte).

In Kapitel 3.4.2 findet man die Formeln (3.3), (3.4) und (3.5), in die die gegebenen Werte eingesetzt werden. Die Genauigkeit von einer Stelle nach dem
Komma reicht aus, da die Fresnelellipse gezeichnet wird.

$$\text{Antennennähe}: \qquad r_F = 17,3 \cdot \sqrt{\frac{5}{4}} \ m \ = \ 19,3 \ m$$

$$\text{Bei 12,5 km}: \qquad r_F = 17,3 \cdot \sqrt{\frac{12,5 \cdot 37,5}{50 \cdot 4}} \ m \ = \ 26,5 \ m$$

$$\text{Funkfeldmitte}: \qquad r_{Fm} = 8,67 \cdot \sqrt{\frac{50}{4}} \ m \ = \ 30,6 \ m$$

3.10.3 Freiraumdämpfung

Man berechne die Freiraumdämpfung für zwei Funkfelder. Das Funkfeld 1 wird bei der Radiofrequenz f = 13 GHz betrieben und hat die Länge d = 35 km. Es ist für Digitalübertragung vorgesehen. Das Funkfeld 2 dient zur Analogübertragung bei der Radiofrequenz f = 6,2 GHz bei einer Länge d = 46,5 km. (Formel (3.11), Kap. 3.4.4).

Funkfeld 1:
$$a_o = 20 \cdot \lg \frac{4\,\pi\,3{,}5 \cdot 10^4\ \text{m}\ 13 \cdot 10^9\ \text{s}}{3 \cdot 10^8\ \text{m}\ \text{s}}\ \text{dB} = 145{,}6\ \text{dB}$$

Funkfeld 2:
$$a_o = 20 \cdot \lg \frac{4\,\pi\,46{,}5 \cdot 10^3\ \text{m}\ 6{,}2 \cdot 10^9\ \text{s}}{3 \cdot 10^8\ \text{m}\ \text{s}}\ \text{dB} = 141{,}6\ \text{dB}$$

Das Funkfeld 1 hat eine um 4 dB (Faktor 2,5) größere Dämpfung gegenüber dem Funkfeld 2.

3.10.4 Antennengewinn einer Parabolantenne

Gegeben ist eine Parabolantenne mit einem Durchmesser von 2 m. Diese Antenne soll bei der Frequenz f = 13 GHz betrieben werden. Man rechnet mit einem Flächenausnutzungsfaktor q = 0,6. (Formel (3.13), Kap. 3.4.4).

Die Formel (3.13) setzt die "wirksame Antennenfläche" A_w zu der Fläche eines Kugelstrahlers A_{wk} in Beziehung. Die wirksame Antennenfläche A_w ist um den Flächenausnutzungsfaktor q *kleiner* als die geometrische Fläche A. Es gilt:

Wirksame Fläche einer Parabolantenne: $A_w = A_{geom} \cdot q = r^2\,\pi\,q$

Durch diese Fläche tritt der Energiestrom hindurch, den die Antenne aufnimmt.

Damit wird das Antennengewinnmaß:
$$G = 10 \cdot \lg \frac{r^2\,\pi\,q\,4\,\pi}{\lambda^2}\ \text{dB}$$

$$G = 20 \cdot \lg \sqrt{q}\,\frac{2\,\pi\,r\,f}{c}\ \text{dB} = 20 \cdot \lg \sqrt{0{,}6}\,\frac{2\,\pi\,1\ \text{m}\ 13 \cdot 10^9\ \text{s}}{3 \cdot 10^8\ \text{m}\ \text{s}}\ \text{dB} = 46{,}5\ \text{dB}$$

3.10.5   Berechnung der Systemdämpfung

Gegeben ist ein digitales Richtfunksystem, welches bei der Radiofrequenz f = 13 GHz arbeitet. Die Funkfeldlänge beträgt d = 35 km. Als Antennen sollen zwei Parabolspiegel von je 2 m Durchmesser eingesetzt werden. Man kann daher auf die bisher berechneten Größen Antennengewinn und Freiraumdämpfung zurückgreifen. Die Systemkonfiguration ist untenstehend skizziert.

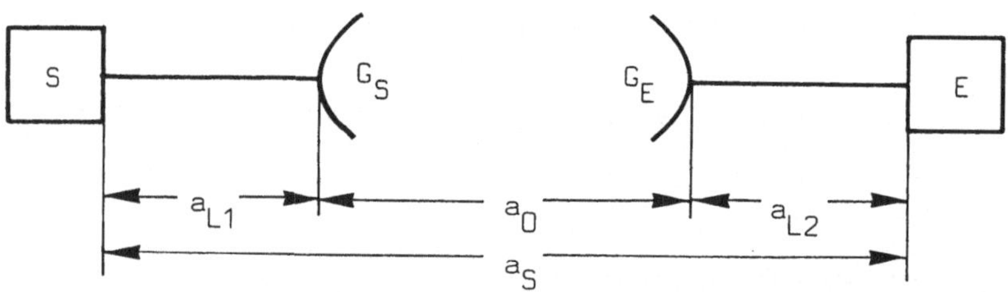

Bild 3-26   Richtfunksystem

Die Systemdämpfung setzt sich aus den Anteilen Freiraumdämpfung a_O, Zuleitungsdämpfungen $a_{L1,2}$, Zusatzdämpfung a_z und den Antennengewinnen G_S und G_E zusammen. (Formel (3.14), Kap. 3.4.4).

Systemdämpfung: $a_S = a_O + a_{L1} + a_{L2} + a_z - (G_S + G_E)$

Freiraumdämpfung: $a_O = 145{,}6$ dB

Man rechnet in die Zuleitungsdämpfungen die Dämpfung der Kanalweichen und die Dämpfung der Antennenverbindungen mit ein. Aus dem Datenblatt für den Hohlleiter ergibt sich folgender Wert:

Zuleitungsdämpfung: $a_L = 12{,}5$ dB/100m

Bei einer mittleren Hohlleiterlänge von 25 m auf der Sende- und auf der Empfangsseite erhält man für die Summe der Zuleitungsdämpfungen:

Zuleitungsdämpfungen: $a_{L1} + a_{L2}$ = 50 m·12,5 dB/100 m = 6,25 dB

Die Semirigid-Verbindungsstücke haben zusammen 1 dB Dämpfung. Dieser Wert wird zu den Zuleitungsdämpfungen addiert, so daß sich 7,25 dB ergeben. Die Dämpfung der Kanalweichen beträgt bei einem Kanal insgesamt 3,7 dB. Damit wird die Gesamtsumme der Zuleitungsdämpfungen:

Zuleitungsdämpfungen: $a_{L1} + a_{L2}$ = 6,25 dB + 1 dB + 3,7 dB = 10,95 dB

Da in diesem Beispiel die erste Fresnelzone als frei angenommen wird, ist die Zusatzdämpfung a_z = 0. Die Systemdämpfung errechnet sich nach obiger Formel:

Systemdämpfung: a_S = 145,6 dB + 10,95 dB - 93 dB = 63,55 dB

3.10.6 Berechnung des Empfangspegels

Der Sender der digitalen Richtfunkanlage führt an seiner Ausgangsbuchse eine Leistung von P_S = 0,5 W. Daraus kann der Sendeleistungspegel errechnet werden.

Sendeleistungspegel L_S = 10·lg P/1mW dBm = 27 dBm

Der Empfangsleistungspegel für das System aus Beispiel 5 berechnet sich aus der Differenz zwischen Sendeleistungspegel und Systemdämpfung.

Empfangsleistungspegel: L_E = L_S - a_S = 27 dBm - 63,55 dB = - 36,55 dBm

Dieser Wert entspricht einer Empfangsleistung von P_E = 0,22 µW.

Ein Empfänger hat z.B. einen Regelumfang des Eingangspegels zwischen den Werten - 30 dBm bis - 81 dBm. Die Bitfehlerhäufigkeit BFH = 10^{-3} wird bei dem Empfangsleistungspegel von ≤ - 80 dBm erreicht.

3.10.7   Berechnung einer digitalen Übertragungsstrecke

In dem nachfolgenden Beispiel soll ein einzelnes Funkfeld aus einer Folge von sechs Funkfeldern auf seine Übertragungsgüte hin untersucht werden. Auf diesem Funkfeld soll ein digitales Richtfunksystem im Bereich von 7,2 GHz eingesetzt werden. Die Übertragungsrate wird zu 8 Mbit/s angenommen.

Zwei Punkte A und B liegen in ihren Koordinaten fest. Sie sind d = 34,2 km voneinander entfernt. Aus einer Karte mit dem Maßstab 1 : 25000 werden die geografischen Höhen signifikanter Geländepunkte entnommen und in einen Geländeschnitt übertragen. Im dargestellten Beispiel soll der Antennenstandort A auf Berg *Hoher Hagen* mit einer Höhe über NN von 478 m angenommen werden. Der Antennenstandort B liegt auf dem Berg *Hohes Gras* in einer Höhe von 615 m (bei Kassel). Im Geländeschnitt in Bild 3-27 sind ferner die Höhen der Antennenschwerpunkte zu 50 m (A) und 20 m (B) eingetragen. Diese Punkte werden miteinander verbunden und ergeben die optische Sichtlinie. Es folgt die Berechnung der 1. Fresnelzone nach den Gleichungen (3.3), (3.4) und (3.5) in Kap. 3.4.2, deren untere Kontur in Bild 3-27 eingezeichnet wird.

Anschließend wird die Systemdämpfung a_S nach Formel (3.14), Kap. 3.4.4 berechnet. Dazu müssen die Einzelkomponenten (gerundet) ermittelt werden.

Freiraumdämpfung: a_o = 140 dB.

Die Hohleiterlänge beträgt insgesamt 20 m. Der eingesetzte Hohlleitertyp weist eine Dämpfung von 0,55 dB/10m auf. Zusätzlich werden für die Kanalweichen und Verbindungsstücke 5 dB ermittelt und zu den Zuleitungsdämpfungen zugeschlagen.

Zuleitungsdämpfung: $a_{L1} + a_{L2}$ = 1,1 dB + 5 dB = 6,1 dB.

Mit den Gewinnen $G_S = G_E$ = 40,6 dB und der Zusatzdämpfung a_z = 4 dB errechnet sich die Systemdämpfung a_S:

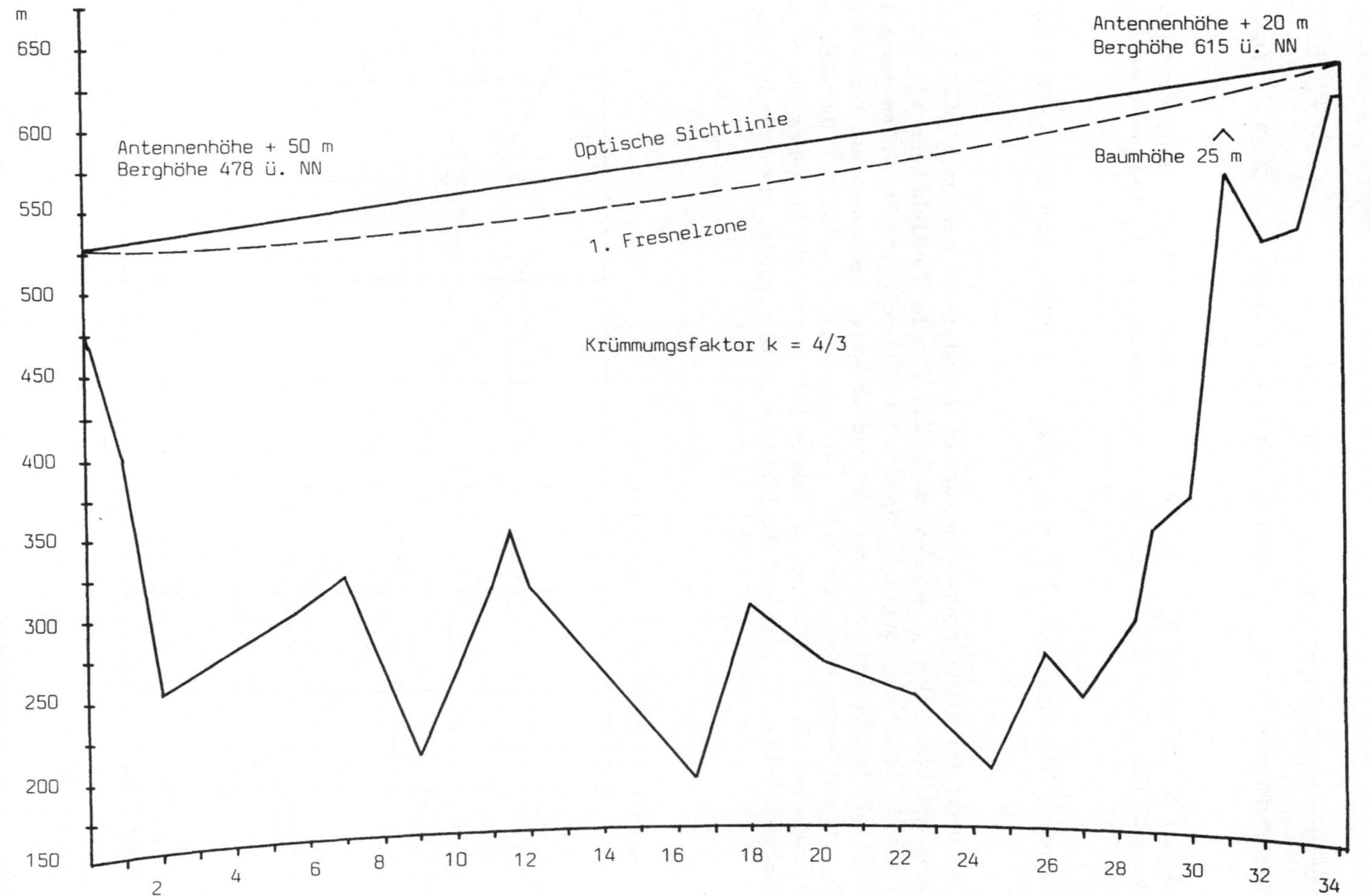

Bild 3-27 Geländeschnitt für ein Funkfeld von 43,2 km Länge

Systemdämpfung: a_S = 140 dB + 6,1 dB + 4 dB − 81,2 dB = 68,9 dB.

Da die Sendeleistung P_S = 0,5 W beträgt, ergibt sich ein Sendeleistungspegel L_S = 27 dBm. Daraus kann der Empfangsleistungspegel L_E bestimmt werden.

Empfangsleistungspegel: L_E = L_S − a_S = 27 dBm − 68,9 dB = − 41,9 dB

Wenn die Qualitätsvorgaben für digitale Richtfunksysteme nach CCIR-Empfehlung 634 berücksichtigt werden, dann sind für die Funkfeldlänge von 34,2 km folgende Zeitprozentsätze pro Monat zu berücksichtigen: Es dürfen stark fehlerbehaftete Sekunden (*severely errored seconds*), bei denen die Bitfehlerhäufigkeit auf einen Wert von BFH > 10^{-3} ansteigt, in 0,00073 % der Zeit eines Monats (ca. 32 s) auftreten. In diesem Fall werden die Vorgaben für Minuten eingeschränkter Qualität und für fehlerbehaftete Sekunden ebenfalls erfüllt.

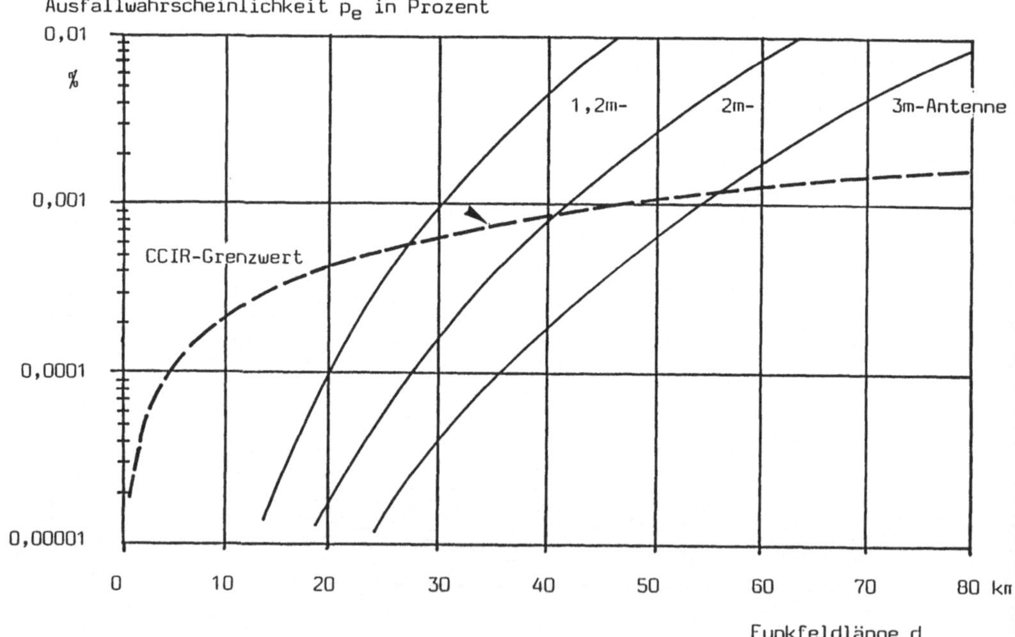

Bild 3-28   Funkfeldlänge ohne Raumdiversity (NW-Europa, DRS 8/7200)

Aus Bild 3-28 kann für verschiedene Antennendurchmesser von 1,2 m, 2 m und 3 m die maximale Funkfeldlänge entnommen werden. Im vorliegenden Beispiel wird der Schnittpunkt der CCIR-Kurve mit dem Wert von 0,00073 % mit der Ordinate bei der Funkfeldlänge von 34,2 km einen Punkt zwischen den Kurven für die Antennen 1,2 m und 2 m ergeben. Man setzt daher Antennen mit einem Durchmesser von 1,8 m ein und erfüllt damit die CCIR-Vorgabe.

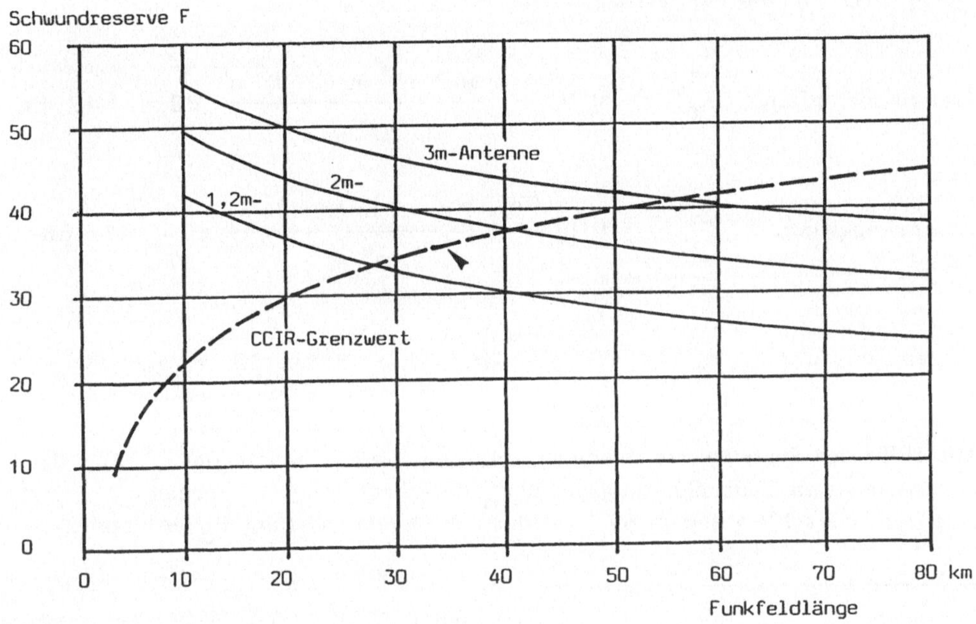

Bild 3-29   Schwundreserve in Abhängigkeit der Funkfeldlänge (DRS 8/7500)

Aus dem Bild 3-29 wird bei Eintragen der Funkfeldlänge d = 34,2 km deutlich, daß der Schnittpunkt mit der CCIR-Kurve bei dem vorliegenden System eine Schwundreserve von 35 dB ergibt.

Aufgrund von Messungen der Bitfehlerrate BER in Abhängigkeit von Schwund und Dispersion, die langfristig durchgeführt wurden, kann die Überschreitungs- wahrscheinlichkeit für eine Bitfehlerrate von z.B. BER = 10^{-3} zu $9 \cdot 10^{-6}$ und für BER = 10^{-6} zu $4 \cdot 10^{-5}$ in Prozent der Zeit des schlechtesten Monats für das gegebene Funkfeld vorberechnet und vom Anwender beurteilt werden.

3.10.8 Geräuschbilanz für ein Analogsystem

Ein homogener Modulationsabschnitt der Länge l = 280 km besteht aus 6
Funkfeldern, die aus Vereinfachungsgründen alle als gleich lang angenommen
werden. Die Funkfeldlänge beträgt dann d = 46,7 km. Die Radiofrequenz ist 6,2
GHz. Die erste Fresnelzone ist jeweils frei, und man nimmt Schwundfreiheit an.
Im mittleren Kanal ist ein Systemwert von 142 dB, im oberen Kanal ein Wert
von 141 dB vorhanden. Die Dämpfungen der Antennenzuleitungen betragen 7 dB.
Als Antennen sollen 3 m-Parabolspiegel mit einem Flächenausnutzungsfaktor
von q = 0,6 eingesetzt werden.

$$\text{Freiraumdämpfung:}\quad a_{o}\ =\ 20\cdot\lg\ \frac{4\ \pi\ 46,7\cdot 10^{3}\ \text{m}\ 6,2\cdot 10^{9}\ \text{s}}{3\ \cdot\ 10^{8}\ \text{m s}}\ \text{dB}\ =\ 141,7\ \text{dB}$$

$$\text{Antennengewinn:}\quad G\ =\ 20\cdot\lg\ \frac{\sqrt{0,6}\ 2\ \pi\ 1,5\ \text{m}\ 6,2\cdot 10^{9}\ \text{s}}{3\cdot 10^{8}\ \text{m s}}\ \text{dB}\ =\ 43,6\ \text{dB}$$

$$\text{Systemdämpfung:}\quad a_{S}\ =\ 7\ \text{db}\ +\ 141,7\ \text{dB}\ -\ 2\cdot 43,6\ \text{dB}\ =\ 61,5\ \text{dB}$$

Mit Hilfe der Systemwerte S können jetzt die Geräuschabstände s_{G} und damit
die thermischen Rauschleistungspegel p_{G} berechnet werden. (Formeln 3.17, 3.20).
Aus dem Rauschleistungspegel wird dann die Rauschleistung P_{G} ermittelt.

Geräuschart	Geräuschabstand u. Thermisches Empfängergeräusch			
	mittlerer Kanal 3886 kHz		oberer Kanal 9073kHz	
	s_{G}/dB	P_{G}/pW	s_{G}/dB	P_{G}/pW
dämpfungsabhängiges Geräusch für 1 Funkfeld	80,5	8,9	79,5	11,2
dämpfungsabhängiges Geräusch für 6 Funkfelder	72,7	54 (gerundet)	71,7	67 (ger.)

In der folgenden Tabelle sind die Geräuschleistungen von Modem und Funk-Gerät aufgelistet.

Geräteart	Geräuschleistung	
	mittlerer Kanal P_G/pW	oberer Kanal P_G/pW
Grundgeräusch Modem	30	20
Grundgeräusch Funkgerät	20	10
Intermodulationsgeräusche		
vom Modem	30	30
vom Funkgerät	35	35

Für einen Modulationsabschnitt (6 Funkfelder) wird die Geräuschbilanz aufgestellt.

Geräuschart	Geräuschleistung			
	mittlerer Kanal P_G/pW	P_G/dBm	oberer Kanal P_G/pW	P_G/dBm
dämpfungsabhängiges				
Empfängergeräusch	54	−72,6	67	−71,7
Grundgeräusch Modem	30		20	
Grundgeräusch Funkgeräte	120		60	
Summe Grundgeräusche	204	−66,9	147	−68,3
Intermod.-Geräusch Modem	30		30	
Intermod.-Geräusch Funkgeräte	210		210	
Summe Intermod.-Geräusche	240	−66,2	240	−66,2
Reserve für Zusatzgeräte	80		80	
Gesamtgeräusch	524	−62,8	467	−63,3
Zulässiges Gesamtgeräusch	840	−60,8	840	−60,8
Reserve gegenüber CCIR	316		373	

Der zugelassene Wert der Geräuschleistung beträgt 3 pW pro km. Im Falle des Beispiels sind das 840 pW. Im oberen Meßkanal beträgt der Rechenwert 467 pW. Daher kann das Geräusch um 373 pW ansteigen, bis der vom CCIR festgelegte Grenzwert erreicht ist. Zu diesem Wert wird noch der Wert des dämpfungsabhängigen Empfängergeräusches addiert, in unserem Fall also 67 pW. Mit Schwund ist eine Zunahme des dämpfungsabhängigen Geräusches um 373 pW + 67 pW = 440 pW erlaubt. Der Anstieg von 67 pW (−71,7 dBm) auf 440 pW (−63,5 dBm) entspricht einer Differenz von 8,2 dB.

Diese 8,2 dB stellen die *mittlere Schwundreserve* des Systems dar. In allen sechs Funkfeldern darf ein Schwund in dieser Höhe auftreten, bevor die zulässige Geräuschleistung von 3 pW/km erreicht wird.

4 Satellitenfunk

4.1 Einführung

Seit dem Jahre 1957 hat sich die Technik des Satellitenfunks in atemberaubendem Tempo entwickelt. Man erinnere sich: Der erste künstliche Erdsatellit *Sputnik I* wurde im Internationalen Geophysikalischen Jahr 1957 am 4. Oktober in eine elliptische Erdumlaufbahn gebracht. Die Funksignale dieses kleinen Satelliten lösten in den USA einen tiefen Schock aus. Sahen sich die Amerikaner doch in der Gefahr, einerseits auf technologischem Gebiet eine Führungsposition zu verlieren, darüberhinaus noch unter der Bedrohung von interkontinentalen Raketen!

Schon drei Monate später, am 1. Februar 1958, starteten die Amerikaner ihren ersten künstlichen Satelliten, *Explorer I*, der aufregende Meßergebnisse zur Erde funkte. Die Geräte des Satelliten stellten einen ausgedehnten erdumspannenden Strahlungsgürtel fest, der nach seinem Entdecker als *Van Allen-Gürtel* benannt wurde. Dieser Gürtel enthält energiereiche Teilchen, die vom Erdmagnetfeld eingefangen worden sind und zwischen den Polen hin- und herpendeln. Besonders in den Höhenbereichen zwischen 10000 km und 20000 km haben diese Teilchen die unerwünschte Eigenschaft, an den Halbleiterbauelementen eines Satelliten bleibende Schäden hervorzurufen, und zwar bevorzugt an den freiliegenden Solarzellen zur elektrischen Stromerzeugung. Die Position der geostationären Satelliten von 36000 km über der Erdoberfläche wirkt diesem schädlichen Effekt entgegen.

Am 6. April 1965 hat der erste geostationäre Satellit mit dem Namen *Early Bird* oder *Intelsat I* die geostationäre Umlaufbahn erreicht, 44 Jahre nachdem der amerikanische Autor *Arthur C. Clarke* auf die großen Vorteile von scheinbar festen Satellitenpositionen in Bezug auf die Erde hingewiesen hatte.

Nach diesen bahnbrechenden und erfolgreichen Satellitenstarts wurden in der Folge zahlreiche Satelliten für Zwecke der Grundlagenforschung und der angewandten Forschung, sowie für den kommerziellen und militärischen Bereich in Erdumlaufbahnen transportiert. In unserem Zusammenhang sind die Anwendungen Kommunikation, Navigation und auch Erderkundung von Interesse, wobei der Schwerpunkt auf der Kommunikation liegt. Die Tabelle 4-1 vermittelt eine Kurzübersicht über die Entwicklung der Übertragungskapazität von Satelliten der *Intelsat*-Organisation, der inzwischen über 110 Mitgliedsländer angeschlossen sind (*Intelsat = International Telecommunication Satellite Organization*).

Diese im Jahre 1964 gegründete Organisation betreibt derzeit 16 Satelliten, auf die mit über 800 Antennen direkt zugegriffen werden kann. Zwei Drittel des interkontinentalen Fernsprechverkehrs und alle interkontinentalen Live-Sendungen des Fernsehens werden über diese Satelliten übertragen.

Intelsat-Satellitentyp	I	II	III	IV	IV-A	V	V-A/B	VI
Erster Start im Jahre	1965	1966	1968	1971	1975	1980	1985	1986
Anzahl der Sprechkreise	240 oder	240 oder	1200 und	4000 und	6000 und	12000 und	15000 und	30000 und
Anzahl der Fernsehkanäle	1	1	2	2	2	2	2	3

Tabelle 4-1   Übertragungskapazität der Satellitengenerationen seit 1965

Der technische Fortschritt ermöglicht inzwischen nicht nur interkontinentale, sondern auch regionale und nationale Übertragung von Nachrichten. Die rasche Zunahme an regionalen und nationalen Satellitensystemen ist auch im Zusammenhang mit der fehlenden Infrastruktur im Bereich der Nachrichtenübertragungstechnik von Schwellen- und Entwicklungsländern zu sehen. Da inzwischen die Sendeleistung der Satelliten stark angestiegen ist, kann man Fernseh- und Radioempfang mit preiswerten privaten Empfangsanlagen betreiben. Bereits 1971 hat man alle denkbaren *Weltraumfunkdienste* definiert, von denen die meisten Dienste inzwischen verwirklicht worden sind.

Fester Funkdienst über Satelliten
Beweglicher Funkdienst über Satelliten
Rundfunkdienst über Satelliten
Ortungsfunkdienst über Satelliten
Navigationsfunkdienst über Satelliten
Erderkundungsfunkdienst über Satelliten
Wetterfunkdienst über Satelliten
Amateurfunkdienst über Satelliten
Normalfrequenz- und Zeitzeichenfunkdienst über Satelliten
Weltraumforschungsfunkdienst
Weltraumfernwirkfunkdienst
Intersatellitenfunkdienst

Die *festen Funkdienste* über Satelliten sind am besten ausgebaut und stellen
einen nicht mehr wegzudenkenden Bestandteil der Fernmeldenetze dar. Das bereits genannte *Intelsat-System* zur internationalen Nachrichtenübertragung ist
von den ca. 30 verschiedenen Satellitensystemen dasjenige mit dem größten
Verkehrsaufkommen.

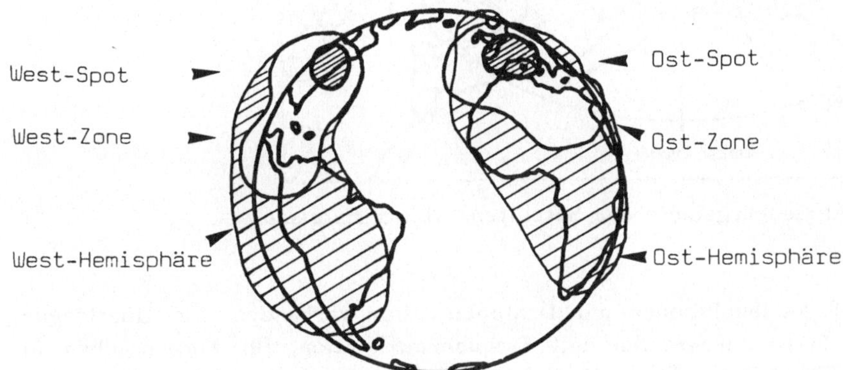

Bild 4-1   Ausleuchtgebiete von *Intelsat V*

Bei den nationalen und regionalen Systemen machen sich einzelne Länder oder
mehrere Länder einer Region die Vorteile des Satellitenfunks zunutze als da
sind: Kostenunabhängigkeit von der Entfernung, Verteilfunktion, große Übertragungskapazität, schnelle Realisierung, große Flexibilität, Zuverlässigkeit und
flächendeckende Versorgung. Neben eigenen Satelliten für nationale Dienste wie
Molnija (UDSSR), *Westar* (USA), *Palapa* (Indonesien) werden *Intelsat*-Transpon-
der angemietet, um relativ geringes Verkehrsaufkommen zu bewältigen.

Regionalsysteme sind vereinzelt vorhanden, wie die Systeme *Palapa* (ASEAN-
Staaten), *Arabsat* (Arabische Liga), *Eutelsat* (*European Telecommunications
Satellite Organization*), *Kopernikus* (BRD) u.a.

Die im Jahre 1977 geschaffene Organisation *Eutelsat* hat sich zur Aufgabe
gestellt, öffentlichen innereuropäischen Fernsprechverkehr über mehr als 800
km Entfernung sowie den Austausch von Fernsehprogrammen im Rahmen der
EBU (*European Broadcasting Union*) in Europa und in angrenzenden Mittel-
meerländern durchzuführen. Ferner sollen Multidienste, abgekürzt *SMS* (*Satellite Multi Services*) genannt, für geschäftliche Kommunikation einbezogen werden. Der Satellit *ECS 1* und ein Teil der Kapazität des Satelliten *Telecom 1*
werden zur Verwirklichung dieser Aufgaben eingesetzt.

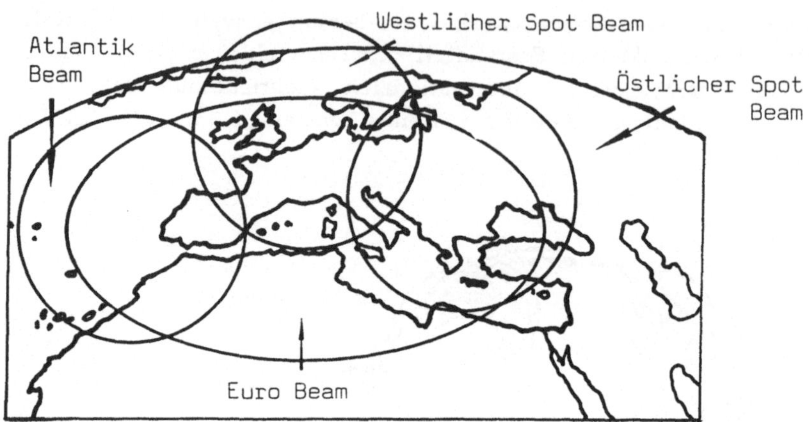

Bild 4-2   Ausleuchtgebiete des Satellitensystems *Eutelsat*

Es sind fünf Ausleuchtzonen mit Dualpolarisation vorhanden. Die Übertragung erfolgt für Fernsehprogramme mit Frequenzmodulation, für Fernsprechen mit 120-Mbit/s-TDMA/DSI (*Time Division Multiple Access/Digital Speech Interpolation*) und für die Multidienste mit codierter SCPC/FDMA-Technik (*Single Channel per Carrier/ Frequency Division Multiple Access*) beim *ECS* -Satelliten sowie mit 25-Mbit/s-TDMA für den *Telecom*-Satelliten. Damit können 10 000 Sprechkreise, zwei TV-Programme sowie 570 Datenkanäle zu je 64 kbit/s übertragen werden.

Im Jahre 1989 hat die Bundespost ein *nationales* Fernmeldesatellitensystem mit dem Namen *DFS-Kopernikus* in Betrieb genommen. Das Gesamtsystem besteht aus drei Satelliten, wobei sich zwei Satelliten im Orbit, und ein Satellit als Ersatz am Boden befinden, sowie aus 32 Bodenstationen. Dieses Satellitensystem ist für die Übertragung folgender Dienste in Deutschland und West-Berlin ausgelegt:

- Fernsprech- und Datenübertragung zwischen Usingen und West-Berlin auf 2 Kanälen mit 14/12 GHz und 90 MHz Bandbreite sowie 1 Kanal 30/20 GHz mit ebenfalls 90 MHz Bandbreite.

- Fernsehübertragung zwischen Usingen und West-Berlin mit einem Kanal auf 14/11 GHz mit 90 MHz Bandbreite mit Frequenzmodulation.

- Flächendeckende Verteilung von Fernsehprogrammen für die Einspeisung in örtliche Kabelnetze auf 5 Kanälen bei 14/12 GHz mit 44MHz Bandbreite.

– Schnelle Datenübertragung, Faksimile- und Videokonferenz-Übertragung auf 2 Kanälen bei 14/12 GHz bei 44 MHz Bandbreite und 60 Mbit/s.

Die *mobilen Funkdienste* sind aus technischen und wirtschaftlichen Gründen noch relativ wenig verbreitet. Die Schiffahrt benutzte das erste kommerzielle Mobilfunksystem *Marisat*. Dieses System wurde 1982 von *Inmarsat (International Maritime Satellite Organization*, London) übernommen und weltweit auf der Basis von angemieteten Satellitentranspondern ausgebaut. Im Jahre 1985 hatte *Inmarsat* bereits 43 Mitgliedsländer und 13 Küsten-Erdefunkstellen. Bis 1990 rechnet man mit 10000 Teilnehmern und einer neuen Satellitengeneration.

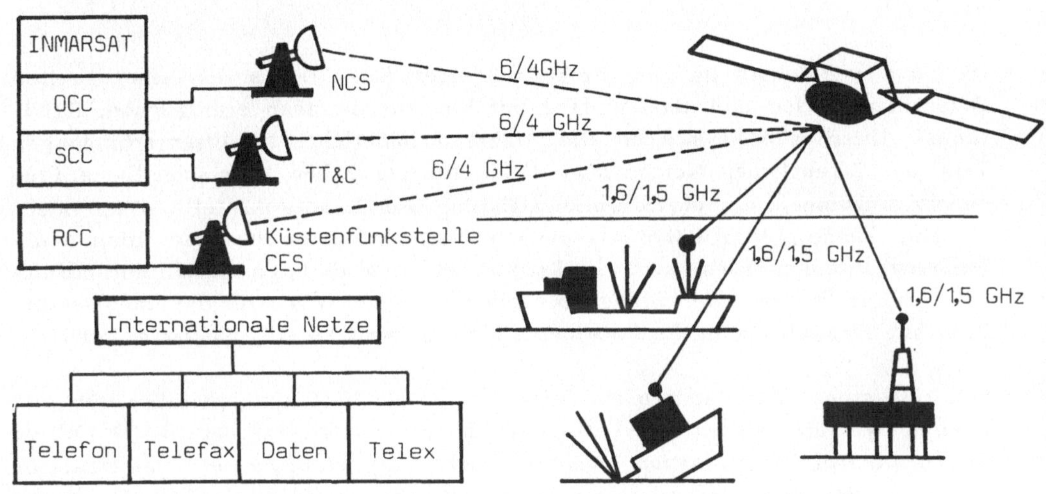

Bild 4-3   Übersicht über das *Inmarsat*-Netz

Das System ermöglicht einen störungsfreien und zuverlässigen Nachrichtenbetrieb zwischen Schiffen und Landstationen und ersetzt die konventionelle Kurzwellenübertragung für den Fernverkehr und die Morsetelegrafie vollständig. Als Nachrichtenkanäle stehen Telex-, Telefon- und Datenkanäle zur Verfügung. Ferner soll noch ein Not- und Sicherheitssystem eingesetzt werden, zu dem Seenotfunkbojen gehören, die automatisch einen Notruf im Bereich der Satellitenfrequenzen abstrahlen. Die Übertragung auf UKW und Grenzwelle wird für den Nahbereich und für mittlere Entfernungen beibehalten werden.

Der *Flugfunkdienst* über Satelliten soll für langsame Datenübertragung des Luftverkehrs sowie für das Telefonieren mit Kreditkarten ausgebaut werden. Dazu ist die Mitbenutzung von *Inmarsat*-Transpondern geplant. Ferner existiert das *Cospass/Sarsat*-System, das Notrufe über polar in niedriger Höhe umlaufende Satelliten weitergeben soll. Ca. 2000 Schiffe und 190000 Flugzeuge sind mit Sendern ausgerüstet, die im Notfall die Positionsbestimmung über Dopplermessungen ermöglichen sollen.

Da sich die Bundespost auf die Einführung des D-Netzes festgelegt hat und ferner ein Beschluß der *Federal Communications Commission* der USA vorliegt, keine Fernmeldesatelliten für den *mobilen Landfunk* in den USA zuzulassen, ist nicht mit einer Einführung der Satellitenkommunikation im mobilen Landfunk zu rechnen, zumal sich eine Reihe von Ländern ähnlich wie die USA festgelegt hat.

Die *Rundfunkdienste* mittels direktstrahlender Satelliten sollen einer breiten Öffentlichkeit den Individualempfang mit kleinen Antennen ermöglichen. Rundfunksatelliten wenden sich an alle, während Nachrichtensatellitenverbindungen Teile des öffentlichen Netzes sind. Beide Dienste haben unterschiedliche Frequenzzuweisungen. Da die Strahlungsleistung von Rundfunksatelliten um mehr als eine Zehnerpotenz höher als die der Nachrichtensatelliten ist, können die Empfangsantennen klein sein. In Konkurrenz zum direkten Satellitenrundfunk hat sich die Programmverteilung über die leistungsschwächeren Fernmeldesatelliten mit Einspeisung in die Kabelnetze als eine weitere Möglichkeit etabliert.

Seit 1978 steht allen Ländern ein erdumspannendes Netz aus geostationären und polaren *Wettersatelliten* zur Verfügung. Zu diesem System der *WMO* (*World Meteorological Organization*) gehört auch der europäische Wettersatellit *Meteosat*, der seine Zentralstation in Michelstadt im Odenwald hat. Die Daten automatischer Wetterstationen, Wolkenbilder, Wasserdampf- und Infrarotverteilungen werden an andere Stationen weitergegeben.

Satelliten zur *Erderkundung* dienen u.a. für die Land- und Forstwirtschaft oder für den Einsatz in der Geologie. Es gibt weltweit mehr als 20 Erdefunkstellen, die in das *Landsat*-System eingebunden sind, an dem sich über 75 Länder beteiligen. Die Objektauflösung liegt bei 10 m und eine stereografische Aufnahmetechnik ermöglicht die plastische Darstellung der Erdoberfläche.

Für die Zwecke der *Funknavigation* über Satelliten befindet sich ein amerikanisches System, *Navstar-GPS* (*Global Positioning System*), im Aufbau. Das System stellt 18 langsam umlaufende Satelliten zur Verfügung, von denen jeder Benutzer die Daten von mindestens vier Satelliten empfangen kann. Die Daten beinhalten die genaue Uhrzeit und die Satellitenposition. Aus diesen Größen kann der Anwender seinen augenblicklichen Standort und seine Geschwindigkeit errechnen. Da die Benutzer rein passive Teilnehmer an diesem System sind, ist die Anzahl der Teilnehmer praktisch keiner Beschränkung unterworfen.

Schließlich sei im Rahmen dieser Aufzählung noch der Fall der *Intersatelliten-Verbindungen* genannt, die die Verbindung zwischen geostationären Satelliten ermöglichen, und damit verschiedene Netze miteinander verbinden können. Ferner kann die Laufzeit von Nachrichten verringert und eine bessere Nutzung von Satelliten und Erdefunkstellen erreicht werden. Seit 1983 kann der amerikanische geostationäre Satellit *TDRS* (*Tracking and Data Relay Satellite*) die Relaisverbindung zu Satelliten auf tieferliegenden Umlaufbahnen und zu Raumfahrzeugen herstellen, deren Daten dann von einer einzigen Erdefunkstelle in den USA empfangen werden.

4.2 Satellitenbahnen

Da der größte Teil der Erdbevölkerung im Bereich von 30° südlicher und 60° nördlicher Breite lebt, ist die günstigste Position für einen reinen Kommunikationssatelliten die *äquatoriale Synchronbahn*. Das bedeutet, daß der Satellit mit gleicher Drehrichtung wie die der Erde sich bewegt, die gleiche Winkelgeschwindigkeit wie die Erdrotation aufweist, und die Bahnebene des Satelliten die gleiche ist wie die Äquatorebene. Dann erscheint der Satellit von jedem Punkt der Erde aus, von dem er gesehen werden kann, still zu stehen. Ferner steht der Satellit stets über dem gleichen Punkt der Erdoberfläche.

Man nennt die Bahn im Raum, auf der sich der Satellit bei einer äquatorialen Synchronbahn befindet, auch den *geostationären Orbit* (*Orbit* = Planetenbahn, *Geostationary Earth Orbit* = *GEO*). Diese Art der Satellitenpositionierung bietet eine Anzahl von Vorteilen.

- Ein erdumspannendes Kommunikationsnetz kann mit drei um 120° gegeneinander versetzten Synchronsatelliten aufgebaut werden.

- Über einen einzigen Satelliten können viele Bodenstationen miteinander ver-
  netzt werden. Dabei werden problemlos große Entfernungen überbrückt.

- Es ist mit Satelliten möglich, Nachrichtenverbindungen mit *festen* und *mobilen* Funkstationen zu errichten. Dies geschieht z.B. bei den weltweiten *See-
  funkverbindungen,* die Schiffe auf den Weltmeeren an die nationalen öffentlichen Fernsprechnetze und an andere Kommunikationsnetze anbinden.

- Mit Nachrichtensatelliten können Punkt-zu-Punkt-Verbindungen und auch
  Punkt-zu-Multipunkt-Verbindungen aufgebaut werden. Man nennt diese
  Betriebsarten auch *Verteildienste* und *Rundfunkmode.*

Ein großer Vorteil des Einsatzes von Satellitensystemen besteht in dem schnellen Aufbau von Kommunikationsnetzen, auch dann, wenn noch keine Infrastruktur vorhanden ist. Ferner können sofort Netze mit *Neuen Diensten* bereitgestellt werden, die mit den vorhandenen Netzen nicht oder erst später aufgenommen werden können. Die *Neuen Dienste* ermöglichen im *Schmalband-ISDN*
z.B. Text-, Daten- und Festbildübertragung, Verbund von Mikrocomputern mit
Großrechnern, textbegleitende Sprechverbindungen und sprachbegleitende Text-
und Datenverbindungen sowie schneller Bildschirmtext. Im *Breitband-ISDN*
können Bewegtbildkommunikation, schnelle Datenübertragung zwischen Rechnern und z.B. Datenbanken und schnelle Text- und Grafikkommunikation
durchgeführt werden.

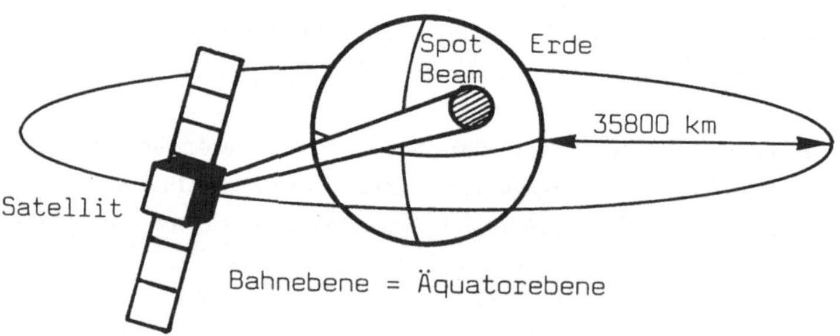

Bild 4-4   Die äquatoriale Synchronbahn

Es sind aber nicht nur Vorteile bei Anwendung der äquatorialen Synchronbahn gegeben, sondern es gibt auch einige nachteilige Aspekte:

- Die Ausleuchtung der Polgebiete ist wegen des geringen Erhebungswinkels des Satelliten nicht möglich.

- Die Signallaufzeit zwischen zwei Erdefunkstellen beträgt etwa 275 ms, wenn der maximale Weg über die Erdtangenten angenommen wird, bzw. entsprechend weniger, wenn die Erdefunkstellen sich an anderen Punkten befinden. Diese unterschiedlichen Signallaufzeiten führen zu Synchronisationsproblemen bei Vielfachzugriff auf die Satellitenrepeater.

- Die Zahl der Orbitpositionen ist begrenzt, um gegenseitige Beeinflussungen der Satellitensysteme auszuschließen.

- Im Verlauf der Durchquerung des Erdschattens muß die Stromversorgung von Batterien übernommen werden.

- Beim *Sonnentransit* fällt zweimal im Jahr der gesamte Nachrichtenverkehr zwischen dem Satelliten und einer Erdefunkstelle für die Zeit von ca. 6 min aus. In dieser Zeit muß eine andere Erdefunkstelle, deren Antenne dann nicht auf die Sonne gerichtet ist, die Verbindung übernehmen.

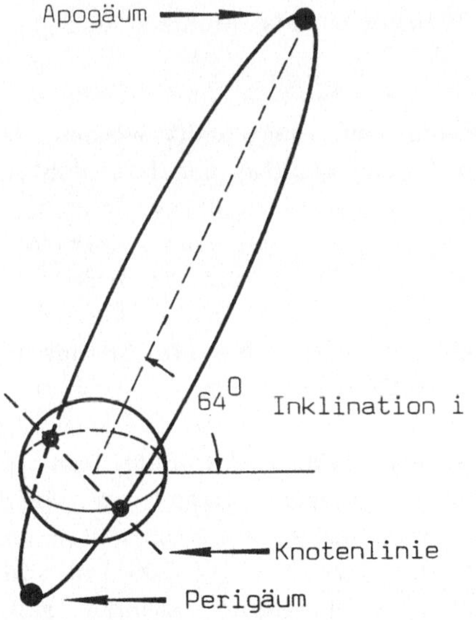

Bild 4-5   Inklination und Knotenlinie

Die realen Satellitenbahnen unterliegen verschiedenartigen Störungen, die durch
Systeme, die sich im Inneren des Satelliten befinden, ausgeregelt werden müssen. Drei Arten von Störungen sind gegeben.

- Das *Erdgravitationspotential* ist entlang des Äquators nicht konstant, sondern infolge der ungleichmäßigen Masseverteilung der Erde Schwankungen
  unterworfen, die den Satelliten zu Ost-, bzw. Westdriften veranlassen. Die
  Bahnknoten werden dadurch verschoben.

- Die Sonne entsendet ständig einen Teilchenstrom, der aus Protonen und
  Elektronen zusammengesetzt ist. Man bezeichnet diesen Teilchenstrom als
  Sonnenwind. Die Teilchengeschwindigkeit wird mit 300-500 km/s angegeben.

Dieser Sonnenwind erzeugt auf die großen Solarzellenausleger der Satelliten
einen meßbaren Druck, der die Position des Satelliten im Raum verändert. Man
kann den Solardruck u.U. auch zur *Lageregelung* des Satelliten einsetzen, wenn
die Solarpanels entsprechend im Neigungswinkel (wie bei einem Verstellpropel-
ler) eingestellt werden, so daß eine Rotation um die z-Achse entsteht.

— Die Gravitationskräfte der Sonne und des Mondes bewirken eine Änderung
  der Inklination, also eine Änderung des Neigungswinkels i zwischen Äquatorebene und Bahnebene des Satelliten. Die Vektorsumme der Gravitationskräfte unterliegt einer Periodizität, die hauptsächlich von der Mondpräzession
  (Perioden- dauerer 18 Jahre) bestimmt wird. Ferner entstehen Störungen
  durch die die unterschiedliche Lage der Bahnebene des Mondes und der
  Äquatorebene.

Die Veränderung der Lage des Satelliten im Raum muß ausgeregelt werden, da
die Ausrichtgenauigkeit der Antennen die Übertragungsqualität der Nachrichten
beeinflußt. Dabei wird einmal die Lage des gesamten Satelliten durch Schwung-
räder (Dreiachsenstabilisierung) sowie durch Schubdüsen beeinflußt. Infrarotsensoren melden die Lage des Satelliten im Raum in Bezug auf die Erde und
die Sonne. Zum anderen existiert ein Ausrichtmechanismus für die Antennen,
der durch HF-Sensoren gesteuert wird. Die Sensoren bilden die Stellglieder in
den Regelkreisen, die eine Lagegenauigkeit von $\pm$ 0,1^{o} ermöglichen.

Neben der äquatorialen Synchronbahn sind andere Bahnen für Satelliten in
Benutzung. So wendet die Sowjetunion eine exzentrische Bahn mit einer
Inklination von 64° an, die die Nordpolgebiete und Sibirien mit Nachrichten zu
versorgen gestattet. Der erdnähste Bahnpunkt, das *Perigäum*, ist 500 km von
der Erde entfernt, der erdfernste Bahnpunkt, das *Apogäum*, befindet sich
40000 km weit im Weltraum draußen. Die Umlaufzeit beträgt dabei 12 Stunden, von

denen 10 Stunden für die Nachrichtenübertragung über diese *MOLNIJA*-Satelliten genutzt werden können. Zusätzlich tritt der Effekt auf, daß bei der Inklination von 64° das unsymmetrische Gravitationspotential keine Wirkung mehr hat.

Es werden andere Orbitpositionen vorgeschlagen, die für spezielle Zwecke wie z.B. die Erderkundung, oder die Versorgung nördlicher Breiten vorgesehen sind, oder die die Ausnutzung der Satellitenübertragungsstrecken für den transkontinentalen Betrieb wirksam erhöhen sollen, da nur kurzzeitige gemeinsame Bürozeiten zwischen den USA und Europa, bzw. Japan und Europa gegeben sind, als Folge der Zeitversetzung zwischen den jeweiligen Ländern. Dies führt zu kurzzeitiger Spitzenauslastung der interkontinentalen Satellitensysteme, während in der restlichen Zeit die Systeme brachliegen. Die äquatoriale Synchronbahn hat sich für die Zwecke der Kommunikation als die geeignetste erwiesen.

Die Auswahl des Ortes im Raum, an dem der Satellit positioniert werden soll, seine *Orbitposition*, hängt von zwei Kriterien ab. Die natürliche Orbitposition eines Satelliten befindet sich über dem Versorgungsgebiet. Da sich jedoch z.Zt. ca. 100 Satelliten in Orbitpositionen befinden, kann der angestrebte Satellitenort nicht immer eingenommen werden, sondern liegt über einer anderen geografischen Länge. Dadurch sinken die Erhebungswinkel der Antennen der Erdefunkstellen, ein Umstand, der wiederum das Ansteigen der Rauschtemperatur des Systems und der Zunahme an meteorologischen Störeinflüssen nach sich zieht.

Zusätzlich muß bei der Festlegung der Orbitpositionen berücksichtigt werden, daß die einzelnen Satelliten nicht zu geringe Winkelabstände zueinander haben, damit gegenseitige Interferenzstörungen minimal gehalten werden können. Da die Richtdiagramme der Antennen die Erscheinung der Nebenzipfel aufweisen, kann über den 1. oder 2. Nebenzipfel der Antennenkeule eine Störung eines benachbarten Satelliten stattfinden, wenn beide Satelliten in den gleichen Frequenzbereichen arbeiten und die gleiche Polarisation angewendet wird. Auch der umgekehrte Fall, nämlich die Störung benachbarter Erdefunkstellen durch die Nebenzipfel der Antennen benachbarter Satelliten, wird beobachtet.

Um diese Störquellen auszuschalten, kann man einerseits die Winkelabstände der Nachrichtensatelliten vergrößern. Dieser Weg scheidet aber infolge der natürlichen Begrenzung der Zahl der Orbitpositionen aus. Andererseits bietet sich die Lösung an, daß man die Halbwertsbreite der Antennen der Erdefunkstellen verringert. Dann rücken die Nebenzipfel mit niedrigem Gewinn in diejenigen Winkelbereiche, in denen der gestörte Satellit arbeitet, und setzen daher die Störleistung herab. Ferner kann als Folge der Gewinnzunahme bei Verringerung der Halbwertsbreite die Sendeleistung abgesenkt werden. Damit nimmt auch die über die Nebenzipfel abgegebene Leistung ab, und eine reduzierte Störleistung ist die angestrebte Folge dieser Maßnahme.

Es existiert eine CCIR-Empfehlung, welche die Mindestabstände zwischen Satelliten regelt, die im gleichen Frequenzbereich, mit gleicher Polarisationsart und in gleichen oder benachbarten Bedeckungsgebieten arbeiten. Diese empfohlenen Werte sind in Längengraden angegeben, wobei ein Längengrad der Entfernung von 736 km im Orbit entspricht.

Frequenzbereich	Mindestabstand in Längengraden	
	derzeit	geplant
4/6 GHz	3,5^{o}	2,0^{o}
11/14 GHz	2,0^{o}	1,0^{o}
12/14 GHz	2,0^{o}	1,0^{o}
20/30 GHz	1,5^{o}	0,5^{o}

Tabelle 4-2   Mindestabstände von geostationären Nachrichtensatelliten

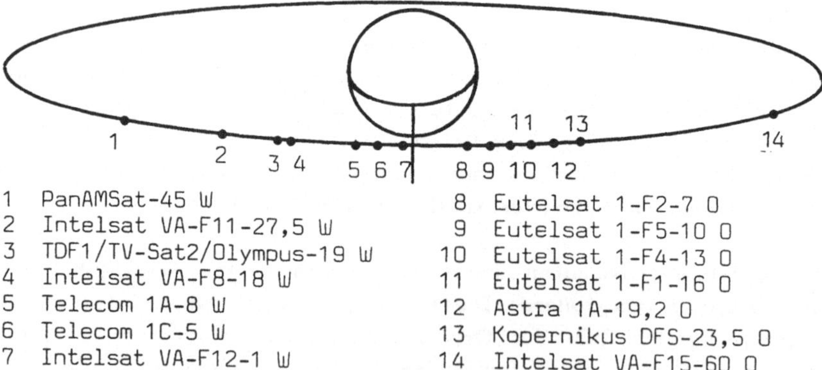

1	PanAMSat-45 W	8	Eutelsat 1-F2-7 O
2	Intelsat VA-F11-27,5 W	9	Eutelsat 1-F5-10 O
3	TDF1/TV-Sat2/Olympus-19 W	10	Eutelsat 1-F4-13 O
4	Intelsat VA-F8-18 W	11	Eutelsat 1-F1-16 O
5	Telecom 1A-8 W	12	Astra 1A-19,2 O
6	Telecom 1C-5 W	13	Kopernikus DFS-23,5 O
7	Intelsat VA-F12-1 W	14	Intelsat VA-F15-60 O

Bild 4-6 Orbitpositionen einiger von Westeuropa aus sichtbarer Satelliten. Die Zahlenangaben mit nachgestelltem W, O sind als *Längenangaben* zu verstehen.

4.3   Frequenzbereiche

Der Frequenzbereich, innerhalb dessen die Satellitensysteme der Deutschen Bundespost arbeiten, liegt zwischen den Eckfrequenzen 3 und 30 GHz, also im Bereich der Zentimeterwellen. In diesem Frequenzbereich liegen auch die beim *Richtfunk* eingesetzten Frequenzen, so daß man bei gemeinsamer Frequenzbenutzung gegenseitige Störbeeinflussung vermeiden muß. Es existieren bestimmte Regeln, die in der *Vollzugsordnung Funk* niedergelegt sind. So müssen z.B. Sichtverbindungen zwischen Erdefunkstelle und Richtfunkstelle vermieden werden. Ferner wählt man als Standort für Erdefunkstellen Täler, die von Höhenzügen umgeben sind. Andere Festlegungen betreffen die Maximalbeträge der Leistungsflußdichten, die ein Satellit auf der Erde, bzw. ein Richtfunksystem, erzeugen dürfen.

Satellitensystem	Erde-Weltraum (GHz)	Weltraum-Erde (GHz)
Intelsat	5,925 - 6,425	3,7 - 4,2
Intelsat	14,0 - 14,5	10,95 - 11,2
Eutelsat (ECS)		11,45 - 11,7
DFS		
TV-Sat	17,3 - 18,1	11,7 - 12,5
DFS	14,0 - 14,25	12,5 - 12,75
Eutelsat (ECS)		
DFS	25,0 - 30,0	19,7 - 20,2

Tabelle 4-3   Frequenzbereiche für Fernmeldesatelliten

Die angegebenen Frequenzbereiche sind besonders zur Satellitenübertragung geeignet, da man bei den Mikrowellen (wie beim Richtfunk) scharf bündelnde Antennen einsetzen kann. Ferner ist die Rauschstrahlung des Weltraumes bei Frequenzen über 1 GHz auf einen nichtstörenden Wert von etwa 3 K abgefallen. Auch wirken die Einflüsse der Ionosphäre oberhalb 1 GHZ nicht mehr störend.

Wie bei allen Dingen, so sind auch hier nicht nur Vorteile in diesen Frequenzbereichen gegeben. Die von der Troposphäre erzeugte thermische Rauschstrahlung nimmt bei steigender Frequenz und mit zunehmender räumlicher
Ausdehnung der absorbierenden Schichten zu. Daher hängt der Rauschbeitrag
vom Winkel der Antennenachse zum Erdboden, dem *Elevationswinkel*, ab.

Die *Regendämpfung* kann erhebliche Werte annehmen, besonders in Frequenzbereichen oberhalb von 5 GHz. Ferner muß bei Niederschlägen zusätzlich zur
Regendämpfung mit einem Rauschbeitrag gerechnet werden, der die Übertragungsqualität negativ beeinflußt.

4.4 Berechnung einer Funkverbindung

Die Berechnung einer Verbindung zwischen Satellit und Erdefunkstelle wird in
diesem Kapitel für den Fall der *Frequenzmodulation* dargestellt. Dabei wird der
Einsatzfall der Fernsehübertragung berücksichtigt, für die derzeit keine ein-
satzreifen digitalen Verfahren vorliegen.

Die Aufgabe der Berechnung liegt darin, durch richtige Dimensionierung der
Strahlungsleistung und der Empfängerrauschleistung dafür Sorge zu tragen, daß
das Verhältnis C/N am Demodulatoreingang den Schwellwert von 10 dB nicht
unterschreitet. C ist die Trägerleistung, N ist die Rauschleistung innerhalb der
Radiofrequenzbandbreite am Demodulatoreingang. Aus der Richtfunktechnik ist
der Begriff *FM-Schwelle* bekannt. Infolge der hohen Schwundeinbrüche bei
Mehrwegeausbreitung mußte der Arbeitspunkt hier weit über der FM-Schwelle
angesetzt werden, um die sprunghafte Zunahme der Störgeräusche zu vermeiden.
Satellitenverbindungen können dagegen in Schwellennähe betrieben werden, da
hier nicht mit Mehrwegeausbreitung gerechnet werden muß. Die Berechnung des
Verhälnisses C/N geschieht mit nachfolgender Gleichung (4.1).

$$C/N = P_S + G_S - a + G_E/T' - K' - B' \qquad (4.1)$$

Alle Terme in der Gleichung (4.1) sind in logarithmischer Darstellung gegeben.
Die einzelnen Ausdrücke haben folgende Bedeutung:

P_S Sendeleistungspegel
G_S Gewinn der Sendeantenne

Die beiden Größen werden additiv zu einer neuen Größe zusammengefaßt, der *EIRP* (*Equivalent Isotropic Radiated Power*). Die Größe gibt an, welche Leistung ein Kugelstrahler abstrahlen muß, um die gleiche Empfangsleistung in einem Raumwinkelbereich zu erhalten, wie sie bei dem Leistungspegel P_S und dem Antennengewinn G_S auftritt.

$$EIRP = P_S + G_S \tag{4.2}$$

Damit kann die Gleichung (4.1), die das Verhältnis von Trägerleistung zur Rauschleistung beschreibt, umgeschrieben werden:

$$C/N = EIRP - a + G_E/T' - K' - B' \tag{4.3}$$

4.4.1 Streckendämpfung

Die Streckendämpfung a besitzt drei additiv verknüpfte Anteile, deren Summe die Gesamtdämpfung des freien Raumes zwischen der Antenne der Erdefunkstelle und der Antenne des Satelliten darstellt.

$$a = a_O + a_A + a_R \tag{4.4}$$

Der erste Summand stellt die Freiraumdämpfung a_O dar, die nach Formel (3.11) berechnet werden kann. Der Betrag der Freiraumdämpfung ist ungefähr 200 dB. Das bedeutet, daß die Strahlungsleistung auf dem langen Weg zwischen Bodenstation und Satellit um 20 Zehnerpotenzen abgeschwächt wird. Weniger als ein Milliardstel eines Milliardstel der Sendeleistung erreicht die Empfangsantenne.

Der zweite Summand a_A ist ein Dämpfungsanteil, der auf Absorptionsvorgänge in der Atmosphäre zurückgeführt werden kann. Vom Betrag her ist dieser Beitrag gering und liegt unter 1 dB.

Der dritte Beitrag a_R berücksichtigt die Dämpfung der Radiowelle beim Durchgang durch eine Regenzelle. Es liegen Meßwerte vor, die über den Nachrichtensatelliten *OTS (Orbital Test Satellite)* im Bereich von 11 - 14 GHz erhoben worden sind. Für Radiofrequenzen von 20 - 30 GHz sind die Planungswerte noch nicht genügend durch Messungen abgesichert. Die folgende Tabelle 4-4 enthält die Dämpfungswerte, in denen bereits die atmosphärische Dämpfung für einen Erhebungswinkel der Antenne von 90° einbezogen worden ist. Die Prozentangabe bezieht sich auf die Zeit eines Monats, in der die angegebene Dämpfung überschritten wurde.

Zeitbereich der Überschreitung der angegebenen Dämpfung	12/11 GHz	14 GHz	20 GHz	30 GHz
10 %	0,3 dB	0,4 dB	0,5 dB	1,0 dB
1 %	1,1 dB	1,6 dB	3,5 dB	6,5 dB
0,1 %	3,7 dB	5,4 dB	8 dB	15 dB
0,01 %	4,9 dB	7,1 dB	15 dB	25 dB

Tabelle 4-4   Planungswerte der Regendämpfung a_R

4.4.2   Rauschleistung, Rauschtemperatur und Güte G_E/T'

Man kann *künstlich* erzeugtes von *natürlichem* Rauschen unterscheiden. Das künstliche Rauschen (*man maid noise*) entsteht hauptsächlich durch elektrische Einrichtungen wie Motoren mit Kommutator, Zündkerzen, Schalteinrichtungen, etc. Diese Vorgänge erzeugen Rauschspannungen, denen häufig impulsartige periodische Vorgänge überlagert sind. Künstliches Rauschen kann oft am Entstehungsort direkt beseitigt werden.

Das natürliche Rauschen hat seine Entstehungsursache in der kosmischen Strahlung sowie in atmosphärischen Störungen. Kosmisches Rauschen kommt praktisch aus allen Richtungen von den Sternen der Galaxis zu uns. Insbesonder senden Radiosterne wie z.B. *Cassiopeia* regelmäßige und definierte Rauschanteile aus. Daher werden Antennen von Erdefunkstellen nicht auf solche Sterne ausgerichtet.

Das atmospärische Rauschen steigt ab etwa 10 GHz an. Es liefert bei 22 GHz erhöhte Rauschanteile durch Streustrahlung an Wasserdampfmolekülen und bei 60 GHz ebenfalls erhöhte Rauschanteile durch Absorptionsvorgänge bei Sauerstoffmolekülen. Bild 3-1 zeigt qualitativ den Verlauf der natürlichen Rauschbeiträge. Zwischen den Frequenzen 1 GHz und 10 GHz existiert das Mikrowellenfenster, in dem die bisher genannten Rauschanteile den geringsten Betrag aufweisen.

Die unangenehmste Form des natürlichen Rauschens ist das *thermische Rauschen*, welches durch die zufallsbedingte Bewegung von freien Elektronen in Leitern verursacht wird. Die Ladungsträgerbewegung im Leiter hängt von der Temperatur ab. Im Mittel ist der damit zusammenhängende Strom Null. Jedoch ist bei Leerlauf z.B. an den Klemmen eines Widerstandes wegen der zufälligen Veränderungen eine Rauschspannung abgreifbar. Das thermische Rauschen kann nicht eliminiert werden. Da es generell ein sehr breites Frequenzband überdeckt, kann es nicht durch Auswahl eines bestimmten Frequenzbandes reduziert werden. Daher kommt der Berechnung der Rauschleistung beim Entwurf von Kommunikationssystemen eine große Bedeutung zu.

Nach Untersuchungen von *Nyquist* und *Johnson* ist für die thermische Rauschleistung eines ohmschen Widerstandes, der auf der Temperatur T liegt und innerhalb der Systembandbreite ΔB arbeitet, bei Anpassung des rauschenden Widerstandes an einen gleich großen Arbeitswiderstand anzusetzen:

$$P_N = k \cdot T \cdot \Delta B \tag{4.5}$$

Es soll nun der rauschende Widerstand an einen Verstärkereingang angeschlossen werden. Der Verstärker hat die Leistungsverstärkung G. Eine Messung ergibt, daß am Verstärkerausgang nicht nur die verstärkte Rauschleistung $G \cdot P_N$ vorliegt, sondern noch eine zusätzliche Rauschleistung $G \cdot P_G$. Dabei ist P_G die Eigenrauschleistung des Verstärkers an seinem Eingang. Diese Rauschleistung hängt von der Rauschtemperatur des Empfängers, der Zuleitung, der Antenne und von atmosphärischen Gegebenheiten, wie z.B. Regenwolken, ab.

Wenn man Gleichung (4.5) nach der Temperatur auflöst, kann man mit dem Konzept der Rauschtemperatur arbeiten. Man ordnet einer Rauschquelle eine fiktive Temperatur zu, die nichts mit der physikalischen Temperatur zu tun hat. Eine Antenne, die aus verschiedenen Richtungen Rauschleistung empfängt, hat dann die Rauschtemperatur T_A, wenn sie die Rauschleistung P innerhalb der Bandbreite ΔB empfängt. Der Wert der Rauschtemperatur hängt von der Richtung ab, in die die Hauptstrahlrichtung zeigt, und von der Art des Richtdiagrammes der Antenne. Galaktisches Rauschen, Sonnenrauschen etc. tragen insgesamt zur fiktiven Rauschtemperatur des Himmels bei.

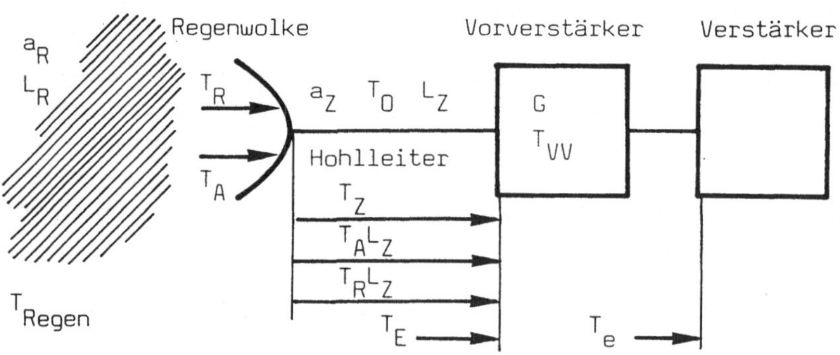

Bild 4-7   System-Rauschtemperatur T_S

Ein Kommunikationssystem Satellit-Erdefunkstelle hat insgesamt eine System-Rauschtemperatur T_S, deren logarithmischer Wert hier als T' bezeichnet wird.

$$T' \quad = \quad 10 \cdot \lg T_S \quad dB \tag{4.6}$$

Diese System-Rauschtemperatur T_S setzt sich aus verschiedenen Anteilen zusammen, die addiert werden. Die Einzelanteile sind die Rauschtemperaturen der Antenne T_A, der Antennenzuleitung T_Z, des Vorverstärkers T_{VV} und die von etwa vorhandenen Regenwolken T_R. Dabei wird die Rauschtemperatur des Empfängers entscheidend von dem eingesetzten Vorverstärkertyp bestimmt.

$$T_S \quad = \quad T_A \cdot L_Z \; + \; T_Z \; + \; T_R \cdot L_Z \; + \; T_{VV} \; + \; T_E \tag{4.7}$$

Die Rauschtemperatur T_A der Antenne hängt zunächst davon ab, ob es eine Antenne auf dem Boden oder auf dem Satelliten ist. Im ersten Fall "sieht" die Antenne einer Erdefunkstelle den Himmel mit seiner Rauschtemperatur, im zweiten Fall "sieht" die Satellitenantenne die Erde. Die Rauschtemperatur einer Satellitenantenne beträgt ca. 300 K. Die Rauschtemperaturen von Erdefunkstellenantennen sind in Tabelle 4-5 für einige Frequenzen und Reflektordurchmesser angegeben. Dabei wird ein Elevationswinkel der Antenne von 25° angenommen.

Durchmesser des	Rauschtemperatur (K)		
Hauptreflektors (m)	4 GHz	11/12 GHz	20 GHz
0,8	–	50	–
2	–	30	–
3,5	–	25	30
4,5	–	25	30
9,5	–	25	–
10	–	–	30
18,3	–	20	–
32	18	–	–

Tabelle 4-5   Rauschtemperaturen von Erdefunkstellenantennen

Der Antenne kann ein Hohlleiter nachgeschaltet sein. Dieser Hohlleiter besitzt eine Dämpfung a_Z. Die Dämpfung a_Z wird in den Verlustfaktor L_Z umgerechnet.

$$L_Z = 10^{-a_Z/10} \qquad (4.8)$$

Über die Bezugstemperatur $T_O = 290$ K erhält man die Rauschtemperatur T_Z der Antennenzuleitung.

$$T_Z = T_O \cdot (1 - L_Z) \qquad (4.9)$$

Die Rauschtemperatur der Antenne T_A muß mit dem Verlustfaktor der Zuleitung multipliziert werden. Dies gilt ebenso für die Rauschtemperatur einer Regenwolke, die einen zusätzlichen Rauschbeitrag bei schlechtem Wetter liefert.

Die Rauschtemperaturen der Vorverstärker sind Herstellerangaben entnommen. Dabei muß man zwischen Vorverstärkern in den Erdefunkstellen und denen in Satelliten unterscheiden.

Art des Verstärkers	Temperatur T_{VV} (K)		
	4 GHz	11/12 GHz	20 GHz
gekühlter parametrischer Verstärker	20	–	100
ungekühlter parametrischer Verstärker	50	150	–
Transistorverstärker	150	290	–
Mischer	–	1400	–

Tabelle 4-6   Rauschtemperaturen von Vorverstärkern bei Erdefunkstellen

Art des Verstärkers	Temperatur T_{VV} (K)			
	6 GHZ	14 GHz	18 GHz	30 GHz
Tunneldiodenverstärker	700	950	–	–
ungekühlter parametrischer Verstärker	–	550	–	400
Transistorverstärker	870	–	1780	–

Tabelle 4-7   Rauschtemperaturen von Vorverstärkern in Satelliten

Man sieht, daß die Rauschtemperaturen der Satellitenvorverstärker deutlich über denen der Erdefunkstellen liegen.

Da der rauscharme Vorverstärker eine hohe Verstärkung bei niedrigem Eigenrauschen besitzt, wird der Rauschbeitrag T_e der nachfolgenden Verstärkerstufen dadurch unwirksam gemacht, daß diese Rauschtemperatur der folgenden Stufen durch die Verstärkung des Vorverstärkers dividiert wird.

$$T_E = T_e / G \qquad\qquad\qquad (4.10)$$

Schließlich ist noch der Rauschbeitrag einer Regenwolke zu ermitteln, der bei schlechtem Wetter in die Systemrauschtemperatur aufgenommen werden muß.

$$T_R = T_{Regen}(1 - L_R) \qquad\qquad (4.11)$$

Die Temperatur einer Regenwolke wird mit T_{Regen} eingesetzt (290 K). Der Verlustfaktor L_R berücksichtigt die Durchgangsdämpfung a_R der Radiowellen durch die Regenwolke.

$$L_R = 10^{-a_R/10} \qquad\qquad (4.12)$$

Damit sind alle Anteile der System-Rauschtemperatur T_S bekannt. Aus den beiden Anteilen Gewinn G_E der Empfangsantenne und logarithmischer Wert der Systemrauschtemperatur T_S wird die *Güte* G_E/T' bestimmt.

Satellitensystem	G_E/T' (dB 1/K)	LD (dB W/m^2)	EIRP (dBW)	ΔB (MHz)
Intelsat V				
global 6/4 GHz	− 18,6	− 74	23,5	36
Europa 14/11 GHz	9	− 84	44,4	72/240
ECS				
Europa 14/11 GHz	− 2,6	− 79	37,4	72
Westl. Spot-Beam	− 2,6	− 79	45,5	72
Östl. Spot-Beam	− 2,6	− 79	39,5	72
TV-Sat				
BRD 18/12 GHz	11,7	− 78,5	65,5	27
DFS				
BRD 14/11 GHz	8,9	− 81,5	49	90
BRD 14/12 GHz	8,9	− 81,5	49	40
BRD 20/30 GHz	7,7	− 80	48	90

Tabelle 4-8   Eigenschaften von Fernmeldesatelliten

In Tabelle 4-8 sind die *Güte* G_E/T', die *Leistungsflußdichte* LD, die *äquivalente Strahlungsleistung* EIRP und die *Bandbreite* ΔB aufgeführt. Alle diese Angaben betreffen einige der zur Zeit im Orbit befindlichen Fernmeldesatelliten.

Abschließend sollen die Daten von einigen Erdefunkstellen für den Empfangs- und/oder den Sendeteil angegeben werden.

f (GHz)	T_S/T' (K/dBK)	G_E/T' (dB 1/K)	P_S/p_S (W/dBW)	EIRP (dBW)
6/4	85/19,3	42	500/27	86,5
11	340/25,3	25,3	–	–
12	1500/31,8	6,6	–	–
12	340/25,3	20,5	–	–
14/11	340/25,3	33,1	300/24,8	84
			100/20	79,2
18	–	–	500/27	85,5
20/30	–	–	700/28,5	92,5
20/30	182/22,6	37,6	–	–
20/30	251/24	31	300/24,8	80,8

Tabelle 4-9   Eigenschaften von Erdefunkstellen

Die Angaben sind nach der Frequenz f geordnet. Die Tabelle enthält die *System-Rauschtemperatur* T_S in der Einheit *Kelvin*, bzw. in der Scheineinheit dBK. Die *Güte* G_E/T' bewegt sich im Rahmen dieser Tabelle zwischen 20,5 dB 1/K und 42 dB 1/K. Im ersteren Fall liegt ein Antennendurchmesser von 2 m, im zweiten Fall ein solcher von 42 m vor. Die Absolutangabe der *Ausgangsleistung* zeigt, daß sich diese Leistungen zwischen 100 W und 700 W bewegen. Die *äquivalente Strahlungsleistung* EIRP wird je Träger eingesetzt.

In Gleichung (4.3) sind noch die logarithmischen Werte der Boltzmann-Konstanten k und der Bandbreite ΔB des Satellitentransponders zu berücksichtigen.

K'   Logarithmus der Boltzmann-Konstanten $k = 1{,}38 \cdot 10^{-23}$ Ws/K

$$K' = 10 \cdot \lg k \quad \text{dBW 1/K} \tag{4.13}$$

B'   Logarithmus der Bandbreite des Satellitentransponders

$$B' = 10 \cdot \lg \Delta B \quad dB \tag{4.14}$$

4.4.3   Eigenschaften der Frequenzmodulation für die Fernsehübertragung

Das Verhältnis C/N kann für die Aufwärtsstrecke ("up") und für die Abwärtsstrecke ("down") berechnet werden. Für den Fall der Dualpolarisation kommt
noch ein Beitrag C/I zu den Träger-Rauschleistungsverhältnissen dazu. Es gilt
die folgende Summe, bei der die C/N-Verhältnisse als lineare Werte einzusetzen sind:

$$(C/N)^{-1} = (C/N)^{-1}_{up} + (C/N)^{-1}_{down} + (C/I)^{-1} \tag{4.15}$$

Mit Gleichung (4.15) wird entweder der Anteil des Träger-Störleistungsverhält-
nisses für die Aufwärtsstrecke berechnet oder das für die Abwärtsstrecke.

Woher erhält man aber das Verhältnis C/N? Hier stellt die Theorie zwei Gleichungen bereit, die einmal den Zusammenhang zwischen dem radiofrequenten
und dem niederfrequenten Störabstand festlegen, und zum anderen näherungsweise die erforderliche radiofrequente Bandbreite zu ermitteln gestatten. Dabei
gelten diese Gleichungen für die Übertragung von Fernsehsignalen mit
Frequenzmodulation, da einsatzreife digitale Übertragungsverfahren für Fernsehsignale noch nicht vorhanden sind.

$$\left(C/N\right)_{FM} = \left(S/N\right)_{NF} - 1{,}76 \ dB - 10\lg\left(\Delta B_{RF}/f_m\right) - 20 \ \lg\left(\Delta f/f_m\right) - W - P \tag{4.16}$$

Die Terme in Gleichung (4.16) haben im einzelnen folgende Bedeutung:

$(S/N)_{NF}$ Leistungsverhältnis nach dem Demodulator. Die Leistung der Leucht-
dichte wird zur unbewerteten effektiven Rauschleistung ins Verhältnis
gesetzt. Dies gilt innerhalb der Videobandbreite.

$(C/N)_{RF}$ Leistungsverhältnis am Modulatoreingang. Die Leistung des radiofrequenten Signals wird zur effektiven Rauschleistung ins Verhältnis
gesetzt. Dies Verhältnis gilt innerhalb der Radiobandbreite.

Δf Frequenzhub eines Sinussignals von 1 V_{SS} und einer Frequenz, die
dem Nulldurchgang der Preemphase entspricht.

f_m maximale Frequenz des Videosignals

ΔB_{RF} radiofrequente Bandbreite

W, P Verbesserungsfaktoren durch das Bewertungsfilter (W) und die
Preemphase. Es gelten nach dem CCIR-Bericht 637 die Werte
W = 11,2 dB und P = 2 dB.

1,76 dB   Faktor 3/2 logarithmisch

Die zweite Gleichung ist in der Literatur als die Regel nach *Carson* bekannt.

$$\Delta B_{RF} = 2 \cdot (\Delta f + f_m) \tag{4.17}$$

Beide Gesetze hängen miteinander zusammen. Wenn man bei nicht ausreichen-
der Trägerleistung C doch noch den notwendigen niederfrequenten Störabstand
S/N_{NF} einhalten möchte, dann kann das mittels der Vergrößerung des Fre-
quenzhubes Δf erreicht werden. Dies bedeutet aber nach der Regel von *Carson*
eine Vergrößerung der Bandbreite.

Bei Satellitensystemen wird von dieser Eigenschaft der Frequenzmodulation Ge-
brauch gemacht. Man setzt größeren Frequenzhub ein und benötigt daher mehr
Bandbreite als dies z.B. bei erdgebundenen Richtfunksystemen der Fall ist.

Bei der Berechnung von Funkverbindungen über Satelliten ist tabellarisch ein
Wert angegeben, der in der Literatur als *Leistungsflußdichte* bezeichnet ist. Als
Leistungsflußdichte bezeichnet man die Leistung am Ausgang einer als verlustlos gedachten Antenne, die genau 1 m^2 wirksame Fläche aufweist. Nach Gleichung (3.13) kann dann der Gewinn einer solchen Antenne berechnet werden.

$$G \;=\; 10 \,\lg A_w / A_{wk} \;=\; 10 \,\lg 4\pi/\lambda \quad dB \qquad\qquad (4.18)$$

Da die Wirkfläche zu 1 m^2 eingesetzt wird, muß die Wellenlänge λ in Meter umgerechnet werden. Die an der Antenne ankommende Leistungsdichte ist als *Strahlungsdichte S* in Gleichung (3.7) definiert worden. Die Strahlungsdichte S multipliziert mit der Wirkfläche A_w ergibt die von der Antenne aufgenommene Leistung P_e. Diese Leistung, bezogen auf 1 m^2 und umgerechnet in logarithmische Form, stellt die Eingangsleistungsflußdichte LD dar.

Von dem Wert der Leistungsflußdichte in dB wird der Antennengewinn in dB subtrahiert. Dann erhält man die *vor* der Satellitenantenne anstehende Strahlungsleistung in dB. Wenn zu der Strahlungsleistung die Übertragungsdämpfung a_{up} addiert wird, dann kann direkt die EIRP der Erdefunkstelle bestimmt werden. In dem folgenden Diagramm sind diese Verhältnisse veranschaulicht.

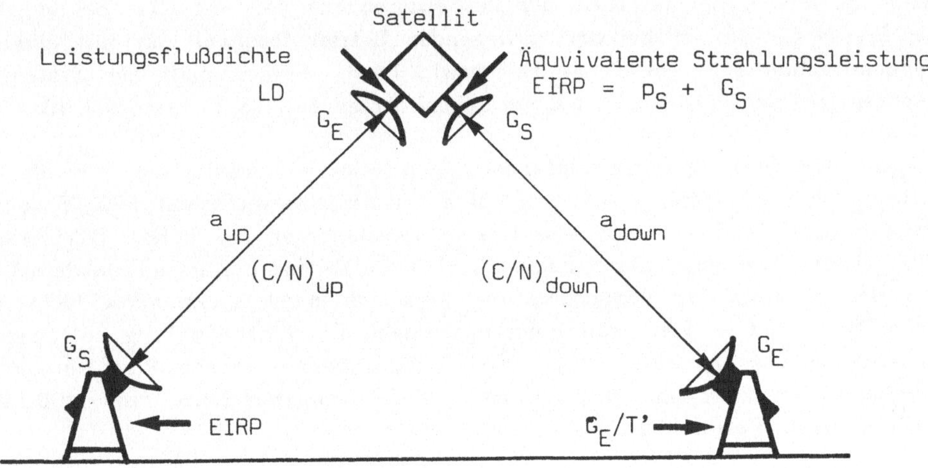

Bild 4-8   Schema einer Satellitenverbindung

Die Leistungsflußdichte bestimmt die äquivalente Strahlungsleistung der Erdefunkstelle. Wenn diese Strahlungsleistung bekannt ist, dann müssen das G_E/T'-Verhältnis des Satelliten und die logarithmische Bandbreite B' in die Gleichung (4.3) eingesetzt werden. Dann kann das Verhältnis $(C/N)_{up}$ berechnet werden. Die dazu notwendigen Werte sind Herstellerangaben entnommen. Damit ist die *Aufwärtsstrecke* Erde-Satellit in den wesentlichen Punkten berechenbar.

Um die *Abwärtsstrecke* Satellit-Erde berechnen zu können, muß die äquivalente Strahlungsleistung des Satelliten bekannt sein. Sollte sich die Leistung eines Transponders in z.B. zwei Träger aufteilen, dann sind 3 dB abzuziehen. Die Wanderfeldröhren im Satelliten haben ein nichtlineares Sättigungsverhalten. Dann treten bei zwei Trägern Differenztöne auf, die z.B. 1,5 dB der Transponderleistung beanspruchen. Diese 1,5 dB müssen ebenfalls von der EIRP des Satelliten abgezogen werden. Die Leistung legt das notwendige G_E/T' - Verhältnis der Erdefunkstelle fest. In Tabelle 4-8 sind die erforderlichen Angaben zu finden.

Aus Gleichung (4.15) wird das Träger-Störleistungsverhältnis für die Abwärtsstrecke $(C/N)_{down}$ bestimmt. Der Wert der Streckendämpfung ergibt sich aus Gleichung (4.4). Mit diesen Daten kann dann mittels Gleichung (4.3) die Güte G_E/T' der Erdefunkstelle berechnet werden.

Es kann der Fall auftreten, daß die Güte der Erdefunkstelle bei kleinen Satellitenleistungen erheblich sein muß, z.B. beim Satellitensystem Intelsat bei globaler Ausleuchtung. Dann muß die Antenne der Erdefunkstelle einen großen Gewinn aufweisen, der im Falle der Betriebsfrequenz von 6/4 GHz bei 61 dB liegt. Dieser Gewinn ist bei der vorliegenden Betriebsfrequenz nur mit einem Antennendurchmesser von 32 m zu verwirklichen. Ferner muß die System-Rauschtemperatur niedrig sein, z.B. im geschilderten Fall 85 K, also 19,3 dB.

Im Falle des Fernseh-Einzelempfangs liegen andere Verhältnisse vor. Beim Satelliten *TV-Sat* beispielsweise wird auf der Aufwärtsstrecke mit 500 W Sendeleistung und Sendeantennen von 13,5 m Durchmesser ein hoher Wert von $(C/N)_{up}$ = 41 dB erzeugt. Dann kann das C/N-Verhältnis der gesamten Strecke durch den Einfluß der Regendämpfung praktisch nicht mehr verschlechtert werden. Der G_E/T' - Wert von Empfangsanlagen für Einzelempfang soll nach internationaler Vorgabe einen Wert von 6 dB/K haben. Dieser Wert ist mit Parabolantennen von 1 m Durchmesser und Eingangsmischern mit 1400 K Rauschtemperatur erreichbar.

4.4.4   Digitale Modulationsverfahren

Zur Zeit wird bei dem Übertragungsverfahren D2-MAC (*Tonübertragung digital;
MAC = Multiplexed Analogue Components*) zwar das Fernsehbild noch analog,
der Ton aber bereits digital übertragen. Es ist absehbar, daß eine Normung
auch für die digitale Fernsehbildübertragung stattfinden wird, der sich viele
Länder anschließen werden.

Die digitalen Modulationsverfahren modulieren Amplitude, Frequenz oder
Phasenlage des hochfrequenten Trägers digital durch das Basisbandsignal.
Entsprechend unterscheidet man voneinander die folgenden Verfahren, die auch
kombiniert eingesetzt werden können:

- digitale Amplitudenmodulation; (*Amplitude Shift Keying ASK*)
- digitale Phasenmodulation; (*Phase Shift Keying PSK*)
- digitale Frequenzmodulation; (*Frequency Shift Keying FSK*)

Wie bei der Frequenzmodulation existiert ein Schwellenwertverhalten. Wenn das
Träger-Rauschleistungsverhältnis einen bestimmten Wert unterschreitet, dann
steigt die Bitfehlerhäufigkeit stark an. Das Verhältnis zwischen dem Träger und
der Rauschleistung wird andersartig berechnet, als dies z.B. für die Frequenzmodulation geschehen ist. Die Beziehung (4.19) ist für Phasenmodulation und
Frequenzmodulation gültig.

$$\left(C/N\right)_{RF} = \left(E_b/N_o\right) + 10\lg\left(BR\right) - 10\lg\left(\triangle B\right) \qquad (4.19)$$

Die einzelnen Terme haben folgende Bedeutung:

$\left(E_b/N_o\right)$ Logarithmisches Verhältnis zwischen Bitenergie und Rauschleistungsdichte. Dieses Verhältnis hängt von der Anzahl der Phasen-
zustände und der gewünschten Bitfehlerrate ab. Bei der digitalen
Frequenzmodulation hat das Verhältnis andere Werte.

BR   Bitrate

$\triangle B$ Bandbreite

BER	QPSK	FSK kohärent	FSK nicht kohärent
10^{-2}	4,323	7,333	8,934
10^{-4}	8,398	11,408	12,313
10^{-6}	10,530	13,540	14,190
10^{-8}	11,972	14,982	15,497
10^{-10}	13,061	16,071	16,500
10^{-12}	13,943	16,944	17,314
10^{-14}	14,664	17,674	17,999

Tabelle 4-10   Verhältnis Bitenergie E_b zur Rauschleistungsdichte N_o

In der Tabelle 4-10 sind für drei Modulationsverfahren die Zahlenwerte E_b/N_o in dB angegeben. QPSK ist die vierstufige Phasenumtastung. Die Bezeichnung *kohärent* weist darauf hin, daß das Empfangssignal an die Trägerphase gebunden ist oder nicht. Im letzteren Fall muß die Phase nicht ständig wieder generiert werden, wie das beim Einsatz im Mobilfunk bei kurzen Unterbrechungen der Fall sein kann.

Für die Zuordnung zwischen Signal-Rauschabstand und Bitfehlerrate gibt es *keine* physikalische Gesetzmäßigkeit, sondern lediglich empirische Werte für verschiedene Signalarten. So ist der Abstand (S/N) = 30 dB beim Funktelefon mit einer Bitfehlerrate von 10^{-3} verknüpft; bei einem Telefongespräch im Ortsnetz hat man eine Bitfehlerrate von 10^{-5} bei 50 dB Störabstand zu erwarten.

4.5 Aufbau eines geostationären Satelliten

4.5.1 Rundfunksatelliten und Fernmeldesatelliten

Der Hauptunterschied zwischen den beiden Satellitenarten bezieht sich auf deren Aufgabe. *Rundfunksatelliten* sind vorrangig für den privaten Direktempfang von Fernseh- und Radioprogrammen bestimmt. Zusätzlich werden ihre Signale über Breitbandkabelsysteme der Bundespost weiterverbreitet. Die äquivalente Strahlungsleistung von Rundfunksatelliten ist so ausgelegt, daß mit privaten Empfangsanlagen, deren Antennendurchmesser sich im Bereich von 55 cm bis 180 cm bewegen, ein guter Empfang von einigen Dutzend Programmen möglich ist. Die englische Bezeichnung für " Rundfunksatellit" ist *Direct Broadcasting Satellite*, abgekürzt als DBS bezeichnet.

Fernmelderechtlich gesehen sind Einzelanlagen allgemein genehmigt, man benötigt für das Betreiben und Errichten keinen Genehmigungsantrag. Gemeinschaftsantennenanlagen müssen nur dann genehmigt werden, wenn sie nicht ausschließlich auf privatem Grund errichtet werden. Für das Betreiben ist jeweils eine Einzelgenehmigung erforderlich.

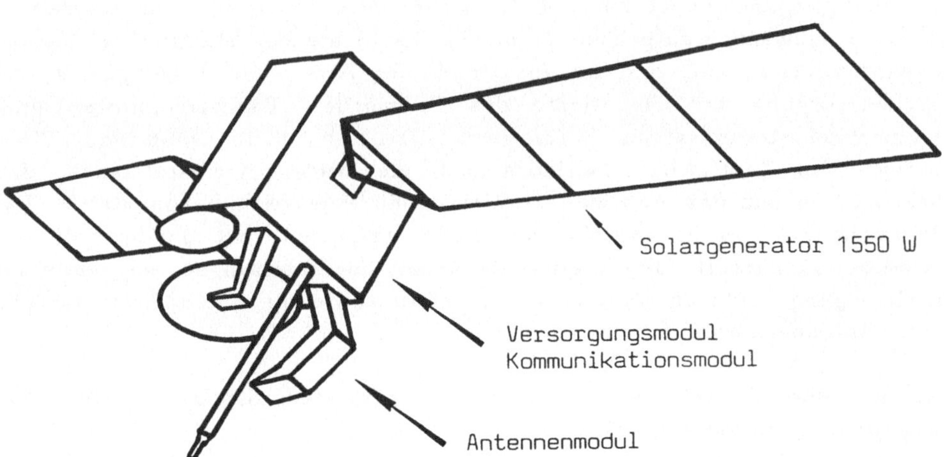

Bild 4-9   Satellit DFS *Kopernikus*

Fernmeldesatelliten haben dagegen die Aufgabe, Programme den Kopfstationen
zuzuführen, von denen aus sie über Breitbandkabel weiterverteilt werden. Für
Fernmeldesatelliten benötigt man für Einzel- wie für Gemeinschaftsantennenanlagen vor dem Errichten eine Einzelgenehmigung. Die zugehörigen
Empfangsantennen haben Durchmesser zwischen 3 m und 30 m und stellen
somit ausgedehnte technische Gebilde dar.

Rundfunk- und Fernmeldesatelliten unterscheiden sich in ihrem Aufbau durch die
Anzahl der Sende- und Empfangskanäle, die die Anzahl der *Transponder* bestimmt.
Ein Transponder ist ein Umsetzer im Satelliten, der das empfangene Signal
verstärkt, in einen anderen Frequenzbereich umsetzt, verstärkt und wieder aus-
sendet. Die Zusammenfassung der einzelnen Transponder zu einer schaltbaren
Matrix stellt den *Repeater* des Satelliten dar.

Ein Satellit ist modular aufgebaut. Die Hauptkomponenten eines Satelliten sollen am Beispiel des Fernmeldesatelliten *Kopernikus* aufgezählt und beschrieben
werden.

Der *Kommunikationsmodul* setzt sich aus dem Repeater-Modul und dem
Antennen-Modul zusammen. Der Antennen-Modul besteht aus einer Plattform,
auf der die Nutzlast-Antennen, die S-Band-Antenne und die Sensoren der Lage-
und Bahnregelung befestigt sind. Der Repeater-Modul beinhaltet eine H-förmige
Struktur, die alle Geräte des Repeaters trägt. Der Kopernikus-Repeater umfaßt
elf aktive und sechs als Redundanz bereitstehende Transponder.

Der *Versorgungsmodul* ist als eine U-förmige Struktur mit einem Zentralrohr
und mit Schubwänden aufgebaut. Er nimmt die Geräte der elektrischen Versor-
gungsuntersysteme auf, d.h. die Elektronik der Bahn- und Lageregelung, der
Energieversorgung und die Geräte des Telemetrie-, Bahnverfolgungs- und
Telekommando-Untersystems (*Telemetry Tracking and Command, TTC*).
Innerhalb des Zentralrohrs befinden sich die beiden Treibstofftanks, drei
Druckgastanks und das Apogäum-Triebwerk mit einem Schub von 400 N. Das
zylindrische Zentralrohr besteht aus einem gewellten, mit Kohlenstoffasern
verstärkten Kunststoff. Dieses Rohr übernimmt die Belastungen, die durch die
Beschleunigung der Trägerrakte auf die untere sowie die obere Plattform und
auf die Antennenplattform verursacht werden.

Jeder der Module wird separat integriert, funktionsgeprüft und anschließend
der Gesamtintegration zugeführt.

4.5.2   Satellitenantennen

Im Kapitel 3.8 sind im Zusammenhang mit der Richtfunk-Übertragungstechnik
eine Anzahl Antennentypen vorgestellt worden, deren Grundformen, wie z.B.
Parabolantennen und deren Abkömmlinge, auch in der Satellitentechnik eingesetzt werden. Im Falle des Satelliten *Kopernikus* werden zur Verbesserung des
Nebenzipfelverhaltens Antennen mit unsymmetrischem Strahlengang verwendet.
Der Primärstrahler und/oder der Subreflektor sind so angeordnet, daß der
Hauptreflektor nicht mehr abgeschirmt wird. Dadurch wird der störende Einfluß des Erregersystems im Strahlungsfeld vermieden. Ein solches Anten-
nensystem stellt die *Gregory-Offset-Antenne* dar.

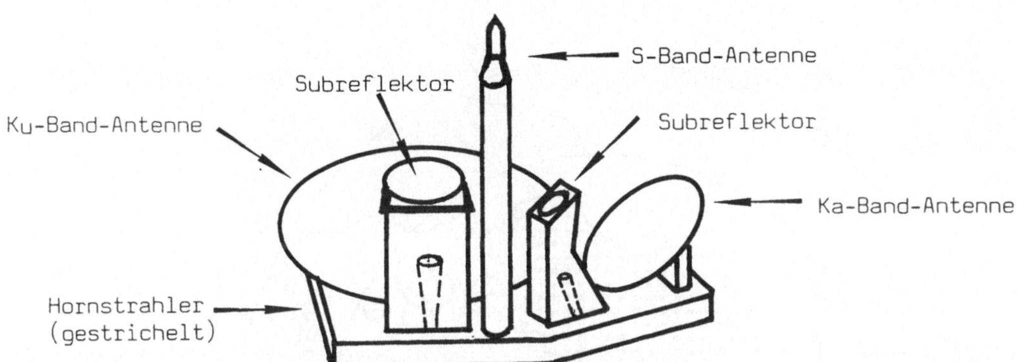

Bild 4-10   Antennensystem mit *Gregory-Offset-Antennen*

Das System besteht aus zwei kombinierten Sende-/Empfangsantennen. Die Ku-
Antenne ist eine breitbandige Doppelreflektor-Offset-Antenne mit paraboli-
schem Hauptreflektor, der eine kreisrunde Apertur besitzt und elliptischem
Subreflektor. Dieser ist auf einen "Turm" montiert, der seinerseits auf der
Antennenplattform befestigt ist. Der Subreflektor erhält seine Erregung durch
ein unterhalb angeordnetes Speisehorn. Die Ku-Antenne wird in zwei orthogonalen Linear-Polarisationen im 11- und 12-GHz-Band zum Senden und im
14-GHz-Band zum Empfangen benutzt.

Die Ka-Band-Antenne ist ähnlich aufgebaut. Sie dient zum Empfang in einer
Linear-Polarisation bei 30 GHz und zum Senden in der dazu orthogonalen
Linear-Polarisation bei 20 GHz. Die Frequenzweiche ist hier   frequenzselektiv.

Bei Offset-Antennen ist die Möglichkeit gegeben, daß nicht nur ein Speisehorn eingesetzt wird, sondern eine ganze Anzahl von Speisehörnern. Damit ist man in der Lage, eine große Anzahl von Antennendiagrammen zu erzeugen, z.B. kann man hemisphärische Bedeckungen oder mehrere Bedeckungszonen erzeugen. Die Ausrichtung der Antennen zur Erde wird während der 10-jährigen Mission des Satelliten *Kopernikus* mit einer Genauigkeit von $\pm$ 0,16° gewährleistet.

Die zusätzlich vorhandene S-Band-Antenne stellt die Nachrichtenübertragung im Verlauf der Transfer- und Driftphasen für die Zwecke der Telemetrie, der Telekommando-, Tracking- und Ranging-Verbindungen her. Im Orbit befindet sich der Satellit in der Betriebsphase. Dann liegen die TTC-Signale im Ku-Band. Der S-Band-Betrieb ist in Notfällen möglich.

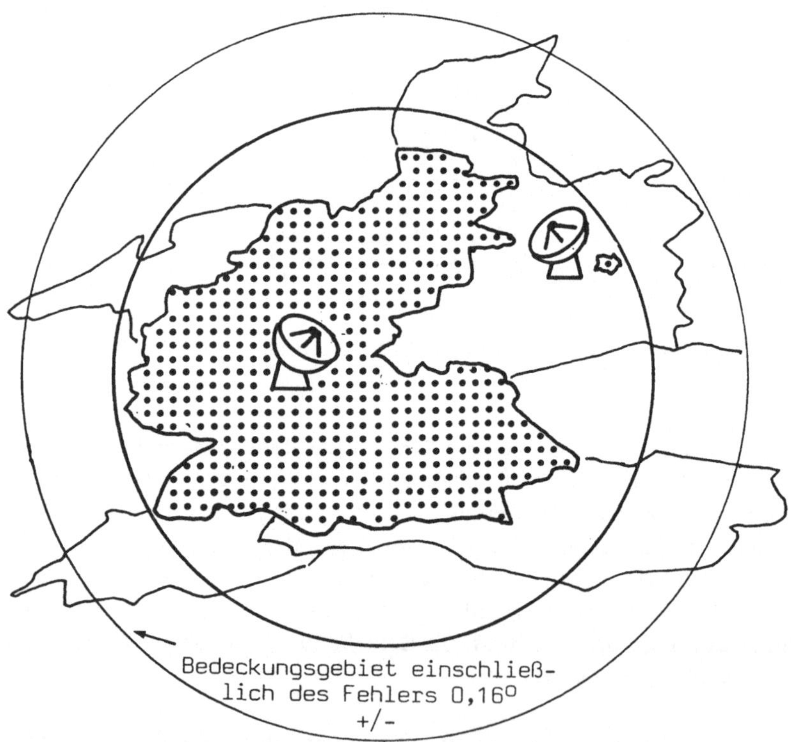

Bild 4-11   **Bedeckungsgebiet des Satelliten *DFS Kopernikus***

4.5.3   Repeater

Die nachrichtentechnische Leistung des Satelliten *Kopernikus* ist bereits im Kapitel 4.1 in einer Kurzübersicht dargestellt worden. In der Tabelle 4-11 ist eine detailliertere Zusammenfassung der Repeater-Daten aufgeführt.

Übertragungskapazität	11 aktive Kanäle
Frequenzen	3 Kanäle je 90 MHz bei 14/11 GHz
	7 Kanäle je 44 MHz bei 14/12 GHz
	1 Kanal mit 90 MHz bei 30/20 GHz
Redundanz	3 aus 5 bei 11 GHz
	7 aus 10 bei 12 GHz
	1 aus 2 bei 20 GHz
Bedeckung	Bundesrepublik Deutschland und West-Berlin
Minimale EIRP am Rand der Bedeckungszone	49,2 dBW (11,45 - 11,7 GHz)
	49,1 dBW (12,50 - 12,75 GHz)
	48,0 dBW (19,25 - 19,35 GHz)
Güte G/T	8,9 dB 1/K (14 GHz-Bereich)
	7,7 dB 1/K (30 GHz-Bereich)
Polarisation	Linear orthogonal

Tabelle 4-11   Nachrichtentechnische Daten

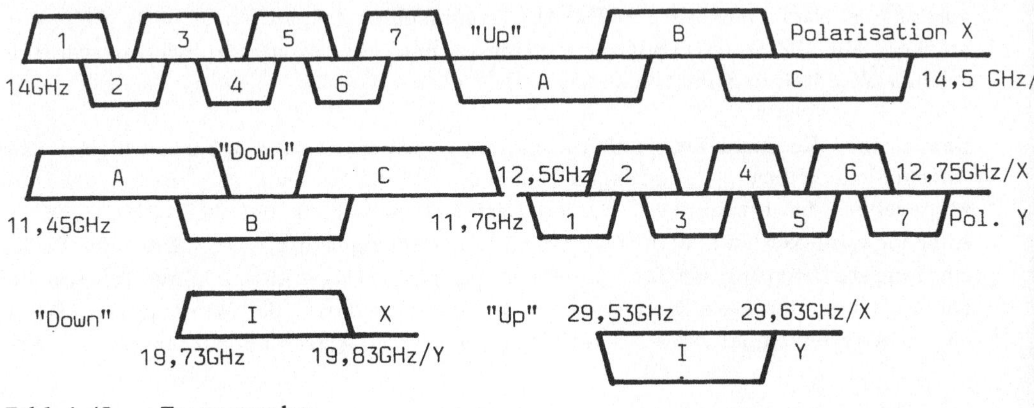

Bild 4-12   Frequenzplan

Der Repeater des Nachrichtensatelliten *Kopernikus* umfaßt insgesamt elf aktive und sechs redundante Transponderkanäle. Seine Aufgabe als *transparenter Repeater* besteht im rauscharmen Empfang, der Frequenzumsetzung sowie der Leistungsverstärkung der Ku- und Ka-Band-Signale. Die Empfangsfrequenzen betragen 14 GHz und 30 GHz, wobei die Übertragung zum Boden Frequenzen bei 11 GHz, 12 GHz und bei 20 GHz benutzt. Nur der 30/20 GHz-Kanal benutzt doppelte Frequenzumsetzung mit einer Zwischenfrequenz im 12 GHz-Bereich.

Der 14/12/11 GHz-Teil des Repeaters empfängt seine Eingangssignale über eine breitbandige Sende-/Empfangsweiche vom Antennensystem. Ein ebenfalls breit-bandiger Empfangszug mit vier Empfangspfaden (2- aus— 4 Redundanz) leitet die beiden linear orthogonalen Empfangssignale in zwei Eingangsmultiplexer, die die Aufgabe haben, die verstärkten Eingangssignale in zehn Einzelkanäle aufzu-teilen. Zusätzlich werden die beiden TC-Frequenzen ausgekoppelt.

Die nachfolgenden Kanalbaugruppen sind ein- und ausgangsseitig mit Redun-danzschalter-Netzwerken zusammengefaßt. Die eine Kanalgruppe für den Bereich von 12 GHz besitzt eine 7-aus-10-Redundanz, während die 11 GHz-Kanäle mit der 3-aus-5-Redundanz versehen sind. Die Redundanzschalter-Netzwerke am Ausgang der Kanalteile führen die sieben 14/12 GHz-Kanäle und die drei 14/11 GHz-Kanäle auf jeweils zwei Ausgangsmultiplexer, die den Polarisationen X und Y für die Senderichtung zugeordnet sind. Alle Ku-Band-Kanäle verwenden Wanderfeldröhrenverstärker mit 20 W Sättigungsleistung.

Der 30/20 GHz-Teil des Repeaters ist etwas andersartig aufgebaut. Er weist eine 1-aus-2-Redundanz in den wesentlichen Baugruppen auf. Das Eingangssig-nal des Repeaters kommt von der 30/20 GHz-Antenne, die für das Senden und den Empfang vorgesehen ist. Im Empfangspfad des transparenten Repeaters ist zunächst ein rauscharmer parametrischer Verstärker für den 30 GHz-Bereich vorhanden. Nach dem 30/12 GHz-Abwärtsumsetzer folgen ein 12 GHz FET-Ver-stärker, ein 12/20 GHz-Aufwärtsumsetzer und ein Wanderfeldröhrenverstärker mit 20 W Sättigungsleistung.

Damit die Ka-Band-Erdefunkstellen ein permanent verfügbares Signal zur Antennennachführung empfangen können, ist ein redundanter Bakengenerator vorgesehen. Er erzeugt ein unmoduliertes Bakensignal bei 19,7 GHz, das im Ausgangsdiplexer mit dem Nutzsignal zusammengeführt wird. Die am Boden empfangene Leistung ist fast konstant, bis auf geringe Abweichung, infolge der Lageregelung des Satelliten und des Durchgangs durch die Atmosphäre. Damit ist ein Referenzsignal zur automatischen Nachführung der Bodenantennen gegeben.

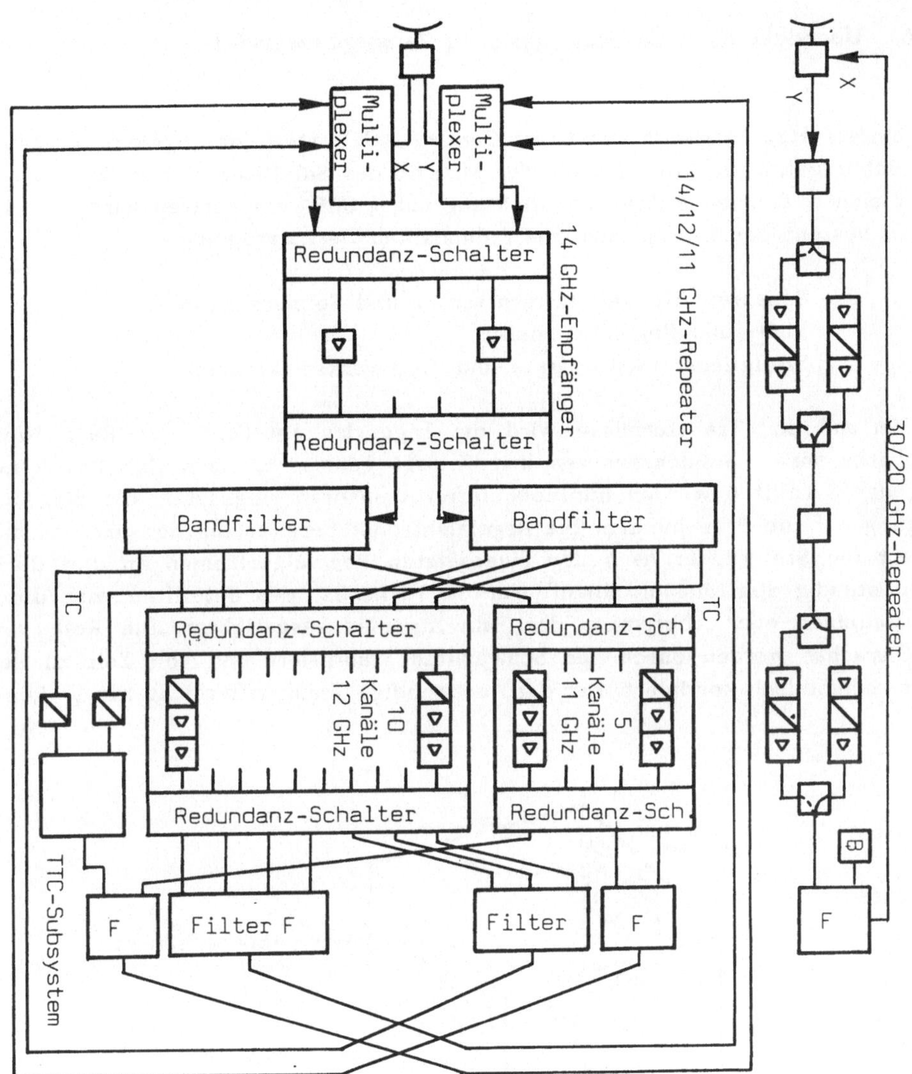

Bild 4-13   Blockschaltbild des Repeaters

Repeater mit *signalverarbeitenden* Transpondern demodulieren das empfangene Signal auf das Basisband, setzen es im Basisbandbereich neu zusammen, modulieren in den Sendefrequenzbereich und strahlen das Signal über die Sendeantennen wieder ab. Wenn das Signal im Basisbandbereich neu zusammengesetzt wird, dann kann im Satelliten z.B. eine Vermittlungsfunktion oder eine andersartige Verarbeitung vorgenommen werden. Ferner ist die günstigste Modulationsart für den entsprechenden Signalweg einsetzbar.

4.5.4   Übersicht über die Baugruppen im Versorgungsmodul

Das Untersystem *Attitude and Orbit Control AOCS* stellt das System zur Lage-
und Bahnregelung in allen Phasen der Mission des Satelliten *Kopernikus* dar. Es
stellt sicher, daß die Antennenausrichtung auf $\pm$ 0,16° eingehalten wird. Im einzelnen besteht das System aus drei redundanten Gerätegruppen:

>   Sensoren (Kreisel, Infrarotsensor und Sonnensensor)
>   Meß- und Regelelektronik
>   Stellglieder (Schwungrad und Triebwerkselektronik)

Im Verlauf der Transferphase wird die Lage des Satelliten im Raum über
Infrarotsensoren, Sonnensensoren und Kreisel gemessen. Nach der Positionie-
rung des Satelliten werden nur noch Infrarotsensoren eingesetzt, die die Ausrichtung auf die Erde melden. Die Regelelektronik bereitet die Sensordaten auf,
steuert die Stellglieder nach den eingesetzten Regelalgorithmen an und überwacht ständig den Missionsablauf. Nur die Nickachse des Satelliten wird durch
Beschleunigen oder Abbremsen des Schwungrades ausgerichtet. Die Roll- und
die Gierachse werden durch das Schwungrad stabilisiert und von Zeit zu Zeit
durch Schubdüsen korrigiert. Der dazu notwendige Treibstoff reicht für 10 Jahre.

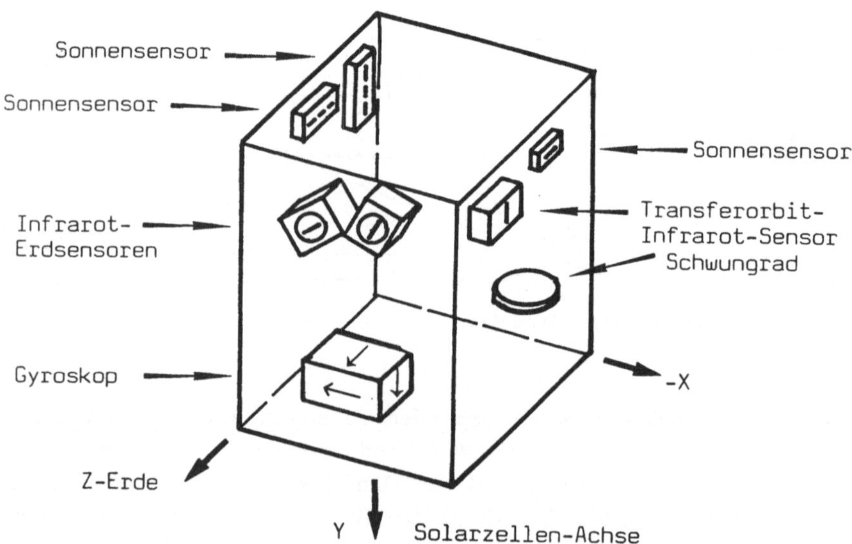

Bild 4-14   Komponenten des AOCS-Systems im Satellitenkörper

Das *Antriebssystem* für den Apogäumseinschuß und die Lage- und Bahnkorrekturen im Verlauf der Mission besteht aus einem 400 N-Triebwerk und 2x7 10 N-Triebwerken. Alle Triebwerke sind wiederzündbar. Die im Verlaufe der Mission verbrauchten 737 kg Treibstoff werden aus zwei elliptischen Tanks gefördert, die mit einem Helium-Druckgassystem unter Druck gehalten werden.

Die *elektrische Leistung* wird in der Sonnenphase von 19 656 Solarzellen bereitgestellt, die auf zwei der Sonne nachführbaren Paneelen angeordnet sind. Über Schleifringe wird die Leistung ins Innere des Satelliten geführt. Die Spannung beträgt 42 V, die Leistung wird am Ende der Mission dieses Satelliten auf 1558 W abgesunken sein. In den Schattenphasen übernehmen zwei Nickel-Cadmium-Batterien die Stromversorgung.

Der Nachrichtenfluß der *Telemetrie- und Telekommando-Einheit* wurde im Kapitel 4.5.2 in Bezug auf die hochfrequenten Signalwege angedeutet. Die Verteilung der von der Erde kommenden Telekommandos an die drei Terminaleinheiten und die Organisation des Telemetriedatenflusses erfolgt über die Zentraleinheit. Die Terminaleinheiten verteilen nach Vorgabe der Zentraleinheit Einzelkommandos, lesen Daten ein und leiten diese an die Zentraleinheit weiter.

Der Satellit besitzt eine *Pyro- und Heizer-Steuereinheit*, die für folgende Aufgaben vorgesehen ist: Die Pyrosteuerung übernimmt das Ausfahren der S-Band-Antenne, die Entfaltung des Solargenerators, das Einschalten der Antriebs- und Lageregelungselektronik und des S-Band-Senders. Ferner dient es zum Belüften, Armieren, Zünden und Sichern der Pyro-Ventile des Antriebssystems.

Die Heizersteuerung schaltet die Heizer zur Steuerung des Wärmehaushaltes zum Teil automatisch, zum Teil auf Telekommandos hin ein und aus. Dazu geben die über den Satelliten verteilten Temperatursensoren ihre Informationen nach automatischer Aufbereitung an das TTC-System weiter. Der Temperaturpegel im Inneren des Satelliten wird durch Kontrollradiatoren bestimmt, die auf den der Sonne abgewandten Nord-/Südwänden des Satelliten angebracht sind. Geräte mit hoher Verlustleistung sind direkt auf den Nord-/Südwänden des Satelliten montiert, wie z. B. die Leistungsverstärker. Die Temperaturen der Batterien werden mittels Blenden und Heizern in einem Bereich von $- 5^{\circ}$ C bis $+ 15^{\circ}$ C gehalten. Ferner wendet man passive Mittel wie Farbe, Isolationsmatten und Spiegel zur Thermalkontrolle an.

4.6 Erdefunkstellen

Eine der wesentlichen Komponenten eines Nachrichtensatellitensystems ist die Erdefunkstelle. Sie sendet Radiofrequenz-Signale mit hohem Leistungspegel zum Satelliten und empfängt vom Satelliten Signale mit sehr niedrigem Leistungspegel. Man kann die nachrichtentechnische Ausrüstung einer Erdefunkstelle in einzelne Baugruppen unterteilen:

- *Antennensystem* mit Reflektor und Speisesystem sowie Nachführung mit Antrieben und Steuerung montiert auf dem Antennensockel.

- *Empfangssystem* mit rauscharmen Vorverstärkern, Empfangsumsetzern, Demodulatoren und Basisbandeinrichtungen für Fernsprech- und Videosignale.

- *Sendesystem* mit Basisbandeinrichtungen für Fernsprech- und Videosignale, Modulatoren, Sendeumsetzern und Leistungsverstärkern.

Zwei technische Daten sind bei den Erdefunkstellen von überragender Bedeutung: Die *Güte* G_E/T als erste Größe bestimmt die Eingangsempfindlichkeit der gesamten Erdefunkstelle. Die zweite Größe stellt die *äquivalente Strahlungsleistung EIRP* dar, die ein Maß für die in Richtung des Satelliten abgestrahlte radiofrequente Leistung ist. Beide Größen sind in Kapitel 4.4.3 definiert und in Tabelle 4-9 für einige Erdefunkstellen angegeben worden.

Die Erdefunkstelle *Usingen* der Deutschen Bundespost befindet sich im Hochtaunus auf dem Gelände der Übersee-Sendefunkstelle. Kurzwellenantennen unterschiedlicher Bauart verbinden sich hier mit modernsten Satellitenfunkantennen zu einer Weitverkehrs-Funkeinrichtung für den Fernmeldeverkehr mit vielen Ländern der Erde. Die Erdefunkstelle besteht z.Zt. aus 16 Antennenanlagen und den zugehörigen zentralen Einrichtungen.

Die Antennenanlage Usingen 1 ist für den Berlinverkehr über den Satelliten *Kopernikus* umgerüstet worden. In Berlin existiert eine vergleichbare Antennenanlage zur Übertragung von Fernseh-, Fernsprech- und Datensignalen im Bereich von 14/11 GHz, 14/12 GHz und 30/20 GHz. Für das Satellitensystem *Kopernikus* sind ferner 30 Kopfstationen vorgesehen, die zur Einspeisung der Programme BR 3, West 3, ARD 1Plus, PRO 7 und Tele 5 in die Breitband-Kabelnetze dienen. Ferner werden die Programme RTL Plus und SAT 1 an die beiden regionalen Fernsehmodulationsleitungsnetze in Niedersachsen herangeführt.

In freien Zeiten können diese beiden Kanäle für Fernsehreportagen und Programmaustausch benutzt werden. Der Fernsprechverkehr nach Berlin erfährt eine Erweiterung um 960 Kanäle. Ferner werden nach Berlin zwei Fernseh-austauschleitungen in Studioqualität geschaltet. Zwei Kanäle des Satelliten-systems sind für neue digitale Fernmeldedienste vorgesehen. Die Deutsche Bundespost wird ein flächendeckendes digitales Wählnetz mit einer Übertragungs-rate von 64 kBit/s bis 2 MBit/s anbieten. Damit ist die Angebotspalette zwischen dem dienstintegrierenden digitalen Fernmeldenetz ISDN mit einer Übertragungsrate von 64 kBit/s und dem selbstwahlfähigen Vorläufer-Breit-bandnetz in Glasfaser mit 140 MBit/s ergänzt. Der digitale Satellitenrundfunk in CD-Qualität erschließt neue Dimensionen des Hörrundfunks mit derzeit 16 Programmen. Über die Transponder im 30/20 GHz-Bereich werden Über-tragungsversuche abgewickelt und später TV-Reportageleitungen geschaltet.

Bild 4-15   Luftaufnahme der Erdefunkstelle Usingen

Die Antennenanlage Usingen 1 wurde 1978 als erste im 14/11 GHz-Bereich in Betrieb genommen. Der Durchmesser des Hauptreflektors beträgt 18,3 m. Am Scheitel des Reflektors ist eine Gerätekabine angeordnet, die den Zweck hat, die rauscharmen Vorverstärker und die Leistungsverstärker möglichst nahe an das Antennenspeisesystem heranzuführen. Ferner befinden sich in der Kabine die Sendeumsetzer, die Nachführeinrichtung und verschiedene Meßvorrichtungen. Die Empfangs- und Sendegeräte sind über Hohlleiter und Koaxialkabel mit den Empfangszügen und den Modulatoren im Antennensockel verbunden. Die Antenne ist für lineare Polarisation ausgelegt und kann in beiden Polarisationsrichtungen gleichzeitig senden und empfangen.

Für die Frequenzbänder 30 GHz und 20 GHz wurden zwei neue Stationen mit 11-m-*Cassegrain*-Antennen entwickelt, die ebenfalls in Usingen und in Berlin aufgestellt sind. Die 30 kompakten Klein-Stationen haben Antennendurchmesser von 3,5 m, bzw. 4,5 m an den Grenzen des Ausleuchtbereiches. Über diese Kleinstationen kann der Benutzer im Rahmen der "Neuen Dienste" Daten im Bereich von 64 kBit/s bis 2 MBit/s für die geschäftliche Kommunikation übertragen. Die 3,5-m-Antennen arbeiten nach dem *Cassegrain*-Prinzip, die 4,5-m-Antennen sind als *Gregory*-Antennen realisiert.

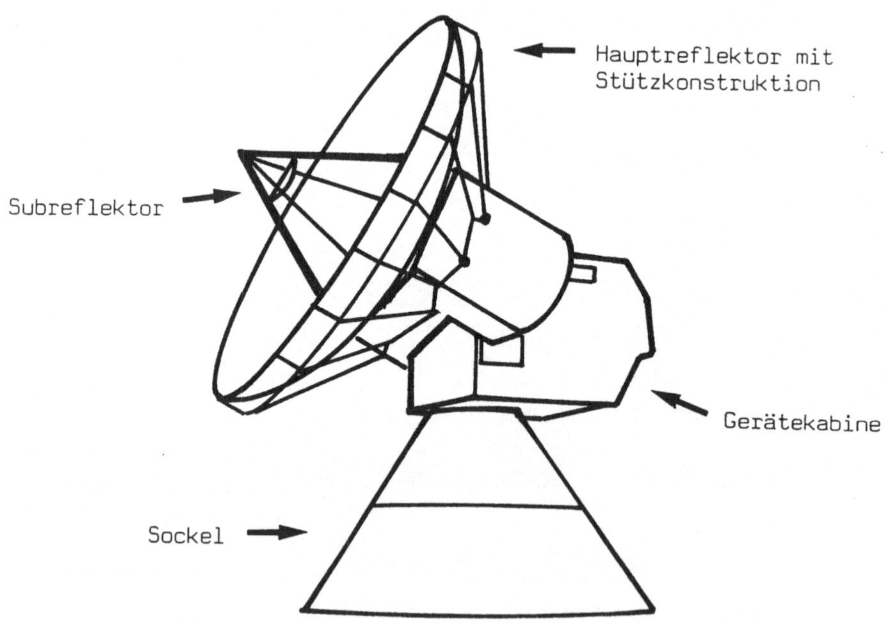

Bild 4-16   Antenne Usingen 1

4.7   Elevations- und Azimutwinkel

Die Antennen der Erdefunkstellen und der Heimempfangsanlagen müssen genau auf die jeweils gewünschten Satelliten ausgerichtet sein. Daher müssen die beiden Winkel ϑ und φ, *Elevationswinkel* und *Azimutwinkel*, berechnet werden. Im folgenden wird nur das Ergebnis von Formelableitungen angegeben. Zunächst werden die einzelnen Größen benannt.

r_E = 6378 km; Erdradius
h = 35801 km; Höhe des Satelliten über der Erdoberfläche
r = $h + r_E$
l = geografische Länge der Erdefunkstelle
b = geografische Breite der Erdefunkstelle
l_S = geografische Länge des Subsatellitenpunktes
b_S = geografische Breite des Satelliten (0° bei geostationären Satelliten)
d = Entfernung Satellit-Erdefunkstelle
x = Zwischengröße
ϑ = Elevationswinkel
φ = Azimutwinkel

Der Azimutwinkel wird, abweichend von den Regeln der Navigation, gegen die *Südrichtung* in mathematisch positivem Sinne angegeben. Die Entfernung Erde-Satellit kann mit der Beziehung (4.20) bestimmt werden.

$$d = \sqrt{ r^2 + r_E^2 + - 2 \cdot r \cdot r_E \cdot \cos(b - b_S) \cdot \cos(l - l_S)} \qquad (4.20)$$

Zur Berechnung des Elevationswinkels ist die Bestimmung einer Hilfsgröße zweckmäßig.

$$\sin x = \sqrt{ 1 - \cos^2(b - b_S) \cdot \cos^2(l - l_S)} \qquad (4.21)$$

Damit ergibt sich für den Elevationswinkel die folgende Beziehung:

$$\vartheta = \arccos \frac{r}{r_E} \sin x \qquad (4.22)$$

Der Azimutwinkel wird nach den Regeln der sphärischen Geometrie mit der nachfolgenden Gleichung angegeben.

$$\varphi = \mathrm{arc\,tg} \; \frac{\mathrm{tg}\,(1 - 1_s)}{\sin(b - b_s)} \qquad\qquad (4.23)$$

4.8 Netzzugriffsystem für "Neue Dienste"

Die schnelle Datenübertragung zwischen zwei Rechnern oder zwischen Terminal und Rechner, Faksimileübertragung, Querverbindungsleitungen zwischen privaten Nebenstellenanlagen, Verbindungen für Festbild- und Bewegtbildübertragung und Videokonferenzen sind als "Neue Dienste" von der Deutschen Bundespost flächendeckend über den Satelliten *Kopernikus* bereitgestellt worden. Für die Teilnehmer ist der kurzfristige Zugang zu einem System mit einer hohen Übertragungsgeschwindigkeit sowie die Möglichkeit des Wählverkehrs bzw. Reservierungsverkehrs bis hin zu festgeschalteten Verbindungen interessant.

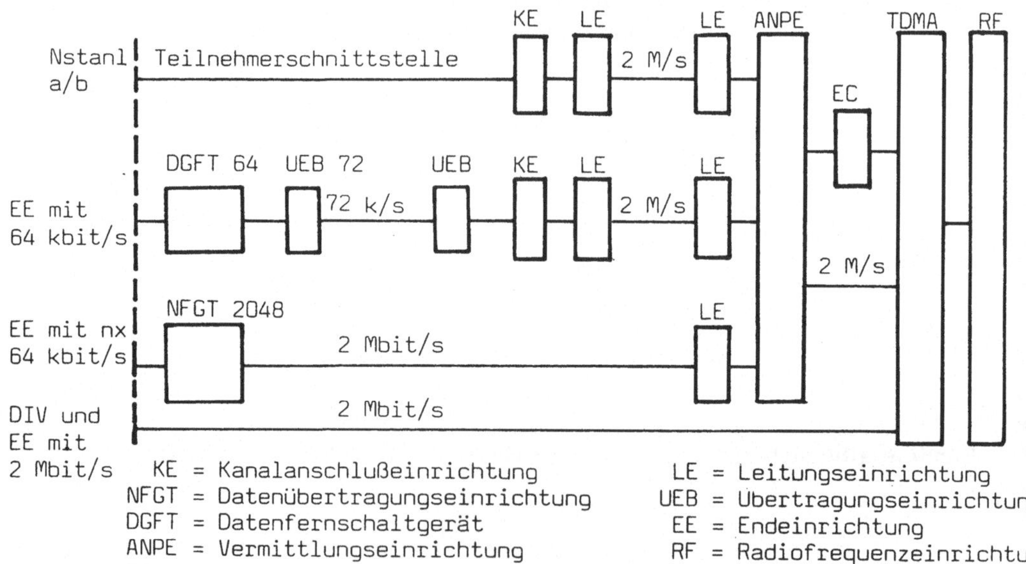

Bild 4-17   Teilnehmerschnittstelle am System "Neue Dienste"

Die folgenden neuen Leistungsmerkmale kommen zu den von terrestrischen Netzen her bekannten Leistungsmerkmalen hinzu: Die Übertragung wird vor *unbefugtem Zugriff* gesichert. Bei Datenverbindungen wird die *Übertragungsgüte* mit Hilfe des FEC-Verfahrens (*Forward Error Correction*) erheblich verbessert, z.B. um 3 Zehnerpotenzen bei Bitfehlerhäufigkeiten von kleiner gleich 10^{-5}. Der *Reservierungsbetrieb* ermöglicht es dem Teilnehmer, im voraus eine Verbindung unter Angabe von Zeitpunkt, Dauer und bestimmten Leistungsmerkmalen zu beantragen. Neben Einzelreservierungen sind auch zyklisch wiederkehrende Reservierungen möglich.

Für die Übertragung zum Satelliten wird ein bedarfsgesteuertes Vielfachzugriffsverfahren im Zeitmultiplex eingesetzt, das DA-TDMA-Verfahren (*Demand Assignment-Time Division Multiple Access*). Dieses Verfahren ordnet jeder Anschlußstation zyklisch einen oder mehrere Zeitschlitze (*Bursts*) zu, in denen die Anschlußstation die Berechtigung zum Senden erhält. Ein Zyklus wird als TDMA-Rahmen bezeichnet, dessen Rahmenlänge 18 ms beträgt.

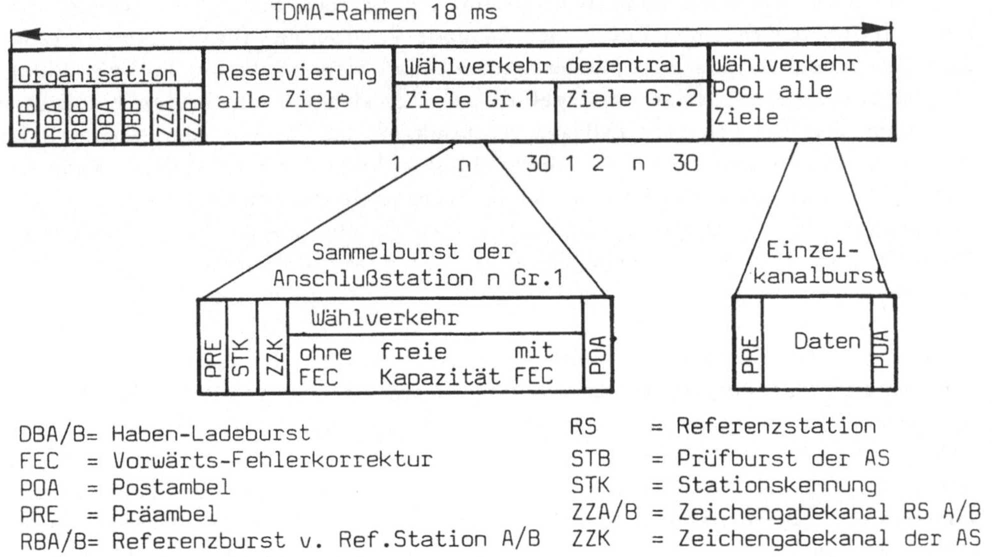

DBA/B= Haben-Ladeburst
FEC   = Vorwärts-Fehlerkorrektur
POA   = Postambel
PRE   = Präambel
RBA/B= Referenzburst v. Ref.Station A/B

RS   = Referenzstation
STB   = Prüfburst der AS
STK   = Stationskennung
ZZA/B = Zeichengabekanal RS A/B
ZZK   = Zeichengabekanal der AS

Bild 4-18   TDMA-Rahmenstruktur für "Neue Dienste"

Für die zentrale Zuteilung dieser Bursts ist die Referenzstation verantwortlich, die den Burst-Sendezeitplan festlegt und die der Anschlußstation die Sendezeitpunkte in einem Zeichengabekanal des TDMA-Rahmens mitteilt. Die Sendezeitpunkte werden laufend an die sich verändernden Satellitenlaufzeiten angepaßt. Auf der Empfangsseite wählen die Anschlußstationen die für sie bestimmten Bursts aus dem TDMA-Rahmen aus. Die Bursts werden bedarfsgerecht zugeteilt, so daß eine effiziente und variable Nutzung der Kapazität erfolgt.

Bei dem Mehrtransponderbetrieb des Deutschen-Fernmeldesatelliten-Systems sendet die TDMA-Station grundsätzlich nur auf einer Frequenz. Die Stationen des Netzes sind auf die benutzten Transponderfrequenzen verteilt. Die Empfangsseite besitzt für jede Transponderfrequenz einen Empfangsumsetzer, aber insgesamt nur einen Demodulator, der zum Empfang der für die Station bestimmten Bursts jeweils auf den richtigen Empfangsweg springt. Durch die Organisation des Burst-Zeitplans ist sichergestellt, daß das immer konfliktfrei möglich ist. Alle Stationen können sich gegenseitig erreichen, es geht keine Rahmenkapazität verloren, keine Station muß auf zwei Frequenzen gleichzeitig empfangen.

Bei jedem Aufbau oder Auslösen einer Wählverbindung wird die Zeitlage und Zahl der TDMA-Bursts verändert. Dies geschieht auch für andere, gerade laufende Rufe. Das Netz kann so insgesamt bis zu zehn Rufe pro Sekunde, eine Einzelstation bis zu einen Ruf in der Sekunde verarbeiten. Die Stationen stehen über Zeichengabekanäle miteinander und mit der Referenzstation in Verbindung. Der Verbindungsaufbau ist im Regelfall so, daß sich nur die beiden beteiligten Stationen über die benutzte Zeitlage verständigen. Ist für eine der beiden, oder für beide Stationen, die im Bündel-Burst global bereitgestellte Kapazität erschöpft, so kann die Station von der Referenzstation Kapazität in einem zentral verwalteten Pool anfordern. Dadurch entsteht ein zweistufiger Belegungs-Algorithmus mit gutem Wirkungsgrad in Bezug auf die verkehrstheoretischen Anforderungen.

In Bild 4-18 ist der TDMA-Rahmen prinzipiell dargestellt. Jeder Rahmen wird von den Referenz-Bursts der beiden Referenzstationen eingeleitet. Danach folgt der Bereich für den Reservierungsverkehr für alle Ziele. Der dezentrale Wählverkehr umfaßt zwei Zielbereichgruppen von 30 Anschlußstationen. Im letzten Abschnitt des TDMA-Rahmens ist für den Wählverkehr aus dem zentral verwalteten Pool vorgesehen. Der Referenz-Burst der führenden Referenzstation stellt den zeitlichen Bezugspunkt für die Synchronisation der Anschlußstationen dar. Die Lage der Bursts wird in Bezug auf den Referenz-Burst auf 500 ns genau gehalten. Wie bei allen Burst-Typen üblich, so wird auch der Referenz-Burst von einer Präambel eingeleitet, die systemtechnische Informationen, wie das eindeutige Beginnwort der Synchronisation, und die Stationskennung enthält. Weitere Informationen dieses Bursts sind ein Zeichengabekanal zum Übertragen von Meldungen von der Referenzstation zu den Anschlußstationen und Systeminformationen wie Sendezeit und Rahmenaufbau. Jeder Bündel-Burst enthält außer der Nutzinformation noch einen Zeichengabekanal zur Übertragung von Meldungen an andere Stationen. Reservierungs- und Einzelkanal-Bursts enthalten keinen Zeichengabekanal.

4.9 Beispiele

4.9.1 Bahngleichung

Grundlage zur Berechnung des Abstandes eines geostationären Synchronsatelliten sind die *Keplerschen Gesetze*, deren erstes hier für die Anwendung der Satelliten umformuliert wiedergegeben wird, und die *Newtonschen Prinzipien*, die als *Gravitationsgesetz* und als das Prinzip von *actio gleich reactio* bekannt sind.

1. Keplersches Gesetz:

Die Satellitenbahnen sind Ellipsen, in deren einem Brennpunkt sich die Erde befindet. In diesem Fall ist die Kreisbahn der angestrebte Sonderfall der Ellipsenbahn, bei der sich die beiden Brennpunkte zum Erdmittelpunkt vereinigen.

Gravitationsgesetz:

Die Anziehungskraft F zwischen zwei Massen ist dem Produkt der Massen direkt und dem Abstandsquadrat der Massenmittelpunkte umgekehrt proportional. Die Proportionalitätskonstante ist die allgemeine Gravitationskonstante.

$$F = \frac{\gamma \cdot M \cdot m}{r^2} \tag{4.24}$$

γ Gravitationskonstante = $6{,}67 \cdot 10^{-8}$ cm^3/gs^2
M   Erdmasse = $5{,}95 \cdot 10^{27}$ g
m   Satellitenmasse; sie entfällt im Verlauf der Rechnung
r   Abstand zwischen den Massenmittelpunkten von Erde und Satellit

Auf den Satelliten wirkt bei seinem Umlauf um die Erde noch die Zentrifugalkraft Z, die nach dem Prinzip von *actio gleich reactio* der Erdanziehung das Gleichgewicht hält.

$$Z = mr\omega^2 \tag{4.25}$$

ω Winkelgeschwindigkeit des Satelliten in Bezug auf die Erde

Bei Annahme ungestörter Verhältnisse auf der Kreisbahn müssen die beiden Kräfte der Massenanziehung und der Zentrifugalkraft von gleichem Betrag, aber von entgegengesetzter Richtung sein.

$$\frac{\gamma Mm}{r^2} = mr\omega^2 \tag{4.26}$$

Man kann die Satellitenmasse m kürzen. Dann läßt sich mit Einsetzen der Winkelgeschwindigkeit ω der Abstand r bestimmen.

Winkelgeschwindigkeit $\qquad \omega = 2\pi/T \tag{4.27}$

T   Dauer eines Umlaufes des Satelliten um die Erde

Abstand der Mittelpunkte $\qquad r = \sqrt[3]{\frac{\gamma MT^2}{4\pi^2}} \tag{4.28}$

Wenn in diese Gleichung (4.28) die angegebenen Werte eingesetzt werden, wobei man für T die Zeitdauer eines mittleren Sonnentages, 24 Stunden, annimmt, dann erhält man für die Entfernung r den Wert 42179 km. Der mittlere Erdradius beträgt r_E = 6378 km. Dieser Wert muß von r abgezogen werden, damit man die Höhe h des Satelliten über der Erdoberfläche erhält.

$$h = r - r_E = 35801 \text{ km} \tag{4.29}$$

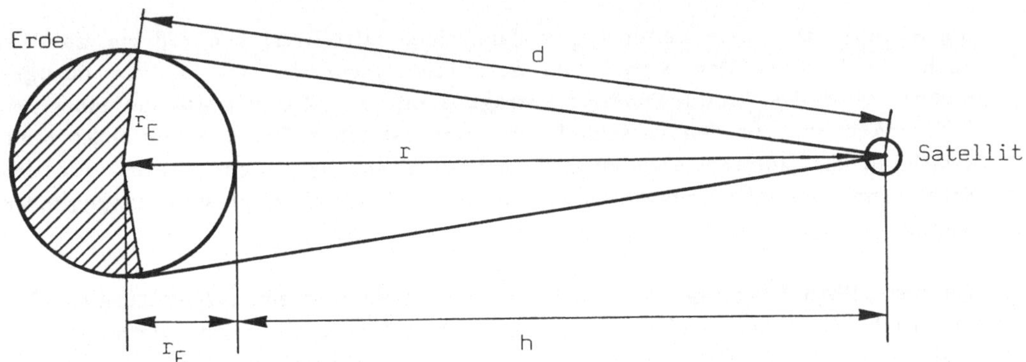

Bild 4-19   Satellitenposition über der Erde

4.9.2 Berechnung der Signallaufzeit

Man berechne die mittlere Signallaufzeit für eine hypothetische Strecke Erde-
Satellit-Erde, wobei der Anfangspunkt auf der Erde tangential bei streifender
"Sicht", und der Endpunkt ein Subsatellitenpunkt sein soll.

Anhand der Zeichnung 4-19 kann man sofort erkennen, daß der Satz des Pytha-
goras die Entfernung d zu berechnen gestattet. Über die Beziehung c = s/t
wird dann durch Umstellung die Zeit bestimmt, wobei für c die Ausbreitungs-
geschwindigkeit des Lichtes eingesetzt wird.

d   Entfernung Erdtangentenschnittpunkt-Satellit

$$d = \sqrt{r^2 - r_E^2} = 41\,690 \text{ km}$$

$$t_1 = d/c = \frac{41690 \cdot 10^3 \text{ m}}{3 \cdot 10^8 \text{ m/s}} = 139 \text{ ms} \qquad (4.30)$$

h   Entfernung Subsatellitenpunkt-Erde

$$t_2 = h/c = \frac{35\,801 \cdot 10^3 \text{ m}}{3 \cdot 10^8 \text{ m/s}} = 119 \text{ ms} \qquad (4.31)$$

Die Summe der beiden Zeiten ergibt dann einen Mittelwert von 258 ms, zu dem
noch die Laufzeit des Signals im Satellitentransponder von 12 ms dazuge-
rechnet wird. Die Gesamtlaufzeit beträgt somit t = 270 ms. Da die einzelnen
Erdefunkstellen auf den verschiedensten geografischen Orten eingerichtet sind,
existieren die unterschiedlichsten Signallaufzeiten. Bei einem Zugriff auf den
Satellitentransponder müssen diese Laufzeiten berücksichtigt und ausgeglichen
werden.

Bei der TDMA-Übertragung sendet jede Erdefunkstelle einen *Burst* (plötzlicher
Ausbruch) nach dem anderen. Alle diese digital verschlüsselten Daten werden
zueinander synchronisiert, damit sich keine Bursts überlagern und dadurch zum
Verlust von Daten führen.

4.9.3   Maximale Kommunikationsentfernung

Eine Aufgabe eines Fernmeldesatelliten besteht darin, Nachrichtenverbindungen über möglichst große Entfernungen herzustellen. In diesem Zusammenhang ist der *Elevationswinkel* ϑ von Interesse. Man denkt sich eine Linie zwischen Erdefunkstelle und Satellit. Der Winkel dieser gedachten Linie mit der Erdoberfläche am Ort der Erdefunkstelle ist der Elevationswinkel ϑ.

Wenn $\vartheta = 0^O$ ist, dann steht der Satellit gerade über dem Horizont. Es liegt auf der Hand, daß ein solcher Elevationswinkel keine praktische Bedeutung hat, da Hindernisse und die Einflüsse der Atmosphäre keine zuverlässige Verbindung gestatten. Der zweite Elevationswinkel von nur theoretischem Interesse ist $\vartheta = 90^O$. In der folgenden Rechnung soll über die Dreiecksberechnung der Zentriwinkel γ bestimmt werden. Er hängt von dem Elevationswinkel ϑ ab. Je größer ϑ ist, desto geringer ist γ, also die geografische Breite.

Alle Erdefunkstellen, deren Antennen den gleichen Elevationswinkel ϑ aufweisen, liegen auf einem Kreis, der durch die Art der karthografischen Darstellung zu einer Ellipse entartet. Zwischen zwei Punkten auf diesem Kreis, die einander diametral gegenüberliegen, besteht die maximale Kommunikationsentfernung, die als Großkreisabschnitt auf der Erdoberfläche aufgefaßt wird. Diese soll nachfolgend berechnet werden.

Aus Bild 4-19 wird das Dreieck d - r_E - r herausgezeichnet. In einem Winkel ϑ zur Erdoberfläche wird eine Verbindungslinie Erdefunkstelle Satellit eingetragen. Die Entfernungen r_E = 6378 km und r = 42179 km sind gegeben. Der Winkel α ist die Summe von ϑ und dem rechten Winkel von 90°.

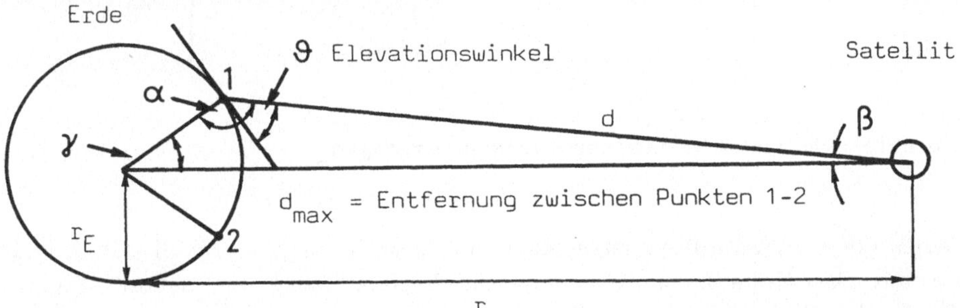

Bild 4-20   Elevationswinkel ϑ und maximale Kommunikationsentfernung.

Der Zentriwinkel γ bestimmt die geografische Breite. Über die Winkelsumme im Dreieck berechnet sich der Winkel zu:

$$\gamma = 180^{\circ} - (\alpha + \beta) \tag{4.32}$$

Der Winkel β muß über bekannte trigonometrische Beziehungen errechnet werden.

$$\sin \beta = (r_E/r) \cdot \sin \alpha \tag{4.33}$$

In Tabelle 4-12 sind für einige Elevationswinkel ϑ die geografischen Breiten und die maximalen Kommunikationsentfernungen d_{max} eingetragen.

$$d_{max} = 2 \pi r_E \ (2 \cdot \gamma/360^{\circ}) \tag{4.34}$$

Elevationswinkel ϑ	Zentriwinkel γ (gerundet)	max. Kommunikations-entfernung d_{max}	A/A_E
0°	81°	18 033 km	46 %
5°	76°	16 920 km	38 %
10°	71°	15 807 km	34 %
15°	67°	14 916 km	30 %
20°	62°	13 803 km	26 %
25°	57°	12 690 km	23 %
30°	52°	11 657 km	19 %

Tabelle 4-12   Maximale Kommunikationsentfernung d_{max}

Man kann die vom Satelliten ausgeleuchtete Oberfläche $A = 2\pi r_E h$ der Kugelkalotte mit der Höhe h in Beziehung zur Erdoberfläche A_E setzen. Da die Oberfläche der Kugelkalotte vom Erhebungswinkel der Antenne abhängt, nimmt das Flächenverhältnis bei steigendem Elevationswinkel ϑ ab.

4.9.4   Systemrauschtemperatur

Es soll die Systemrauschtemperatur T_S einer Empfangsanlage berechnet werden. Dazu müssen die Rauschtemperaturen von Antenne T_A, Zuleitung T_Z, Vorverstärker T_{VV} und Empfänger T_e bekannt sein. Ferner wird für schlechtes Wetter der Rauschbeitrag von Regenwolken T_R berücksichtigt.

Die Rauschtemperatur der Antenne soll T_A = 25 K betragen. Der Hohlleiter wird mit einem Verlust von 0,5 dB eingesetzt. Der rauscharme Vorverstärker hat die Rauschtemperatur T_{VV} = 150 K und eine Verstärkung von G_{VV} = 40 dB. Der Empfänger wird mit der Rauschtemperatur von T_e = 4500 K angegeben. Schließlich wird noch die Dämpfung einer Regenwolke mit a_R = 3 dB angenommen, wobei die Temperatur der Regenwolke T_{Regen} = 285 K beträgt.

$$\text{Verlustfaktor} \qquad L_Z \;=\; 10^{-a_Z/10} \;=\; 10^{-0,05} \;=\; 0,891$$

Die Rauschtemperatur der Antenne am Empfängereingang beträgt dann:

$$L_Z \cdot T_A \;=\; 25 \cdot 0,891 \text{ K} = 22,275 \text{ K}$$

Der Hohlleiter zwischen der Antenne und dem Eingang des Vorverstärkers erzeugt den folgenden Rauschbeitrag, wenn die Temperatur des Hohlleiters zu T_O = 295 K angesetzt wird (4.9):

$$T_Z \;=\; T_O \cdot (1 - L_Z) \;=\; 295 \text{ K } (1 - 0,891) \;=\; 32,15 \text{ K}$$

Die Rauschtemperatur des Vorverstärkers wird durch den Rauschtemperaturbeitrag T_E der folgenden Stufen erhöht. Die Rauschtemperatur der nachgeschalteten Stufen wird durch die Verstärkung des Vorverstärkers dividiert. Es zeigt sich, daß dieser Rauschbeitrag praktisch bedeutungslos ist.

$$T_E \;=\; 4500 \text{ K}/10\,000 = 0,45 \text{ K}$$

Für *schönes* Wetter erhält man die Systemrauschtemperatur T_S nach Gleichung (4.7).

$$T_S = 22{,}275 \text{ K} + 32{,}15 \text{ K} + 150 \text{ K} + 0{,}5 \text{ K} = 204{,}925 \text{ K} \approx 205 \text{ K}$$

Für den Fall von *Regenwetter* muß das von der Regenwolke erzeugte Rauschen berechnet werden. Die Temperatur der Regenwolke war mit 285 K angegeben. Nach Gleichung (4.11) erhält man die Rauschtemperatur der Regenwolke.

$$T_R = 285 \text{ K} (1 - 0{,}501) = 142{,}2 \text{ K} \approx 142 \text{ K}$$

Infolge der Zuleitungsverluste L_Z kommt am Eingang des Vorverstärkers der Beitrag $T_R \cdot L_Z$ zur Wirkung.

$$T_R \cdot L_Z = 142 \text{ K} \cdot 0{,}891 = 126{,}5 \text{ K}$$

Dieser Wert muß zu der Systemrauschtemperatur für schönes Wetter addiert werden.

$$T_S = 205 \text{ K} + 126{,}5 \text{ K} = 331{,}5 \text{ K}$$

4.9.5 Berechnung des Gütefaktors einer Empfangsanlage

Der Gütefaktor G_E/T' (oft nur als G/T bezeichnet) setzt den Gewinn der Empfangsantenne zur Systemrauschtemperatur ins Verhältnis (4.1, 4.3). Für den Antennengewinn wird der Wert von $G_E = 49{,}8$ dB eingesetzt (3,5 m/11GHz) Nach Formel (4.6) erhält man die Rauschtemperatur T' in logarithmischer Darstellung.

Gutes Wetter: $T' = 10 \cdot \lg 205 \text{ K} = 23{,}1 \text{ dB K}$

Schlechtes Wetter: $T' = 10 \cdot \lg 331{,}5 \text{ K} = 25{,}2 \text{ dB K}$

Mit diesen Werten können die Gütefaktoren für gutes und schlechtes Wetter ermittelt werden.

Gutes Wetter $\quad\quad G_E/T'\quad = \quad 49,8\ dB\quad -\quad 23,1\ dB\ K\quad =\quad 26,7\quad dB\ 1/K$

Schlechtes Wetter $\quad G_E/T'\quad = \quad 49,8\ dB\quad -\quad 25,2\ dB\ K\quad =\quad 24,6\quad dB\ 1/K$

Man kann dieses Verhältnis G/T als Kennwert von Erdefunkstellen und Satelliten berechnen. Die Gütefaktoren der Satelliten liegen deutlich unterhalb dieser Werte, da einerseits die Antennengewinne nicht von dem großen Betrag sind, wie bei Erdefunkstellen, und andererseits die Rauschtemperaturen von Satellitenvorverstärkern deutlich höher liegen (Tab. 4-7). Der Gütefaktor kann dann auch negative Werte annehmen und vermindert in der Gleichung (4.3) das Verhältnis zwischen Träger und Rauschleistung.

4.9.6 Berechnung der äquivalenten Strahlungsleistung und des Gütefaktors

Für das Satellitensystem *Intelsat* sollen die Parameter EIRP und G/T berechnet werden. Die Erde wird global ausgeleuchtet. Vom Satelliten *Intelsat V* sind folgende Daten gegeben:

Satellitentyp	G_E/T (dB 1/K)	LD (dB W/m^2)	EIRP (dB W)	$\triangle$B (MHz)
Intelsat V	– 18,6	– 74	23,5	36

Tabelle 4-13   Einige Eigenschaften des Fernmeldesatelliten *Intelsat V*

Für die Aufwärtsstrecke Erde-Satellit wird die äquivalente Strahlungsleistung EIRP bestimmt. Die Leistungsflußdichte LD legt die Strahlungsleistung der Erdefunkstelle fest. Der Satellit benötigt eine Eingangsflußdichte von – 74 dB W/m^2. Je Träger sind das im Falle des Beispiels – 77 dB W/m^2. Bei der Frequenz der Aufwärtsstrecke von 6 GHz beträgt der Gewinn der Antenne des Satelliten 37 dB/m^2. Da die dem Betrag nach größere Radiofrequenz die größere Freiraumdämpfung aufweist, wird die Aufwärtsstrecke aus Gründen der Leistung mit der höheren Frequenz betrieben.

Die Leistung *vor* der Satellitenantenne ergibt sich als die Differenz der Eingangsflußdichte und des Antennengewinns, jeweils auf den Quadratmeter Fläche bezogen. Dieser Wert beträgt – 77 dB W/m^2 – 37 dB/m^2 = – 114 dB W.

Die Strecke Erde–Satellit hat bei der Sendefrequenz 6 GHz folgende Dämpfung:

$$a_O = 20 \cdot \lg 4\pi d/\lambda \text{ dB} = 20 \cdot \lg 4\pi \; 3{,}6 \cdot 10^7 \text{m}/5 \cdot 10^{-2}\text{m} = 199{,}13 \text{ dB}$$

Dazu wird noch die Dämpfung der Atmosphäre des Antennenstandortes gerechnet, so daß im vorliegenden Fall eine Dämpfung a von 200 dB eingesetzt wird. Die äquivalente Strahlungsleistung ist dann die Summe von der Dämpfung a und der Leistung vor der Antenne des Satelliten: EIRP = – 114 dB W + 200 dB = 86 dB W. Da der um 200 dB gedämpfte Leistungspegel *vor* der Satellitenantenne – 114 dB W beträgt, muß *vor* der Antenne der Erdefunkstelle ein um 200 dB höherer Leistungspegel vorhanden sein.

Das Verhältnis G_E/T' ist zu – 18,6 dB/K angegeben. Der Summand K' errechnet sich nach Gleichung (4.13), der Summand B' bestimmt sich nach Gleichung (4.14).

$$K' = 10 \cdot \lg 1{,}38 \cdot 10^{-23} \text{ Ws/K} = – 228 \text{ dB W/K}$$

$$B' = 10 \cdot \lg 18 \cdot 10^6 \text{ 1/s} = 72{,}5 \text{ dB}$$

Mit diesen Werten kann nach Gleichung (4.3) das Verhältnis zwischen Träger und Rauschleistung bestimmt werden.

$$\left(C/N \right)_{up} = \text{EIRP} - a + G_E/T' - K' - B'$$

$$\left(C/N \right)_{up} = 86 \text{ dB} - 200 \text{ dB} - 18{,}6 \text{ dB} + 228 \text{ dB} - 72{,}5 \text{ dB} = 22{,}9 \text{ dB}$$

Nun muß das Verhältnis (C/N) aus Gleichung (4.15) berechnet werden. Dann kann in der Folge das Verhältnis $\left(C/N \right)_{down}$ bestimmt werden. Dazu ist die Kenntnis von weiteren Übertragungsparametern notwendig, die von *Intelsat* festgelegt sind.

Δf = 15 MHz; f_m = 5 MHz; B_{RF} = 17,5 MHz; $(S/N)_{NF}$ = 49 dB. Die Gleichung (4.16) wird angewendet.

$$(C/N)_{FM} = 49 \text{ dB} - 1{,}76 \text{ dB} - 20\lg(15/5) - 10\lg(17{,}5/5) - 11{,}2 \text{ dB} - 2 \text{ dB}$$

$$(C/N)_{FM} = 19 \text{ dB}$$

Damit kann $(C/N)_{down}$ bestimmt werden. In die folgende Gleichung müssen die linearen Werte für C/N eingesetzt werden. Dann erfolgt Rückkonvertierung.

$$(C/N)_{down}^{-1} = (C/N)^{-1} - (C/N)_{up}^{-1}$$

Linear:
$$(C/N)_{down}^{-1} = 0{,}0125 - 0{,}00513 = 0{,}00746$$

$$(C/N)_{down} = 134{,}05$$

Logarithmisch:
$$(C/N)_{down} = 21{,}3 \text{ dB}$$

Die äquivalente Strahlungsleistung des Satelliten beträgt nach den Angaben von *Intelsat* 23,5 dB. Da die Leistung auf zwei Fernsehträger aufgespalten wird, sind 3 dB abzuziehen. Ferner entstehen in der Wanderfeldröhre des Satelliten infolge von Nichtlinearitäten Differenzfrequenzen, für die nochmals 1,5 dB abgezogen werden müssen, sodaß als EIRP folgende Leistung zur Verfügung steht:

$$\text{EIRP} = 23{,}5 \text{ dB} - 3 \text{ dB} - 1{,}5 \text{ dB I} = 19 \text{ dB W}$$

Die Dämpfung des Funkfeldes einschließlich eines Dämpfungszuschlages beträgt bei 4 GHz a = 196,4 dB. Die Gleichung (4.3) wird nach G_E/T' umgestellt.

$$G_E/T' = (C/N)_{down} - EIRP + a + K' + B'$$

$$= 21,3 \text{ dB} - 19 \text{ dB W} + 196,4 \text{ dB} - 228 \text{ dB W/K} + 72,5 \text{ dB}$$

$$G_E/T' = 43,2 \text{ dB 1/K}$$

Die geringe Strahlungsleistung des eingesetzten Satelliten erfordert hohe Antennengewinne und geringe System-Rauschtemperaturen.

5 Nachrichtenübertragung über Kurzwelle

5.1 Einführung

Heinrich Hertz (1857 - 1894), schrieb an seinen Lehrer *Hermann von Helmholtz* (1821 - 1894) am 5. Dezember 1886:

"Es ist mir nämlich gelungen, sehr sichtbar die Induktionswirkung eines unge-schlossenen Stroms darzustellen, und ich darf hoffen, daß der betretene Weg mit der Zeit die eine oder andere an diese Erscheinung sich knüpfende Frage zu lösen gestatten wird....Es ist mir auch, wie ich glaube, gelungen, in einem einfachen Drahtsystem stehende Schwingungen mit zwei Schwingungsknoten zu erzeugen..." (gekürzt).

Bild 5-1   Heinrich Hertz (1857 -1894), Entdecker der elektromagnetischen Wellen

In seiner Arbeit " *Über Strahlen elektrischer Kraft*" wies *Hertz* nach, daß die von ihm entdeckten elektromagnetischen Wellen durch Parabolspiegel etwa so wie Lichtwellen gebündelt werden können, daß sich die elektromagnetischen Wellen im Raume geradlinig ausbreiten, und daß sie nach den gleichen Gesetzen wie das sichtbare Licht gebrochen und reflektiert werden. Ferner zeigte *Hertz*, daß diese Vorgänge mit Hilfe der *Maxwellschen Theorie* berechnet werden können. Damit war der experimentelle Nachweis der elektromagnetischen Wellen gelungen, die *James Clerk Maxwell* (1831 - 1879) in seiner Arbeit "*Elektromagnetische Theorie des Lichtes*" vorausgesagt hatte.

In den folgenden Jahren experimentierten Physiker und Ingenieure mit der Erzeugung und Übertragung elektromagnetischer Wellen über immer größere Entfernungen. *Guglielmo Marconi* (1874 - 1937) gelang am 12.12.1901 die erste Funkübertragung über den Atlantik. In Poldhu, Cornwall, errichtete er eine Sendestation, die eine Leistung von zwanzig Kilowatt erreichte. Die Sendeantenne bestand aus einem Netz von fünfzig Drähten, die von zwei neunundvierzig Meter hohen Masten aus einundsechzig Meter weit gespannt waren. Marconi fuhr selbst über den Atlantik, um den Empfang der elektromagnetischen Radiowellen auf Neufundland mitzuerleben. Der Empfänger stand auf einem Hügel mit dem Namen *Signal Hill* bei dem Ort St. John. Die Empfangsantenne wurde an einem Papierdrachen befestigt, um sie auf große Höhe zu bringen--ein ebenso wirksames wie preiswertes Verfahren. Das andere Antennenende war über einen Detektor mit einem Telefonhörer verbunden. Die erste Übertragung über eine Entfernung von 3400 km gelang auf Anhieb. Man hatte vereinbart, den Buchstaben "S" im Morsecode zu senden (drei Punkte). Von Anfang an waren die Signale von Poldhu schwach zu hören.

Fünf Jahre später, am Weihnachtsabend des Jahres 1906, hörten Funker auf Schiffen einige 100 km weit im Atlantik vor der amerikanischen Küste zu ihrer großen Überraschung in ihren Kopfhörern Musik anstelle der sonst erwarteten Morsezeichen (und Geräusche). Sie empfingen die erste Funksendung von Sprache und Musik, die *Reginald Aubrey Fassenden* von seiner Experimentalstation in Massachussets (USA) mit einem 1 kW-Sender abstrahlte. Dieses Datum kann als der Beginn des *Rundfunks* angesehen werden. Im gleichen Jahre 1906 war mit der Verstärkerröhre eine der wichtigsten Entdeckungen im Bereich der Elektronik gemacht worden. Im Jahre 1912 fanden *de Forest, Langmuir, Meissner* und *Armstrong* das Prinzip der Rückkopplung, welches die stufenweise Verstärkung elektronischer Signale gestattete und damit die Empfindlichkeit der Empfänger in ungeahnter Weise erhöhte. Bereits 1920 nahm die erste kommerzielle Rundfunkstation in Pittsburgh (USA) ihren Betrieb auf. 1921 waren es 7 Sender, 1937 deren 700 und heute sind es über 7000 Sender. Bereits 1932 wurden in den USA eine dreiviertel Million Autoradios verkauft.

Bild 5-2   Guglielmo Marconi (1874 - 1937), Funkpionier. (Pressefoto Siemens)

Durch die Erfahrung, daß die Reichweite elektromagnetischer Wellen bei größerer Länge der Antennendrähte, also bei Einsatz längerer Wellen, größer wurde, setzte man zunächst nur Wellenlängen mit mehr als 200 m ein. Man arbeitete mit Frequenzen zwischen 1500 kHz und 15 kHz.

Frequenzen oberhalb von 1500 kHz wurden als unbrauchbar für den Weitverkehr angesehen, eine Beurteilung der Fachleute, die sich später als falsch herausstellte. Dieser Frequenzbereich oberhalb von 1500 kHz wurde in den USA den Funkamateuren für Versuche zugewiesen. Seit 1920 arbeiteten amerikanische Funkamateure mit kurzen Wellen und machten viele Beobachtungen über die Reichweite von Kurzwellenstationen mit kleinsten Sendeleistungen. Die deutschen Amateure hatten durch militärisch begründete Verbote nach Ende des Ersten Weltkrieges keine Möglichkeit, Kurzwellenübertragungen durchzuführen.

Am 18.7.1923 hörten sich zum ersten Male eine französische und drei amerikanische Amateurstationen im Wechselverkehr. Nach Bekanntwerden der großen Reichweite der kurzen Wellen wurde in Deutschland 1924 die erste kommerzielle weltweite Kurzwellen-Funkstrecke auf der Welle 75 m zwischen *Nauen* und *Buenos Aires* in Argentinien in Betrieb genommen, mit 800 Watt Sendeleistung. Am 1.9.1926 nahm die Deutsche Reichspost den Kurzwellen-Rundfunkversuchsbetrieb mit einem 250-W-Sender auf 52 m Wellenlänge in Königs-Wusterhausen auf. In- und ausländische Funkamateure berichteten positiv über die Empfangsqualität und Reichweite. Ein zweiter Kurzwellensender wurde in Döberitz bei Berlin aufgebaut. Im Bereich von 3 MHz bis 20 MHz wurden Ausbreitungsversuche mit 5 kW Leistung angestellt, die die Frage klären sollten, ob Deutsche im fernen Ausland mit Radiosendungen versorgt werden konnten, als Brücke zur Heimat.

Die Forschungen von *Heinrich Hertz* hatten die Gleichartigkeit der elektromagnetischen Wellen und der Lichtwellen bewiesen. Daher war es für die Fachleute überraschend, daß es *Marconi* gelang, eine Funkverbindung über den Atlantik herzustellen, obwohl die Endpunkte der Funkstrecke keine Sichtverbindung miteinander hatten. *Marconi* stellte während einer Atlantiküberfahrt im Jahre 1902 fest, daß die Wellenausbreitung bei Nacht eine andere als am Tage war. In diesem Jahre hatten die Forscher *Kenelly* und *Heaviside* unabhängig voneinander vermutet, daß die Ausbreitung der elektromagnetischen Wellen durch eine leitende Schicht in der oberen Atmosphäre wesentlich beeinflußt werde. Arbeiten von *Sir Eduard Appleton* und *M.Barnett* aus den Jahren 1924/25 wiesen nach, daß die überraschenden Reichweiten und Ausbreitungsverhältnisse der kurzen Wellen durch die Existenz der *Ionosphäre* bestimmt werden. Man bezeichnet damit die Schichten der hohen Atmosphäre zwischen etwa 50 km und 500 km Höhe, welche durch Ultravioletteinstrahlung stark ionisiert sind. Daher können diese Schichten ähnlich wie Spiegel wirken und so die Radiowellen reflektieren. Lange Zeit hat man diese Zone in der hohen Atmosphäre *Heaviside-Schicht* genannt.

Die Empfangsberichte von den Sendungen des Kurzwellensenders in Döberitz waren überaus positiv. Sie kamen aus Europa, Amerika, Japan und Australien und bewogen die damalige Postverwaltung, einen weiteren Kurzwellensender bei der Fa. Telefunken in Auftrag zu geben. Dieser Sender wurde in Zeesen bei Döberitz aufgebaut und war als *Weltrundfunksender* bekannt. Er sendete auf den Frequenzen 5 - 20 MHz (60 - 15 m) mit 8 kW Trägerleistung und wurde am 26. August 1929 in Betrieb genommen. Da die Kurzwellensendungen in Deutschland nicht oder nur schlecht zu empfangen waren, weil die Bodenwelle nur eine geringe Reichweite von 10 - 100 km aufweist und die Raumwelle in Abhängigkeit der Tageszeit viele tausend Kilometer Weg zurücklegt, war das Interesse in der deutschen Öffentlichkeit zunächst gering.

Bild 5-3   Der Empfang des ersten Funktelegramms. Am 14.5.1897 gelang *Marconi* die erste drahtlose Zeichenübermittlung über 5 km zwischen Lavernock-Point und der Insel Flatholm im Bristol-Kanal. Nach einer Zeichnung von F. Müller-Münster.

Für diesen Sender wurden Rundstrahlantennen und Richtantennen gebaut. Letztere waren aufgrund ihrer Geometrie als *Vorhangantennen*, bzw. als *Tannenbaumantennen* bekannt. Sie versorgten beide Amerikas, Asien, Australien und Afrika mit deutschsprachigen, und seit 1933 auch mit Programmen in fremder Sprache. Bis zum Jahre 1945 stieg die Zahl der Kurzwellensender in Zeesen auf insgesamt zehn. Neun von den Sendern hatten je 50 kW Trägerleistung, ein Sender war mit 12 kW Leistung eingesetzt. Drei weitere 50 kW-Sender waren in Oebisfelde aufgestellt, zwei 50 kW-Sender in Elmshorn. Vier Sender mit Trägerleistungen zwischen 60 und 100 kW standen in Ismaning. Auf insgesamt 80 Frequenzen sendete der deutsche Kurzwellen-Rundfunk mit der weltweit größten Senderleistung und den umfangreichsten Antennenanlagen auf der Erde. Nach dem zweiten Weltkrieg wurde im Jahre 1952 in Norden-Osterloog mit zwei 20 kW-Sendern täglich ein dreistündiges Programm in deutscher Sprache nach Übersee gesendet. 1964 verkaufte der Nordwestdeutsche Rundfunk die Station an die Bundespost, die hier die Seefunkstation *Radio Norddeich* errichtete.

Am 3.Mai 1953 wurde der Kurzwellen-Rundfunk unter der Bezeichnung *Deutsche Welle* offiziell eröffnet. Seit dem 8. September 1956 werden alle Programme der *Deutschen Welle* von zwei 100-kW-Sendern in Jülich abgestrahlt. Diese beiden Sender speisen über fernbedienbare Wahlschalter 18 Vorhangantennen, die als dreistrahliger Stern in Gruppen zu sechs angeordnet sind. Weitere drei 100 kW-Sender und zusätzliche Antennen erhöhten die Leistungsfähigkeit der Sendestation. Ein 20 kW-Sender aus Osterloog wurde als Reservesender ebenfalls nach Jülich umgesetzt.

Als die Deutsche Bundespost 1961 den Betrieb der Sendestelle Jülich übernahm, wurden dann fünf weitere 100 kW-Sender installiert, von denen zwei automatisch abgestimmt werden können. Die Antennenanlage erfuhr eine Umgestaltung und Erweiterung auf 37 Antennen. Ein Prozeßrechner steuert die Vorgänge: Nach dem vorliegenden Sendeplan wird die richtige Frequenz am Steuersender gewählt, dann der Sender über einen Wahlschalter mit der entsprechenden Antenne und der vorgesehenen Modulationsleitung verbunden. Bei den acht handbedienten Sendern müssen die fünf auf den Steuersender folgenden Stufen vom Bedienungspersonal nachgestimmt werden. Jeder der neun Sender (der zehnte ist in Reserve) wird pro Tag 16mal umgestimmt.....

Da die Sendestelle Jülich nicht weiter ausgebaut werden konnte, hat die Post in den Jahren 1969 - 1972 die Rundfunksendestelle Wertachtal (bei Augsburg) neu errichtet. Acht 500 kW-Sender (zusätzlich ein Wartungssender in Reserve) strahlen über insgesamt 74 anwählbare Antennen Programme der *Deutschen Welle* in 34 Sprachen in alle Welt.

5.2 Ionosphäre und Wellenausbreitung

Für die Ausbreitung der kurzen Wellen ist die *Ionosphäre* von entscheidender Bedeutung. Diese elektrisch aktive Schicht erstreckt sich zwischen 50 km und 500 km. Infolge der ultravioletten Einstrahlung der Sonne, sowie durch Korpuskularstrahlung aus dem Weltraum, werden die Gasmoleküle und Gasatome ionisiert, also in negativ geladene Elektronen und positiv geladene Gasionen aufgespalten; es entsteht ein Plasma. Dadurch entstehen in bestimmten Höhen über der Erdoberfläche Schichten mit besonders hoher Konzentration von freien Ladungsträgern. Da die Atmosphäre kein einheitliches Gas, sondern ein Gasgemisch darstellt, treten mehrere Schichten mit sehr hoher Konzentration an Ladungsträgern auf.

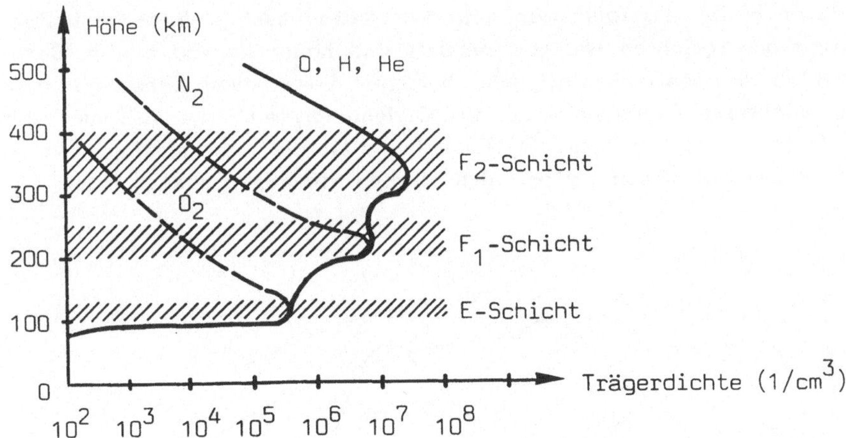

Bild 5-4   Trägerkonzentration und wichtige Ionisationsschichten

In etwa 60 - 90 km Höhe befindet sich die (in Bild 5-4 nicht dargestellte) D-Schicht. Sie ist nur tagsüber etwas ionisiert und dämpft niedere Frequenzen fast vollständig. Bei erhöhter Sonnenfleckentätigkeit kann der Zusammenbruch aller Funkverbindungen auftreten, die die Ionosphäre als Reflektor benutzen. Für die Ausbreitung der Raumwellen sind die E-Schicht und die beiden F-Schichten von entscheidender Bedeutung. Die E-Schicht erstreckt sich zwischen 90 km und 140 km. In dieser Schicht sind die Sauerstoffmoleküle ionisiert.

Die E-Schicht ist ebenfalls tagsüber ionisiert und dämpft die Ausbreitung von
Lang- und Mittelwellen stark. Kurzwellen können dagegen tagsüber an der
E-Schicht reflektiert werden, wogegen diese Schicht nachts die Reflexions-
fähigkeit für kurze Wellen verliert.

An die E-Schicht schließt sich die F_1-Schicht an. Sie dehnt sich bis in 200 km
Höhe aus. Hier sind die Stickstoffmoleküle stark ionisiert. Zwischen 200 km
und 500 km Höhe ist die F_2-Schicht zu finden, bei der die Konzentration an
ionisierten Sauerstoff-, Wasserstoff- und Heliumatomen besonders groß ist.

Man erkennt in Bild 5-4, daß die Schichten nach unten jeweils scharf begrenzt
sind. Die Ladungsträgerzahl nimmt innerhalb weniger Kilometer um 10^2- 10^3 ab.
Die Stärke der Ionisation hängt von der Intensität der einfallenden Strahlung,
und diese wiederum von der Tageszeit und Jahreszeit ab. Daher schwankt die
Dicke und Höhe der Schichten im Rhythmus der Tages- und Jahreszeiten. Tagsüber sind niedere Schichten stärker ionisiert, nachts erfolgen Rekombinations-
vorgänge. Die Vereinigung von Elektronen und ionisierten Gasatomen und
-Molekülen ist in dichten Luftschichten wahrscheinlicher als in sehr dünnen
Schichten; daher bleibt die Ionisation hoher Schichten nachts länger erhalten.
Im Winter sind die Schichten weniger ionisiert und höher liegend als im Som-
mer. Bei starker Sonnenfleckentätigkeit, heftigen kosmischen Einstrahlungen
und bei Polarlichterscheinungen geht die Gleichmäßigkeit des Aufbaus der
Ionisationsschichten verloren. Hand in Hand damit ist die Ausbreitung elektro-
magnetischer Wellen in diesen Zeitperioden starken Störungen ausgesetzt.

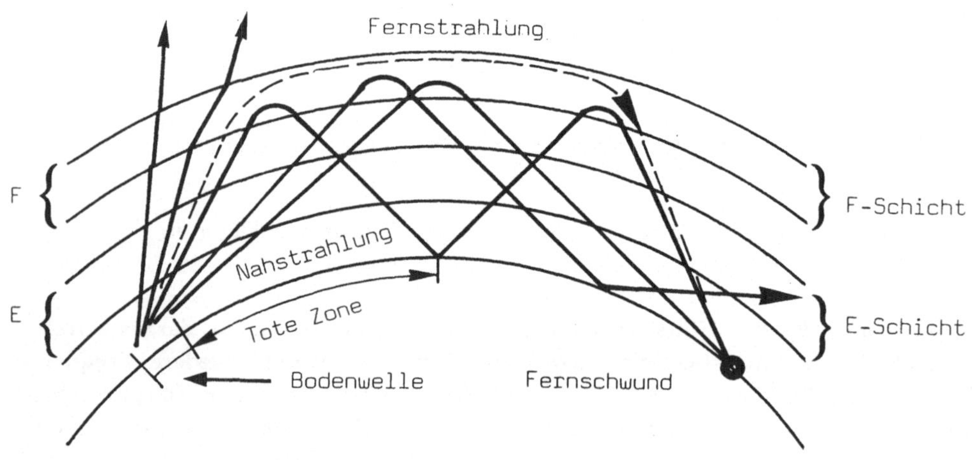

Bild 5-5   Ausbreitung von kurzen Wellen

Die einzelnen Ionisationsschichten wirken wie spiegelnde Flächen, welche die von der Erde kommenden Radiowellen reflektieren und zur Erde zurückwerfen. Der Reflexion ist eine Brechung überlagert, da die Dielektrizitätskonstante ε_r der Ionosphäre nicht konstant ist, sondern mit zunehmender Ionisation von 1 auf 0 abnimmt. Im Beispiel 5.5.1 wird nachgewiesen, daß die Reflexion von der Frequenz des Plasmas abhängt. Dessen Frequenz bestimmt, ob eine Reflexion oder ein Durchgang von Kurzwellen in der betreffenden Schicht erfolgt.

Da die Ionosphäre abhängig von dem Zustand der einzelnen Schichten und je nach Frequenz und Einfallswinkel der elektromagnetischen Welle vorwiegend Absorptions-, Berechungs- und Reflexionserscheinungen oder keine Wirkung zeigt, treten verschiedenartige Ausbreitungswege der hier betrachteten kurzen Wellen auf.

Die *Bodenwellen* haben auf dem Land nur eine Reichweite zwischen 10 km und 100 km und spielen für die Nachrichtenübertragung keine Rolle. Die unter einem flachen Winkel abgestrahlten *Raumwellen* dringen nur eben in die Ionosphäre ein und werden so reflektiert, daß sie erst in sehr großer Entfernung wieder auf den Erdboden zurückgeworfen werden. Mit der Zunahme des Abstrahlungswinkels rücken die Auftreffpunkte der reflektierten Strahlen auf der Erdoberfläche auf den Sender zu. Der dem Sender am meisten benachbarte noch mögliche Auftreffpunkt stellt die *Sprungentfernung* zum Sender dar. Bei zu großem Abstrahlungswinkel werden die Radiowellen in den Weltraum abgestrahlt. Es existiert eine *tote Zone*, innerhalb derer kein Radioempfang möglich ist.

Mit Hilfe der Reflexionen an der E-Schicht und besonders an den beiden F-Schichten können weltweite Übertragungen verwirklicht werden. Geeignete Verbindungen über bestimmte Entfernungen kommen bei denjenigen Frequenzen und Einfallswinkeln zustande, bei denen die Brechung der E-Schicht, bzw. der F-Schichten für Reflexionen ausreicht, und bei denen die Absorption in der niedrigen D-Schicht genügend gering ist. Für jede Kurzwellen-Verbindung wird anhand einer Prognose festgelegt, welches die tiefste einsetzbare Frequenz (*LUF = Lowest Usable Frequency*) und welches die höchste einsetzbare Frequenz (*MUF = Maximum Usable Frequency*) sein kann. Der optimale Wert liegt etwa 15% unterhalb der Maximalfrequenz. Man sieht in Bild 5-6, daß die Frequenz im Verlauf der Tages- und Nachtzeit umgeschaltet werden muß, u.U. mehrfach, wie bereits erwähnt worden ist.

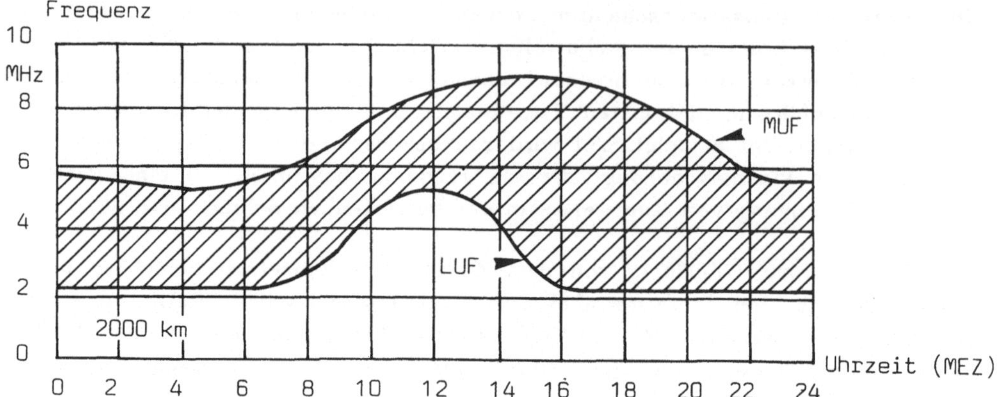

Bild 5-6   Frequenzbereiche einer Kurzwellenverbindung im Tagesverlauf

Da die Eigenschaften der Ionosphäre starken zeitlichen Schwankungen unterworfen sind, ändert sich die Feldstärke am Empfangsort in weitem Umfang. Die maximale und die minimale Betriebsfrequenz ändern sich ebenfalls im Tagesrhythmus. Auch die Breite der toten Zone, innerhalb derer kein Empfang möglich ist, wandert periodisch mit der Tageszeit und wächst mit der Zunahme der Frequenz. Sie hat eine Ausdehnung von einigen 100 km am Tag und mehreren 1000 km bei Nacht.

Die Nachrichtenübertragung kann ferner durch den Umstand gestört werden, daß die Signalausbreitung gleichzeitig auf einem kurzen und auf einem langen Weg auf dem Großkreis erfolgt, auf dem Sender und Empfänger liegen. Es kann der Fall eintreten, daß die Signale durch Mehrfachreflexion an der Ionosphäre und an der Erdoberfläche die Erde einige Male umlaufen und so den Empfang stören. Damit ein zuverlässiger Betrieb "rund um die Uhr" aufrecht erhalten werden kann, werden folgende Gesichtspunkte berücksichtigt:

-- Die Sendeleistungen werden groß angesetzt, z. B. 100 - 500 kW;
-- Es müssen aufwendige Richtantennensysteme errichtet werden, die unter dem jeweils günstigsten Neigungswinkel die Abstrahlung ermöglichen;
-- Die Frequenzen werden in Abhängigkeit der Tages- und Nachzeit gewechselt.

An Bord von Schiffen und Flugzeugen kann die elektrisch verfügbare Leistung nicht die genannte Größenordnung haben. Ferner ist dort die Baugröße von Antennen konstruktiv begrenzt, wodurch mit einer statistisch ermittelbaren Ausfallzeit zu rechnen ist.

5.3 Kurzwellen-Richtantennen

Da die Sendefrequenz den Ausbreitungsbedingungen angepaßt werden muß, müssen die Kurzwellen-Richtantennen breitbandig ausgelegt werden. Eine Bauform, welche diese Forderungen erfüllt, stellt die *logarithmisch-periodische Antenne* dar.

Diese Antenne ist aus horizontalen Dipolen aufgebaut, bei denen die geometrische Besonderheit vorliegt, daß die Länge und der Abstand der Dipole untereinander, in gleichbleibendem Verhältnis vom Speisepunkt aus gesehen, zunehmen. Die Dipole werden über eine symmetrische Speiseleitung, vom kürzesten Dipol beginnend, wechselweise gespeist.

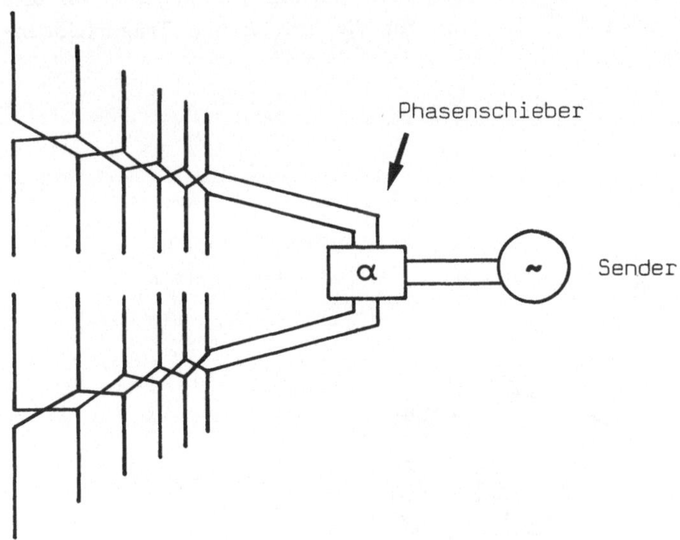

Bild .5-7   Logarithmisch periodische Antenne

Es sind bei Erregung der Antenne jeweils nur diejenigen Dipole wirksam, die auf die $\lambda/2$-Resonanzfrequenz abgestimmt sind; dies sind für die niedrigste Frequenz die längsten, für die höchste Frequenz die kürzesten Dipole. Die benachbarten kürzeren Dipole wirken als Direktoren, die die Strahlungsintensität verstärken, wogegen die benachbarten längeren Dipole als Reflektoren wirken, die für die Erzeugung der Richtwirkung und die Strahlungsverstärkung in Hauptstrahlrichtung verantwortlich sind. Das gleiche Prinzip wird bei der *Yagi*-Antenne eingesetzt. Der aktiv strahlende, bzw. empfangende Bereich wandert mit der Betriebsfrequenz längs der Antennenachse.

Wenn man zwei horizontale logarithmisch-periodische Strahlergruppen nebeneinander in einer Ebene anordnet und die beiden Gruppen mit einem Phasenschieber speist, dann kann die Hauptstrahlrichtung der Antenne um einen Wert von z.B. $\pm$ 20° geschwenkt werden; die Antenne kann "schielen", wie das Horizontaldiagramm einer solchen Antenne nachweist.

Die Antennenebene ist um ca. 18° geneigt. Da die jeweils in Resonanz befindlichen Dipole immer etwa $\lambda/2$ über dem Erdboden angeordnet sind, hat die Antenne in Hauptstrahlrichtung einen für den Kurzwellen-Weitverkehr günstigen Erhebungswinkel von 25°. Praktisch ausgeführte Antennen arbeiten in einem Frequenzbereich von z.B. 5 - 26 MHz, haben einen Gewinn von etwa 15 dB und eine Halbwertsbreite von etwa 40°. Sie sind für die erheblichen Trägerleistungen von z.B. 500 kW ausgelegt.

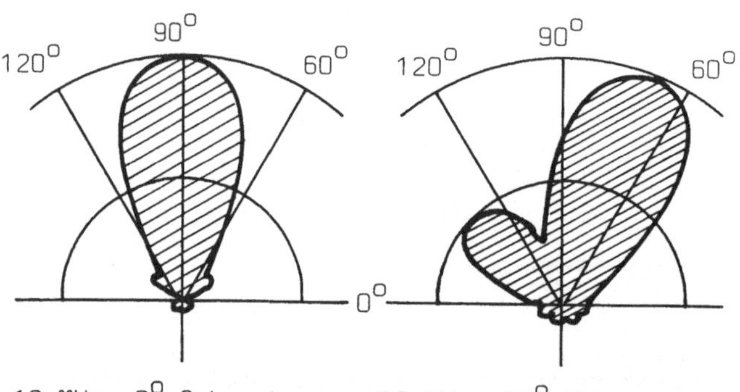

Bild 5-8   Strahlungsdiagramm einer logarithmisch-periodischen Antenne

5.4 Seefunk

5.4.1 Einführung

Zur Nachrichtenübertragung zwischen Schiffen und dem Festland sind zu Beginn des 20. Jahrhunderts *Küstenfunkstellen* eingerichtet worden. Sie ermöglichten küstennahe Kommunikation ebenso wie Weitverkehrsverbindungen zwischen dem Festland und Schiffen, oder von Schiffen untereinander. Von der technischen Entwicklung her gesehen hat bei Weitverbindungen die Kurzwelle die früher eingesetzten Langwellen abgelöst. Auch im Satellitenzeitalter behält diese konventionelle Form der Nachrichtenübertragung ihre Bedeutung. Über die Küstenfunkstellen kann z.B. die Reederei dem Kapitän im Verlaufe der Fahrt Anweisungen übermitteln, besondere Vorkommnisse auf dem Schiff werden zurückgemeldet, Passagiere sind in der Lage, mit Geschäftspartnern und Angehörigen in Verbindung zu treten, und bei Seenot ist der Hilferuf über Radio die einzige Möglichkeit zur Einleitung von Rettungsaktionen.

Die erste deutsche Küstenfunkstelle entstand in *Norddeich* im Zeitraum von 1905 bis 1907. Im Verlauf der Zeit sind zehn Küstenfunkstellen in Betrieb genommen worden, die viele Tausende deutscher Schiffe mit dem Festland verbinden. Neben der Küstenfunkstelle *Norddeich Radio* sind noch die Funkstellen *Elbe-Weser Radio* und *Kiel Radio* von Bedeutung, die jeweils aus mehreren Betriebsstellen bestehen.

Die Funkstelle an Bord eines Schiffes wird als *Seefunkstelle* bezeichnet. Sie ist über das Funkfeld mit einer Küstenfunkstelle verbunden, die ihrerseits die Verbindung zum Landteilnehmer herstellt. Eine Küstenfunkstelle gliedert sich in die *Betriebszentrale* und die damit verbundene *Empfangsfunkstelle*, sowie in die aus Gründen der Betriebssicherheit einige Kilometer davon angeordnete *Sendefunkstelle*.

5.4.2 Frequenzbereiche

Die Funkübertragung findet in verschiedenen Frequenzbereichen statt, die in der *Vollzugsordnung für den Funkdienst (VO Funk)* festgelegt sind. Die Anforderungen an die Funkverbindung bestimmen den Einsatz der verschiedenen Frequenzbereiche, die ihrerseits unterschiedliches Ausbreitungsverhalten zeigen.

Die Funkstellen befinden sich weltweit in *drei* verschiedenen Regionen, in denen bestimmte Frequenzzuteilungen für bestimmte Dienste festgelegt sind. Die gleiche Frequenz kann in Region 1 dem *Beweglichen Funkdienst* und in Region 3 dem *Navigationsfunkdienst* zugeteilt sein.

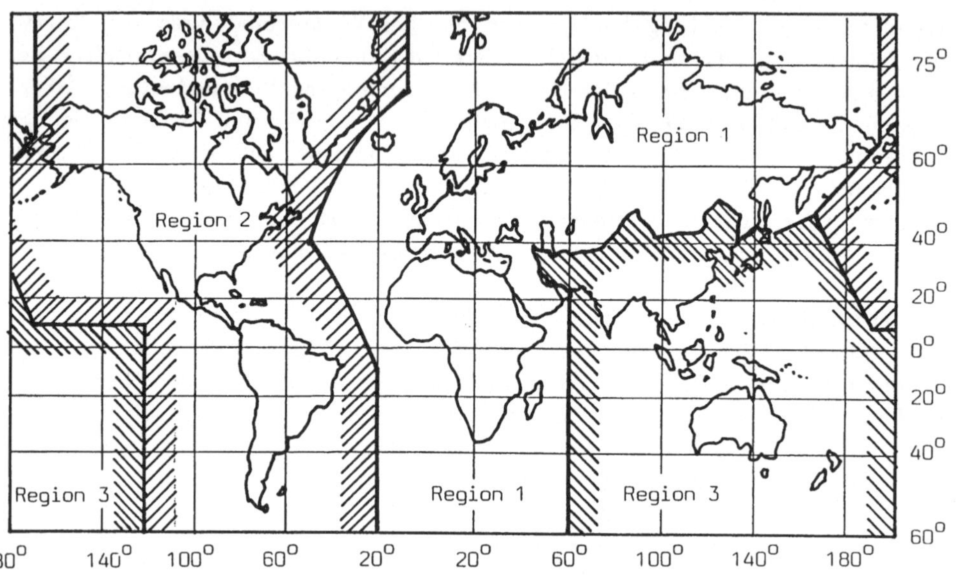

Bild 5-9   Einteilung in Regionen (Handbuch Seefunk)

Der Bereich der *Mittelwellen*, der dem Seefunk zugeordnet ist, erstreckt sich von 405 kHz bis 535 kHz. Dieser Wellenbereich ermöglicht Telegrafie- und Funkfernschreib-Verbindungen bis ca. 500 km Entfernung. Eine besondere Bedeutung kommt der Frequenz 500 kHz zu. Sie wird für Notanrufe und Notverkehr, Dringlichkeitszeichen und Dringlichkeitsmeldungen, Sicherheitszeichen und Sicherheitsmeldungen eingesetzt. Ferner wird diese Frequenz für Selektivrufe und von Küstenfunkstellen zur Ankündigung von Sammelanrufen verwendet. Die Frequenz 500 kHz wird als *internationale Notfrequenz* von allen Seefunkstellen zweimal stündlich je drei Minuten lang abgehört. Zum Schutze dieser Frequenz wird im Bereich 490 kHz bis 510 kHz jede andere Aussendung verboten.

Zwischen den Frequenzen 1605 kHz und 4000 kHz erstreckt sich der Bereich der *Grenzwellen*, der an der Grenze zwischen Mittelwellen- und Kurzwellenbereich angesiedelt ist. Der Seefunkdienst ermöglicht auf diesen Frequenzen Sprechfunkverbindungen über mittlere und nahe Entfernungen. Der Frequenz 2182 kHz hat die gleiche Bedeutung wie die Frequenz 500 kHz bei der Mittelwelle.

Die *Kurzwellen* ermöglichen einen Verbindungsaufbau über mittlere und weite Entfernungen in sieben Wellenbereichen, die bei 4, 6, 8, 12, 16, 22 und 25 MHz liegen. Jeder Wellenbereich ist wiederum in Teilbereiche untergliedert.

In Küstennähe stehen dem Seefunk 56 Kanäle im Frequenzbereich 156 MHz bis 174 MHz zur Verfügung, also im Bereich der *Ultrakurzwellen*. Der Notrufkanal und Anrufkanal ist der Kanal 16 auf der Frequenz 156,8 MHz, der die gleiche Funktion wie die Frequenzen 500 kHz und 2182 kHz versieht. Die restlichen Kanäle sind für den öffentlichen und nichtöffentlichen (Hafenfunkdienst) Sprechverkehr und für Fernschreibverbindungen vorgesehen.

5.4.3   Technische Anlagen

Der Funkbetrieb wird in den *Betriebszentralen* abgewickelt, die *Betriebsplätze* für die Aufrechterhaltung des Funkbetriebes enthalten. Die Betriebsplätze sind von den technischen Anlagen aus Gründen der Wartung räumlich abgesetzt. Sie enthalten Bedienfelder für Empfänger, Antennenwahl und Sender. Die *Empfangsfunkanlage* setzt sich aus dem eigentlichen *Empfänger*, der *Antennenverteilanlage* mit Filtern, Trennverstärkern und Wahlschaltern, sowie der *Antennenanlage* mit Antennenzuleitungen und Antennen zusammen.

Auf dem Antennengelände sind je nach Betriebserfordernis unterschiedliche Bauformen von Antennen zu finden. Da die Position von rufenden Schiffen oft unbekannt ist, müssen Empfangsantennen mit kreisförmigen Horizontaldiagrammen eingesetzt werden. Im Kurzwellen-Weitverkehr benötigt man ferner Antennen mit niedrigen vertikalen Erhebungswinkeln. Für den Kurzwellen-Rundempfang werden vertikal polarisierte Breitbandantennen eingesetzt, wogegen sich für den Kurzwellen-Richtverkehr logarithmisch-periodische Richtantennen bewährt haben. Man setzt z.B. acht solcher Antennen ein, die untereinander um 45° versetzt sind. Damit ist aus allen Himmelsrichtungen ein Empfang mit ausreichendem Antennengewinn möglich.

Der *UKW-Sprech-Seefunkdienst* versorgt die Nordseeküste und die Wasserstraßen Weser und Elbe sowie die Ostseeküste.

Damit die Standorte von sendenden Seefunkstellen möglichst genau ermittelt werden können, müssen Peilungen durchgeführt werden. Die *Deutsche Bundespost* hat drei *Goniometer-Peilfunkanlagen* errichten lassen (*Goniometer* = Winkelmesser), die diese Aufgabe über das *Peilfunknetz Nordsee* lösen. Die Peilfunkstellen sind *Norddeich Gonio*, *Elbe-Weser Gonio* und *St. Peter-Ording Gonio*.

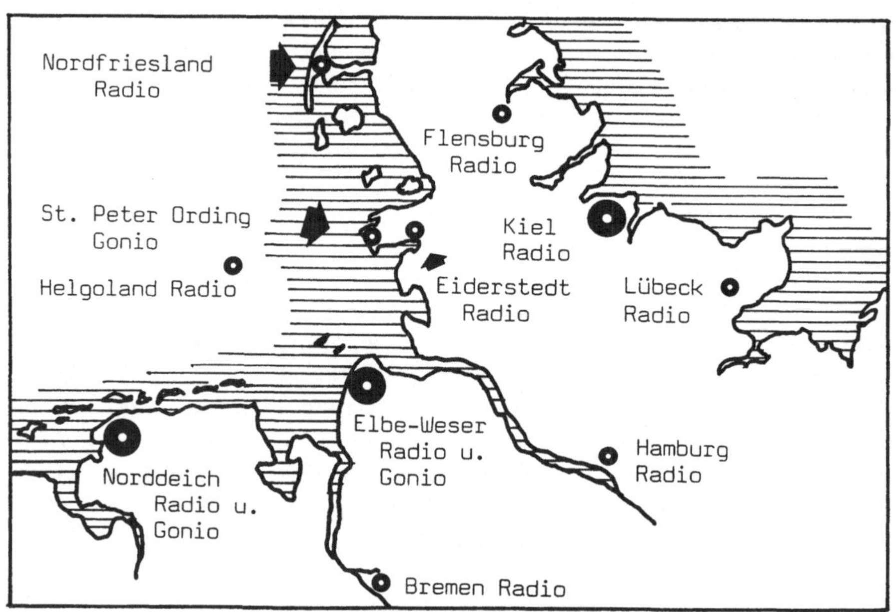

Bild 5-10   Küsten- und Peilfunkstellen im Nord- und Ostseeraum

Mit einer *U-Adcock*-Peilantennenanlage wird die Richtung eines einfallenden Sendersignals ermittelt. Im Prinzip besteht eine solche Anlage aus mindestens vier vertikalen Einzelantennen und einer Hilfsantenne, die an den Ecken und in der Mitte eines nach den Himmelsrichtungen ausgerichteten Quadrates angeordnet sind. Je zwei Antennen sind so zusammengeschaltet, daß sich die Differenz der Antennenspannungen ergibt. Diese zwei richtungsabhängigen Spannungen für die Nord/Süd- und die Ost/West-Richtung werden mit der dritten, richtungsunabhängigen Spannung in einem Peilempfänger zu einer Standlinie ausgewertet. Drei Standlinien legen den Schiffsort mit einem Fehlerdreieck fest.

An Bord eines Schiffes befindet sich die *Seefunkstelle*, die technisch einer Küstenfunkstelle gleicht. Ein Problem stellt die Entkopplung von Sender und Empfänger dar, auch wenn Sende- und Empfangsantennen in räumlicher Distanz auf verschiedenen Masten installiert werden. Hier muß z.B. bei Duplex-Sprechfunkverkehr durch Antennenfilter zwischen Empfangsantenne und Empfängereingang für die Dämpfung des eigenen Sendersignals gesorgt werden. Ferner ist nach dem *Internationalen Schiffssicherheitsvertrag* vereinbart worden, daß auf der Notfrequenz 500 KHz der Mittelwellensender des Schiffes in 150 Seemeilen Entfernung noch eine elektrische Feldstärke von 50 μV/m erzeugen kann. Dies setzt eine sorgfältig geplante und angeordnete Antennenanlage an Bord des Schiffes voraus.

5.5 Beispiel

5.5.1 Plasmafrequenz und Reflexion von Kurzwellen

Die energiereiche Sonnenstrahlung erzeugt in der hohen Atmosphäre ein *Plasma*, also ein Gas, das positiv ionisierte Atomrümpfe und negativ geladene Elektronen enthält. Die Ladungsträger schwingen mit der Kreisfrequenz ω_C, bzw. der Plasmafrequenz f_C.

$$\omega_C = \sqrt{\frac{e \cdot \eta}{m_o \cdot \varepsilon_o}} \tag{5.1}$$

Elektrische Elementarladung $\qquad\qquad e = 1{,}602 \cdot 10^{-19}$ As
Spezifische Elektronenladung $\qquad e/m_o = 1{,}759 \cdot 10^{11}$ C/kg
Absolute Dielektrizitätskonstante $\qquad \varepsilon_o = 8{,}854 \cdot 10^{-12}$ F/m
Dichte der Ladungsträger im Plasma $\quad \eta$

Wie groß ist die Plasmafrequenz f_C, wenn die Dichte der Ladungsträger in der F_2-Schicht z.B. $\eta = 900$ Elektronen/mm^3 beträgt?

Wenn für η die 900fache Elementarladung eingesetzt wird, dann ergibt sich für die Plasmafrequenz der Wert: $f_C = 8{,}5$ MHz. Was kann mit der Plasmafrequenz bestimmt werden? Die Plasmafrequenz und die Signalfrequenz hängen über eine Beziehung zusammen, die die Geschwindigkeit von Wellengruppen v_G beschreibt.

Mit $c = 3 \cdot 10^8$ m/s als Lichtgeschwindigkeit kann die Geschwindigkeit von Wellengruppen v_G durch Beziehung (5.2) bestimmt werden:

$$v_G = \sqrt{1 - (\omega_C/\omega)^2} \qquad (5.2)$$

Ferner ist zur Bestimmung der Auswirkungen der Plasmakreisfrequenz die Abhängigkeit des *Feldwellenwiderstandes* Z_F von der Plasma-, bzw. Signalfrequenz von Interesse, wobei $Z_0 = 377\ \Omega$ der Wellenwiderstand des leeren Raumes ist. Für den Feldwellenwiderstand ergibt sich die nachstehende Beziehung (5.4):

$$Z_F = \frac{Z_0}{\sqrt{1 - (\omega_C/\omega)^2}} \qquad (5.3)$$

Die Signalkreisfrequenz kann *größer, gleich* oder *kleiner* als die Plasmakreisfrequenz sein. Dann erhält man folgende Verhältnisse für die Gruppengeschwindigkeit, bzw den Feldwellenwiderstand:

1.) $\omega < \omega_C$ Die Signalfrequenz ist *kleiner* als die Plasmafrequenz.

In diesem Fall wird die Gruppengeschwindigkeit nach Beziehung (5.2) imaginär, es erfolgt kein Leistungstransport durch die F-Schicht.

2.) $\omega = \omega_C$ Die Signalfrequenz ist *gleich* der Plasmafrequenz

Die Gruppengeschwindigkeit wird zu null, der Feldwellenwiderstand wird unendlich groß; es erfolgt kein Leistungstransport durch die F-Schicht. In den Fällen 1.) und 2.) wird die einfallende Welle an der F-Schicht der Ionosphäre reflektiert und trägt daher zur Weitverkehrsübertragung bei.

3.) $\omega > \omega_C$ Die Signalfrequenz ist größer als die Plasmafrequenz.

In diesem Fall wird die Gruppengeschwindigkeit der einfallenden Wellengruppen größer als null, der Feldwellenwiderstand wird bei zunehmender Frequenz auf den Wert von 377 Ω absinken, also auf den Wert des Wellenwiderstandes des leeren Raumes. Die Ionosphäre wird für die einfallenden Kurzwellen durchlässig.

6 Nachrichtenübertragung über Lichtwellenleiter

6.1 Einführung

Die Idee, Nachrichten über weite Entfernungen auf optische Art und Weise zu übertragen, ist bereits vom altgriechischen Tragiker *Äschylus* (525 - 455 v.Chr.) in seiner Tragödie *"Agammemnon"* beschrieben worden. Agammemnon läßt seiner Frau Klytemnestra die Nachricht vom Falle Trojas über eine Kette von acht Relaisstationen auf Berggipfeln mit Hilfe von Feuerzeichen melden. Der Anfang der Übertragungsstrecke lag auf dem Gebirgszug Ida nahe Troja in Kleinasien, das Ende der 500 Kilometer langen Strecke befand sich in der Stadt Argos in Griechenland. Diese Weitverkehrsverbindung überbrückte das Ägäische Meer.

Der nächste große Fortschritt auf dem Gebiet der optischen Telegrafie wurde von dem Franzosen *Claude Chappe* (1763 - 1805) errungen. Er schlug drei in Gelenken beweglich miteinander verbundene Zeichenelemente vor, die auf einem Mast montiert wurden. Man setzte als Codeelemente einfache Signalfiguren ein, die einerseits leicht von der Gegenstation mit dem Fernrohr erkennbar sein mußten, andererseits mit geringem Zeitaufwand zu einer Nachricht zusammengesetzt werden konnten. Nach Berichten betrug die Übertragungsgeschwindigkeit dieses optischen Telegrafen für die Strecke von Paris nach Straßburg knapp 6 Minuten, wobei eine Entfernung von 423 km durchmessen wurde.

Dieses in Frankreich mehr als 60 Jahre benutzte Übertragungssystem wurde auch in Preußen durch König Wilhelm III. im Jahre 1832 eingeführt, also sehr viel später als in Frankreich. Die Linie von Berlin nach Koblenz bis Trier war mit 750 Kilometern die längste optische Nachrichtenverbindung. Sie konnte im Mittel an 6 Stunden pro Tag eingesetzt werden. Bei Nacht und Nebel war eine Nachrichtenübertragung mit dem optischen Zeigertelegrafen nicht möglich. Da im Jahre 1847 eine elektrische Telegrafenlinie zwischen Berlin und Potsdam fertiggestellt wurde, auf der ein von *Werner Siemens* konstruierter elektrischer Zeigertelegraf die Nachrichtenübertragung zur allgemeinen Zufriedenheit durchführte, wurde der Betrieb von optischen Übertragungsstrecken eingestellt.

Eine besondere Form der optischen Telegrafie wurde bei vielen Armeen bis in die vierziger Jahre dieses Jahrhunderts mit Blinkgeräten betrieben. Bei Marineeinheiten hat sich die Nachrichtenübermittlung mit Licht (*Aldis-Lampe*) bis auf den heutigen Tag erhalten.

Bild 6-1   Siemens-Zeigertelegraf von 1847 (Siemens-Museum)

Die Entwicklung des *Lasers* (*Light Amplification by Stimulated Emission of Radiation*), der 1960 vom Amerikaner *Charles Townes* u.a. zum Patent angemeldet wurde, bereitete den Durchbruch der optischen Nachrichtentechnik vor. Als Laser wurde folgende mehr publizistisch wirksame als wissenschaftlich fundierte Definition vorgeschlagen: *Ein Instrument, das auf Wellenlängen vom Infrarotbereich bis zu den Mikrowellen arbeitet, das Leistungen vom Mikrowatt bis zum Terawatt transportiert, das einige wenige Dollar bis 10 Millionen Dollar kosten kann und dessen Anwendungsbereiche nicht mehr zu zählen sind.* Ein Laser sendet *kohärentes Licht* aus, wobei räumliche und zeitliche Kohärenz unterschieden werden. Räumliche Kohärenz bedeutet gerichtete Lichtemission, zeitliche Kohärenz bedeutet Licht gleicher Wellenlänge und Phasenlage der Photonen. Eine Laserdiode weist gegenüber einer Lumineszenzdiode, die inkohärentes Licht aussendet, eine um den Faktor drei höhere Strahlungsleistung auf. Die Lichtsender entwickelten sich rasch zu den heute erhältlichen Laserdioden, mit einer Lebensdauer von über 1000000 Stunden im Dauerstrichbetrieb.

Im Forschungsinstitut der AEG-Telefunken GmbH hat man seit 1964 Untersuchungen zur optischen Nachrichtentechnik mittels Lichtwellenleitern durchgeführt, die zu einem für Deutschland, England, Frankreich und die USA erteilten Grundlagenpatent zur Lichtwellenleitertechnik im Jahre 1966 führten. Ebenfalls im Jahre 1966 wurde von *Charles Kao* und *Georges Hockham* bei der Firma STC in London herausgefunden, daß die extrem hohen Dämpfungen von mehr als 1000 dB/km der ersten gefertigten Lichtwellenleiter durch Verunreinigungen des Grundmaterials Glas hervorgerufen wurden. Die Wissenschaftler sagten daraufhin eine kilometrische Dämpfung von 20 dB pro Kilometer voraus, wenn die Verunreinigungen im Glas reduziert werden könnten. Dieser Dämpfungswert ist im Jahre 1970 von der Firma Corning in den USA erreicht worden. Seitdem wird weltweit an der Herstellung von Glasfasern mit Dämpfungswerten von weit unter 1 dB gearbeitet.

Als optische Empfänger in der Übertragungskette Sender-Lichtwellenleiter-Empfänger dienten PIN-Dioden und Lawinen-Laufzeitdioden, deren Entwicklung optimiert wurde. Ferner wurden Spleiße und Stecker entwickelt, also permanente und wieder lösbare Verbindungen, die zwei Faserenden möglichst verlustfrei miteinander zu koppeln in der Lage sind. Die Wellenlängenbereiche der Übertragungssysteme waren zunächst bei 850 nm angesiedelt, dann folgte der heute eingesetzte Bereich bei 1,3 μm. In Zukunft wird der Bereich von 1,55 μm von großem Interesse sein, da hier ein absolutes Dämpfungsminimum besteht.
Die optische Nachrichtenübermittlung über Lichtwellenleiter hat gegenüber der elektrischen Übertragung über Kupferkabel eine Reihe von Vorteilen. Volumen sowie Gewicht von Lichtwellenleitern sind gegenüber den vergleichbaren Größen der herkömmlichen Koaxialkabel gering. Dies wirkt sich insbesonders dann aus, wenn viele Lichtwellenleiter zu einem Kabel zusammengefaßt werden, so wie bei konventionellen Nachrichtenkabeln viele Koaxialkabel zusammen verseilt und umhüllt sind. Der Durchmesser des optischen Kabels ist, bei wesentlich höherer Übertragungsrate, sehr viel geringer als derjenige von herkömmlichen Nachrichtenkabeln, wenn man den Durchmesser eines Wellenleiters zu 0,14 mm und den eines einzelnen Koaxkabels zu 10 mm ansetzt.

Lichtwellenleiter sind unempfindlich gegenüber Einwirkungen von elektromagnetischen Wellen, so daß in elektromagnetisch verseuchten Umgebungen wie z.B. Fabrikhallen und Kraftwerken eine problemlose Nachrichten- übertragung stattfinden kann. Die miteinander korrespondierenden elektronischen Geräte sind potentialfrei verbunden, so daß eine Drift von Massepotentialen wirkungslos bleibt. Auf die wesentlich höheren Übertragungsraten gegenüber denen von Kupfer- und Koaxialkabeln, wenn man vergleichbare Kosten annimmt, wurde bereits hingewiesen.

Alle diese geschilderten Eigenschaften machen die optische Nachrichtenübertragung für den Einsatz in Fernmeldenetzen, in industriellen und militärischen Bereichen, äußerst attraktiv. Die Deutsche Bundespost hat bereits im Jahre 1976 ein erstes Lichtwellenleiter-Übertragungssystem in Berlin installiert, das 130 km Faserlänge bei einer Übertragungsrate von 34 Mbit/s umfaßte. Bei diesem Projekt wurde ein Farbfernsehsignal einschließlich zweier Begleittonsignale übertragen. Nach Versuchen mit dem *BIGFON*-Netz (*Breitbandiges Integriertes Glasfaser-Fernmelde-Ortsnetz*) schloß sich der Bau des *BIGFERN*-Netzes an. Die Städte Hamburg und Hannover wurden bei dieser ersten Weitverkehrstrasse mit einem Lichtwellenleiter-Kabel verbunden. Es enthält 60 Gradientenfasern mit einer Übertragungsrate von je 140 Mbit/s. Damit war eine Übertragung von 1920 Ferngesprächen möglich geworden. Dieses Fernnetz wurde in der Folge kontinuierlich erweitert.

Das Glasfaser-Fernnetz, das ursprünglich die *BIGFON*-Inseln der Bundesrepublik miteinander verbinden sollte, ermöglicht einen Breitbandverkehr über größere Entfernungen. Endziel ist der Aufbau eines universellen, breitbandigen, digitalen Fernmeldenetzes, in dem alle Fernmeldedienste zusammengefaßt sind, des *ISDN*, (*Integrated Services Digital Network*). Ab 1992 sollen dann Fernsprechen, Telefax, Bildschirmtext, Telex, Datex, Teletex, Telefax, Bildfernsprechen, Videokonferenz, Hörfunk und Fernsehen in *einem Universalnetz* möglich sein.

6.2   Grundsätzlicher Aufbau einer optischen Übertragungsstrecke

In Bild 6-2 ist der grundsätzliche Aufbau einer optischen Übertragungsstrecke dargestellt. Am Eingang wird das analoge Sprachfrequenzband eines Telefonkanals in einem Bereich zwischen 300 Hz und 3400 Hz einem Analog/Digital-Wandler zugeführt. Der Wandler erzeugt z.B. pro Abtastintervall je ein 8-Bit-Zeichen. Die Wandlung erfolgt in der Sekunde 8000 mal, ein Zahlenwert, der sich direkt aus dem *Abtasttheorem* ergibt. In unserem vereinfachten Beispiel wird mit den digitalen Zeichen ein elektrooptischer Wandler angesteuert, der in Form einer Laserdiode oder einer Lumineszenzdiode vorliegt. Die Diode wird im Rhythmus der elektrischen Impulse ein- und ausgeschaltet, es erfolgt eine Modulation des Lichtes. An die Diode ist ein Lichtwellenleiter über einen optischen Stecker angekoppelt. Über diese optische Übertragungsstrecke gelangen 8·8000 Bit/s = 64 kbit/s in Form von Lichtimpulsen zum optischen Empfänger, der ebenfalls über einen optischen Stecker an die Glasfaser angekoppelt ist.

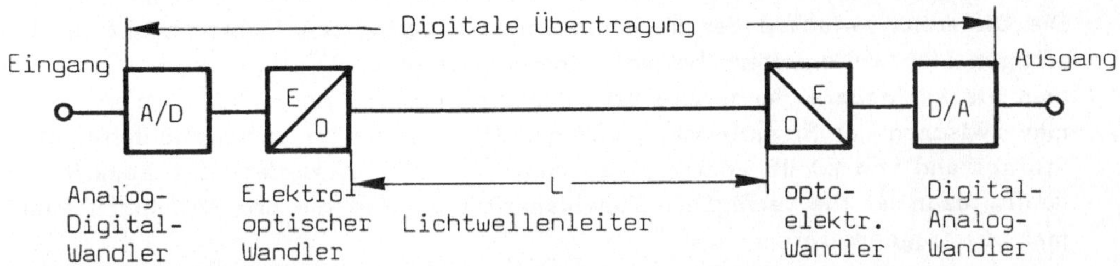

Bild 6-2   Prinzipdarstellung eines elektrooptischen Übertragungsweges.

Die Diode auf der Empfangsseite der Übertragungsstrecke kann eine PIN-Diode oder eine Lawinen-Fotodiode sein, deren elektrischer Widerstand lichtabhängig ist. Sie wandelt die Lichtimpulse in entsprechende elektrische Impulse um, die auf einen nachgeschalteten Digital/Analog-Wandler einwirken. Der Wandler erzeugt aus den 8-Bit-Zeichen wieder analoge Spannungsamplituden, wobei ein Synchronismus zwischen Sender und Empfänger bestehen muß. Die analogen Spannungswerte können über einen Bandpaß "verschliffen" werden, so daß das ursprüngliche analoge Signal auf der Empfangsseite wieder vorliegt. Durch diese digitale *Pulscodemodulation* (*PCM*) wird eine hohe Übertragungsgüte erreicht, da im Empfänger nur "Ein"- und "Aus"-Zustände erkannt werden müssen. In der zeitlichen Aufeinanderfolge der "Licht- und "kein Licht"-Impulse, also im Code, ist die Nachricht enthalten.

6.3   Physikalische Grundlagen

Licht besteht aus elektromagnetischen Schwingungen hoher Frequenz. Hohe Frequenz bedeutet kleine Wellenlänge. Für das menschliche Auge ist der Wellenlängenbereich zwischen 0,38 µm (violett) und 0,78 µm (rot) von Bedeutung. Die bei Lichtwellenleitern verwendeten Frequenzen liegen im Bereich zwischen 0,78 µm und 1,6 µm, also im nahen Infrarot-Bereich. Die zu diesen Wellenlängen zugehörigen Frequenzen betragen $3,85 \cdot 10^{14}$ Hz und $1,87 \cdot 10^{14}$ Hz. Wenn man den letzteren Frequenzwert mit der Aufwärtsfrequenz von $30 \cdot 10^{9}$ Hz des Satelliten *Kopernikus* vergleicht, dann liegt ein Frequenzverhältnis von etwa $6 \cdot 10^{3}$ vor; die Lichtfrequenz ist 6000 mal größer als die genannte Radiofrequenz.

Die Differenz zwischen der höchsten und der geringsten Lichtfrequenz in derzeitigen Lichtwellenleitern beträgt näherungsweise $2 \cdot 10^{14}$ Hz. Diesen Wert kann man als verfügbare Bandbreite ΔB interpretieren, ein riesengroßer Wert! Wenn man zwischen der Signalleistung und der Störleistung im Lichtwellenleiter einen Störabstand von 20 dB ansetzt, also den Wert 2 im Argument des Logarithmus dualis, dann ist die verfügbare Kanalkapazität C, also die pro Zeiteinheit maximal übertragbare Information:

$$C = \Delta B \cdot \mathrm{ld} \; \frac{P_S + P_N}{P_N} = 2 \cdot 10^{14} \; \mathrm{bit/s} \qquad (6.1)$$

Allerdings ist der gesamte Wellenlängenbereich im Lichtwellenleiter nicht verfügbar, sondern nur drei Bereiche bei 850 nm, 1300 nm und bei 1550 nm. Das Beispiel zeigt aber die gewaltigen Ressourcen, die bei dieser relativ neuen Übertragungstechnik zukünftig vielleicht nutzbar gemacht werden können.

Die Ausbreitung des Lichtes läßt sich mit der *Maxwellschen* Theorie erklären und mathematisch darstellen. In unserem Zusammenhang genügt die strahlenoptische Betrachtungsweise, um die erforderlichen optischen Gesetzmäßigkeiten darstellen zu können.

Ein Lichtwellenleiter besteht aus einem sehr dünnen zylindrischen Kern (*core*) aus hochreinem Silikatglas, der den Durchmesser d aufweist, und einem den Kern umgebenden Mantel (*cladding*) mit einer etwas geringeren optischen Dichte. Diese beiden Komponenten sind für die Lichtausbreitung von Bedeutung. Aus Gründen des mechanischen Schutzes und der Festigkeit sind weitere Hüllen um die Faser gelegt. Zwischen Kern und Mantel besteht in der Brechzahl n der Materialien ein Unterschied. Die Brechzahl ist das Verhältnis der Lichtgeschwindigkeit im Vakuum $c = 3 \cdot 10^8$ m/s   zu der in einem Medium, $c_1 \leq c$.

$$n = c/c_1 \qquad (6.2)$$

Beim Übergang des Lichtes von einem Medium mit der Brechzahl n_1 in ein anderes Medium mit der Brechzahl n_2 gilt das Brechungsgesetz nach *Snellius*:

$$\frac{\sin \alpha}{\sin \beta} = \frac{n_2}{n_1} = \frac{c_1}{c_2} \qquad (6.3)$$

Die Lichtgeschwindigkeiten in den Medien verhalten sich umgekehrt wie die Brechzahlen der Medien. Die Winkel α und β sowie die Komplementärwinkel $90^{\circ} - \alpha$ und $90^{\circ} - \beta$ können der Zeichnung 6-3 entnommen werden.

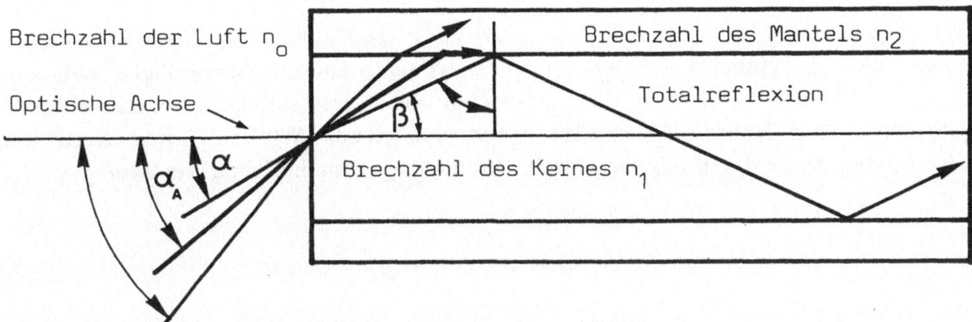

Bild 6 -3   Brechungsgesetz von *Snellius*

In der Abbildung 6-3 ist in Bezug auf die Brechzahl ein Stufenprofil angenommen worden, wobei das Profil den Verlauf der Brechzahl über dem Durchmesser der Faser darstellt. Die drei wichtigsten Glasfaserarten haben Stufenprofile bzw. das Gradientenprofil. Bei Stufenprofilen ändert sich die Brechzahl zwischen den Medien Kern/Mantel abrupt, bei Gradientenprofilen allmählich. Stufenprofile werden für die Monomodefasern und die Multimodefasern eingesetzt, Gradientenprofile nur für Multimodefasern.

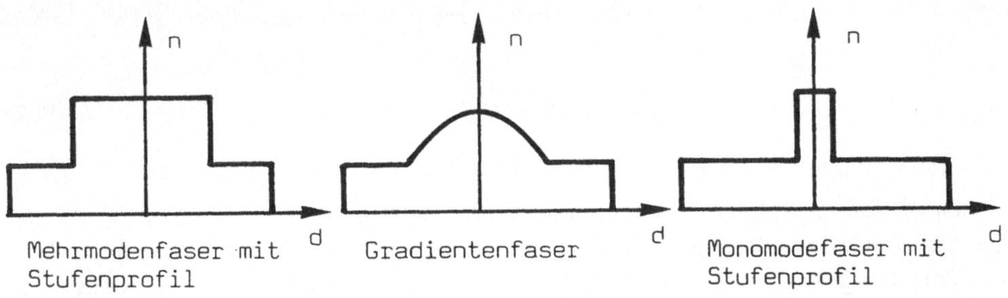

Bild 6-4   Brechzahlprofile

Bei Multimodefasern tragen sehr viele diskrete Wellen zur Signalübertragung bei, während sich bei Monomodefasern nur *eine* Lichtwelle ausbreiten kann.

Wir betrachten Abbildung 6-3 und verfolgen einen Lichtstrahl, der unter dem Winkel α aus der Luft in den Kern der Glasfaser mit der Brechzahl n_1 eintritt. Nach dem Brechungsgesetz von *Snellius* erfährt dieser Strahl eine Winkelveränderung und bildet mit der Faserachse den Winkel β.

$$\sin \beta = (n_0/n_1) \cdot \sin \alpha \tag{6.4}$$

Dieser um den Winkel β geneigte Strahl trifft jetzt auf die Grenzfläche zwischen Kern und Mantel und wird dort wiederum nach der gleichen Gesetzmäßigkeit gebrochen. Der Lichtstrahl verläßt unter dem neuen Winkel γ den Kern und tritt in den Mantel ein. Er ist somit für die Signalausbreitung verloren.

$$\sin (90^\circ - \beta) = \cos \beta = (n_2/n_1) \cdot \sin \gamma \tag{6.5}$$

Es ergibt sich damit die Fragestellung, unter welcher Bedingung γ zu Null wird. In diesem Fall wird sich der gebrochene Lichtstrahl gerade parallel zur Faserachse an der Grenzfläche Kern/Mantel ausbreiten. Diese Bedingung lautet:

$$\cos \beta_G = n_2/n_1 \tag{6.6}$$

Jetzt stellt sich die Frage, wann der Lichtstrahl an der Grenzfläche Kern/Mantel in den Kern zurück gespiegelt wird, bzw. eine *Totalreflexion* erfährt und somit zur Signalübertragung beiträgt.

Dieser Fall tritt ein, wenn der Winkel kleiner als β_G wird. Dann lautet Gleichung (6.6):

$$\cos \beta > n_2/n_1 \tag{6.7}$$

Aus den bisher gegebenen Beziehungen kann bestimmt werden, wie groß der maximale Einfallswinkel α_A eines Lichtstrahles in den Faserkern sein darf, wenn Totalreflexion auftreten soll, bzw. wenn der Grenzfall erlaubt sein soll, daß parallele Ausbreitung zwischen Kern und Mantel gerade noch zugelassen wird. Dieser Winkel wird auch *Akzeptanzwinkel* genannt.

$$\sin \alpha_A = (n_1/n_0) \cdot \sin \beta_G = (n_1/n_0) \sqrt{1 - (n_2/n_1)^2} \tag{6.8}$$

$$\alpha_A = \text{arc sin} \left(\left(n_1/n_0 \right) \sqrt{1 - \left(n_2/n_1 \right)^2} \right) \tag{6.9}$$

Alle in den Faserkern einfallenden Strahlen, die den Winkel $\alpha \leq \alpha_A$ mit der Faserachse einschließen, werden unter fortwährender Totalreflexion im Kern des Lichtwellenleiters weitergeleitet. Der Sinus des Akzeptanzwinkels α_A wird auch als *numerische Apertur* A_N bezeichnet. Mit $n_0 = 1$ ergibt sich dann:

$$A_N = \sin \alpha_A = \sqrt{n_1^2 - n_2^2} \tag{6.10}$$

Da in der Praxis die Differenz der beiden Brechzahlen, die sich um ca. 1% voneinander unterscheiden, sehr gering ist, kann eine Näherungsgröße Δ gebildet werden.

$$\Delta = \frac{n_1^2 - n_2^2}{2\,n_1^2} \approx \left(n_1 - n_2 \right)/n_1 \tag{6.11}$$

Dieses Brechzahlenverhältnis wird in Gleichung (6.10) eingesetzt. Damit erhält man einen Ausdruck für die Berechnung der numerischen Apertur, welcher nur noch die relative Brechzahldifferenz und die Brechzahl des Kernmaterials enthält.

$$A_N \approx n_1 \sqrt{2\,\Delta} \tag{6.12}$$

Die numerische Apertur bewirkt durch ihren Wert, wieviel Energie in die Faser eingekoppelt werden kann. Ein großer Wert der numerischen Apertur bedeutet einen großen Brechzahlunterschied, großes Aufnahmevermögen für Licht, eine große Zahl von ausbreitungsfähigen Moden und geringe Bandbreite. Die Formeln gelten für den idealen Fall, daß einfallende Lichtstrahlen die Faserachse schneiden. Schief einfallende Strahlen werden zwar mitübertragen, verändern aber den Wert der numerischen Apertur. Übliche numerische Aperturen liegen im Intervall $0,14 \leq A_N \leq 0,22$, woraus sich die Einkoppelwinkel von $8^O \leq \alpha \leq 13^O$ ergeben.

6.4   Lichtwellenleiter

Diejenigen Lichtwellen, die im Lichtwellenleiter ausbreitungsfähig sind, nennt man *Moden*. Nicht bei jedem Einfallswinkel des Lichtes ist eine Ausbreitung möglich. Wegen der Wellennatur des Lichtes können aufgrund von Interferenzen Auslöschungen und Verstärkungen entstehen. Bei einer bestimmten Lichtwellenlänge gibt es eine endliche Anzahl von Winkeln, die eine Lichtausbreitung zulassen. Wieviele Moden sich im Lichtwellenleiter ausbreiten können, hängt von der numerischen Apertur, der Lichtwellenlänge und dem Kerndurchmesser ab. Es sind Beziehungen entwickelt worden, die die Berechnung der Modenzahl ermöglichen. Zunächst werden die Eigenschaften von Glasfasern in Bezug auf die Lichtausbreitung betrachtet. Danach ergibt sich von selbst, ob eine geringe oder eine hohe Zahl von Moden für die Übertragung günstig ist.

6.4.1 Mehrmoden-Stufenprofilfaser

Diese Faser hat ein scharf abgestuftes Brechzahlprofil, wobei im Kern eine etwas höhere, im Mantel eine etwas geringere Brechzahl vorliegt. Die Lichtstrahlen (um bei dem anschaulichen Begriff zu bleiben) werden auf vielgestaltigen Zickzackwegen durch Totalreflexion an der Grenze zwischen Kern und Mantel geführt. Es gibt Moden, die auf langen Wegen, andere Moden, die auf kürzeren Wegen zum Faserende gelangen. Dies führt zu sehr unterschiedlichen Modenlaufzeiten, woraus sich sofort ergibt, daß der Ausgangsimpuls einer solchen Faser eine zeitliche Verbreiterung erfahren muß.

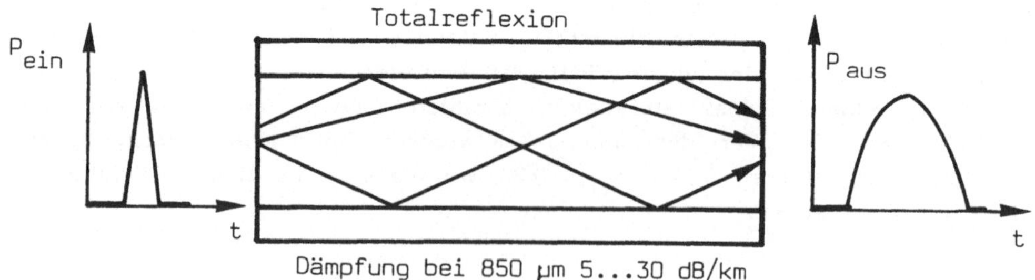

Bild 6-5   Mehrmoden-Stufenprofilfaser

Die Anzahl der ausbreitungsfähigen Moden kann mit Formel (6.13) bestimmt werden. Dabei sind λ die Lichtwellenlänge, r_0 der Kernradius, n_1 die Brechzahl des Kernes und n_2 die Brechzahl des Mantels.

$$N \approx 2 \left(\frac{\pi\, r_0}{\lambda} \right)^2 \left(n_1^2 - n_2^2 \right) \tag{6.13}$$

Die unterschiedlichen Modenlaufzeiten bewirken die schon erwähnte Impulsverbreiterung. Man spricht von der *Modendispersion*, die bei Stufenprofilfasern im Bereich von 50 ns/km liegt. Es existieren noch zusätzliche Ursachen für die Verbreiterung der Lichtimpulse auf dem Übertragungsweg, nämlich die *Materialdispersion* und die *Wellenleiterdispersion*. Die Materialdispersion wird auf die wellenlängenabhängige Lichtgeschwindigkeit im Glas zurückgeführt. Dabei zeigt sich, daß bei der Lichtwellenlänge von 1,28 µm die Materialdispersion einen Minimalwert durchläuft. Da eine Laserdiode eine wesentlich geringere Spektralbreite als eine Lumineszenzdiode aufweist, kann die Materialdispersion damit abgeschwächt werden. Die Wellenleiterdispersion kann bei Stufenprofilfasern mit Mehrmodenausbreitung infolge ihres geringen Wertes vernachlässigt werden.

Für den Einsatz bei der Deutschen Bundespost hat die Mehrmoden-Stufenprofilfaser keine Bedeutung. Für einfache industrielle Anwendungen kann dieser Fasertyp eingesetzt werden, da die Faser ein einfaches Herstellverfahren mit leichter optischer Verbindungsmöglichkeit verbindet. Die hohe Modendispersion von 10 - 100 ns/km verbietet schnelle Anwendungen und lange Übertragungswege.

6.4.2 Mehrmoden-Gradientenfaser

Wenn das abrupt stufenförmige Brechzahlprofil in ein allmählich ansteigendes Profil verändert wird, dann breiten sich die einzelnen Moden nicht mehr auf Zickzackwegen, sondern auf gekrümmten Wegen aus. Der Verlauf des Brechzahlprofils über dem Durchmesser der Faser wird durch Formel (6.14) angegeben.

$$n(r) = n_1 \cdot \left(1 - \Delta\, (r/r_0)^2 \right) \tag{6.14}$$

Δ ist die bereits definierte relative Brechzahldifferenz, r_0 ist der Radius des Faserkernes, n_1 stellt die Brechzahl des Kernes dar. Der Brechzahlverlauf des Kernes ist parabolisch. Je kleiner die Brechzahl ist, desto schneller ist die Lichtausbreitung im Glas. Diejenigen Moden, die einen längeren Weg im Lichtwellenleiter zurücklegen, breiten sich mit größerer Geschwindigkeit aus als die Moden, welche sich nahe der Faserachse ausbreiten. Man erhält durch dieses Prinzip eine nahezu gleiche Laufzeit der ausbreitungsfähigen Moden.

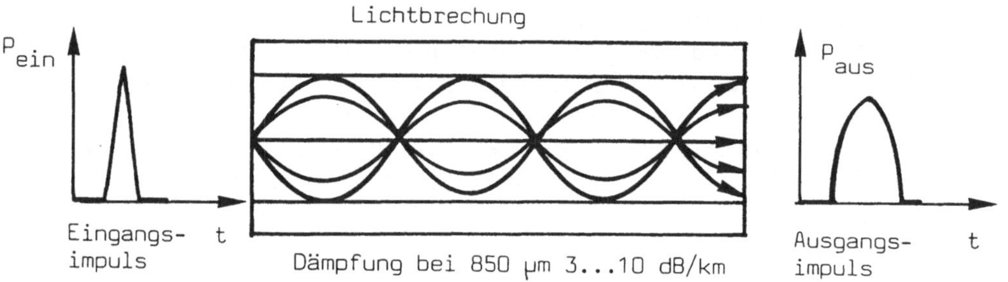

Bild 6-6   **Mehrmoden-Gradientenfaser**

Die Theorie zeigt, daß die Anzahl der ausbreitungsfähigen Moden in einer Gradientenfaser vom halben Betrag wie bei der Mehrmoden-Stufenprofilfaser ist. Allerdings hängt dieser Wert vom Gradientenprofil α ab, dem Exponenten, das im Falle der Gleichung (6.14) zu 2 angesetzt wurde. Die *Modendispersion* ist bei der Gradientenfaser wesentlich geringer anzusetzen.

Man kann den Laufzeitunterschied einer Mehrmoden-Stufenprofilfaser aus der Differenz der Laufzeiten des Modus' höchster Ordnung und des Grundmodes bestimmen, wobei c die Lichtgeschwindigkeit darstellt.

$$\Delta t = 1/c\ (\ n_1 - n_2\ )\hspace{3cm}(6.15)$$

Im Vergleich dazu ist bei der Gradientenprofilfaser der Laufzeitunterschied zwischen der langsamsten und der schnellsten Mode geringer und hängt vom Profil der Brechzahl ab.

Bild 6-7   Vorform und Querschnitt durch eine Gradientenfaser (Siemens)

$$\Delta t = 1/2c \ (\ n_1 - n_2 \ ) \qquad\qquad (6.16)$$

Dies ergibt eine um mehr als zwei Zehnerpotenzen geringere Impulsverbreiterung, wie die Beispiele mit Zahlenwerten im letzten Kapitel zeigen. Die geringere Modendispersion (0,2 bis 10 ns/km) ist vorteilhaft für die Übertragung hoher Bitraten und ermöglicht den Einsatz dieses Fasertyps für lange Übertragungswege. In Bezug auf die Übertragungseigenschaften hat die Mehrmoden-Gradientenfaser eindeutige Vorteile gegenüber der Mehrmoden-Stufenprofilfaser. Nachteilig ist das aufwendige Herstellungsverfahren der Faser, da im Kern Quarzglasschichten mit unterschiedlichen Brechzahlen aufgebracht werden müssen. Ein weiterer Nachteil der Gradientenfaser besteht in dem Umstand, daß sich die numerische Apertur mit dem radialen Abstand zur Faserachse verändert, da sich die Brechzahl über dem Durchmesser parabolisch verändert. Dies führt dazu, daß bei einer Gradientenprofilfaser die theoretisch maximale einkoppelbare Lichtleistung gegenüber einer Stufenprofilfaser mit gleichem Kerndurchmesser auf den halben Wert absinkt.

6.4.3   Monomodefaser

Da sich die Modendispersion besonders stark auf die Übertragungsbandbreite auswirkt, liegt es nahe, diesen Effekt zu verkleinern. Wenn der Sonderfall erzeugt wird, daß überhaupt nur ein Modus, der Grundmodus, sich ausbreiten kann, dann kann eine Modendispersion nicht mehr stattfinden. Dieser eine Mode breitet sich in der Einmodenfaser längs der Faserachse aus.

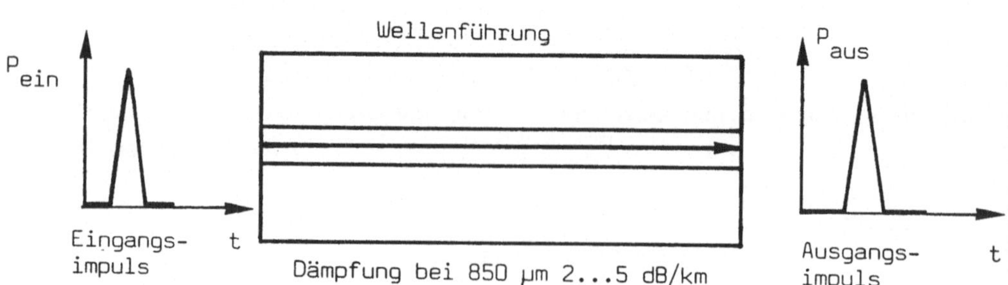

Bild 6-8   Einmodenfaser

Für die Berechnung des Kernradius einer Monomodefaser mit Stufenprofil wird die Beziehung (6.17) angegeben. λ ist die eingesetzte Lichtwellenlänge, n_1 und n_2 sind die Brechzahlen von Kern und Mantel.

$$r \leq (\lambda/2\pi) \frac{2,405}{\sqrt{n_1^2 - n_2^2}} \qquad (6.17)$$

Wie Beispiel 6.11.4 zeigt, darf der Kerndurchmesser höchstens das 3,6-fache der eingesetzten Lichtwellenlänge betragen, ein Umstand, der nicht nur fertigungstechnische Probleme aufwirft. Auch die Einkopplung des Lichtes in die Faser erfordert bei diesen Dimensionen hohen Aufwand, so daß die Handhabung bei lösbaren und festen Verbindungen Probleme bereitet. Wenn Licht von einer Glasfaser auf eine zweite Glasfaser übertragen werden soll, dann müssen die Enden der Lichtwellenleiter auf Bruchteile von Mikrometern genau einander gegenübergestellt werden, damit ein hoher Wirkungsgrad für die Lichteinspeisung gegeben ist.

Da die Modendispersion entfällt und nur noch die chromatische Dispersion (Materialdispersion) einen Einfluß ausübt, entsteht eine sehr niedrige Gesamtdispersion (siehe Formel 6.26 und Beispiel 6.11.8). Dabei geht man vom Einsatz einer Laserdiode aus, die monochromatisches Licht mit einer geringen Übertragungsbandbreite aufweist. Daher können die Verstärkerabstände groß gehalten werden, bei höchsten Übertragungsraten.

Man kann in Bezug auf die drei Fasertypen zusammenfassend feststellen:

1.) Die Mehrmoden-Stufenprofilfaser findet in der Nachrichtenübertragungstechnik keine weite Verwendung, da sie keine hervorragenden Vorteile gegenüber Koaxialkabeln oder anderen Übertragungsmedien besitzt.

2.) Die Mehrmoden-Gradientenprofilfaser besitzt die zweitbesten Übertragungseigenschaften, da die Modendispersion auf ein Fünfzigstel derjenigen der Mehrmoden-Stufenprofilfaser herabgesetzt werden konnte. Es sind Übertragungsbandbreiten von 1 GHz möglich. Die Herstellung und die Handhabung sind einfacher als bei der Monomodefaser.

3.) Die günstigsten Übertragungseigenschaften weist die Monomodefaser auf. Infolge der fehlenden Modendispersion gibt es keine nennenswerten Laufzeitverzerrungen. Es sind Übertragungsbandbreiten bis 100 GHz möglich. Allerdings sind die hohen Fertigungskosten und die Verbindungsprobleme von Nachteil.

6.5   Verluste in Lichtwellenleitern

Bei der Lichtübertragung über einen Lichtwellenleiter erfährt das optische
Signal eine *Dämpfung A.* Die Dämpfung wird durch Messung der Strahlungsleistung am Anfang eines Faserabschnittes und am Ende dieses Abschnittes
bestimmt. Dabei berücksichtigt man die Einkoppelverluste in den Lichtwellenleiter
nicht.

$$A = \alpha l = 10 \lg \frac{P_1}{P_2} \tag{6.18}$$

α ist der Dämpfungskoeffizient in dB/km, l die Faserlänge, P_1 die eingekoppelte
und P_2 die ausgekoppelte Lichtleistung. Die Dämpfung hat drei Hauptursachen:

Es liegt in einem Lichtwellenleiter eine *Streuung* des Lichtes an Inhomogeni-
tätsstellen, Verunreinigungen, Blasen, Rissen und Kristallisationskeimen vor, die
im Verlauf des Fertigungsprozesses auftreten. Aber auch bei völlig reinem und
homogenem Material findet an der amorphen Materialstruktur eine Eigenstreu-
ung statt, die als *Rayleigh*-Streuung bekannt ist. Sie stellt die unterste Grenze
der Dämpfung in Lichtwellenleitern dar und kann nicht vom Fertigungsprozeß
unterbunden werden. Die dadurch verursachte Dämpfung ist bei kleinen Wellenlängen groß und bewirkt bis zu einer Wellenlänge von 1,3 µm den Hauptan-
teil der Dämpfung. Bei zunehmender Wellenlänge nimmt die *Rayleigh*-Dämpfung
dann ab.

Die zweite Ursache, die zur Dämpfung des Lichtes beiträgt, ist die *Absorption.*
Dieser Effekt tritt durch Verunreinigungen des Lichtwellenleiter-Materials auf, z.B.
durch Metallionen und OH-Ionen. Man muß daher mit den Methoden der Halb-
leitertechnik extrem reines Grundmaterial herstellen. Dennoch lassen sich
Wasserverunreinigungen nicht vermeiden, die dann bei Wellenlängen von 0,72,
0,95, 1,37 und 1,73 µm Dämpfungsanstiege infolge des Wasserabsorptionsverlu-
stes hervorrufen. Die im Quarzglas vorhandenen Absorptionsvorgänge sind
besonders bei größeren Wellenlängen wirksam und tragen ab 1,7 µm wesentlich
zur Dämpfung der Faser bei.

Schließlich kann an starken Krümmungen der Faser noch eine *Abstrahlung* entstehen, im Verlauf derer aus der Faser Licht austritt. Daher müssen große
Umlenkradien bei der Biegung von Fasern z.B. in Kabelmuffen sichergestellt
werden.

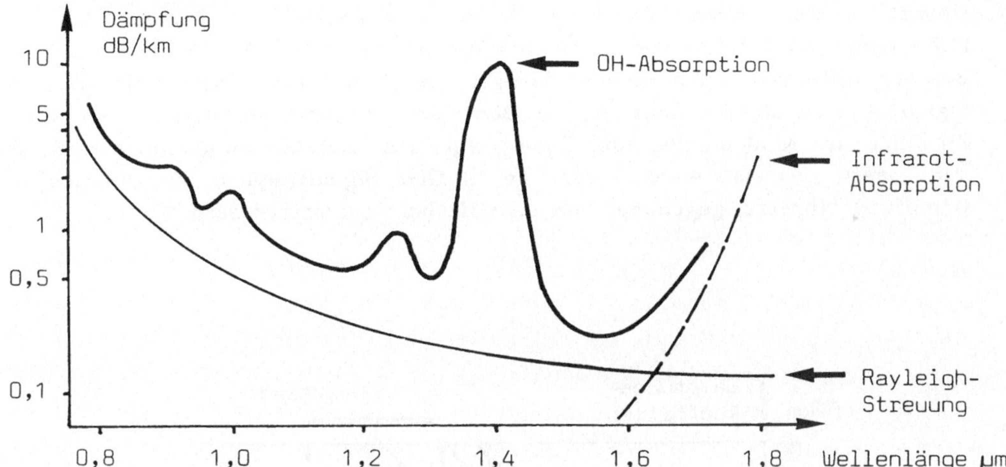

Bild 6-9   Dämpfungsverlauf einer Glasfaser in Abhängigkeit der Wellenlänge

Es existieren bei einem Lichtwellenleiter aus Quarzglas drei charakteristische "Fenster", in denen die Übertragungsverluste gering sind und die daher für die Nachrichtenübertragung genutzt werden. Das erste Fenster liegt bei 0,85 µm, das zweite bei 1,3 µm und das dritte bei 1,55 µm.

Zur Zeit wird der Bereich bei 1,3 µm von der Bundespost mit der Zeitmultiplextechnik genutzt. Im Bereich 1,5 µm sinkt die Faserdämpfung auf ein absolutes Minimum, ein Bereich, der für die zukünftige Übertragung in Weitverkehrssystemen angestrebt wird.

Zur Reinheit des Materials seien noch zwei Bemerkungen erlaubt: Wäre das Wasser des Pazifischen Ozeans vollständig klar und nicht verunreinigt, so könnte man selbst den Grund des tiefsten Ozeangrabens mit über 11000 m Tiefe von der Wasseroberfläche aus sehen, eine fast unheimliche Vorstellung. Dagegen ist normales Fensterglas von 1 m Dicke praktisch undurchsichtig.

Man kann die Dämpfungen von Lichtwellenleitern mit denjenigen der Kupfer-Koaxialkabeln vergleichend betrachten. Dabei fällt auf, daß die Dämpfungswerte der Kupferkabel pro km Leitungslänge auch bei geringen Signalfrequenzen wesentlich höher liegen als diejenigen der Lichtwellenleiter. Ferner nimmt die Kabeldämpfung infolge der Stromverdrängung bei hohen Frequenzen stark zu. Bei der optischen Übertragung dagegen hängt die Dämpfung nicht von der Signalfrequenz ab. Die Zunahme der Dämpfung in Bild 6-10 erklärt sich aus der Zunahme der Modendispersion. Dabei zeigt sich, daß bei Monomodefasern, die mit Lasern gespeist werden, erst ab 10 GHz Signalfrequenz ein Anstieg der Dämpfung einsetzt, gegenüber von 0,1 GHz bei Gradientenfasern.

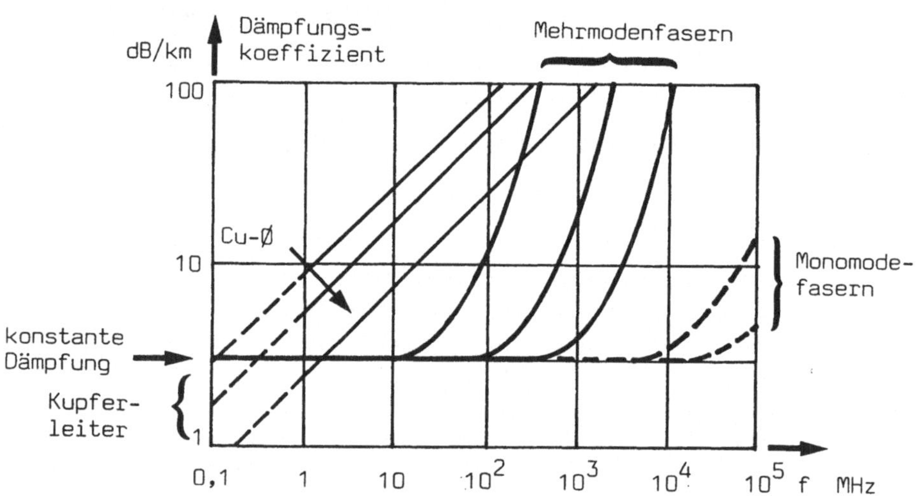

Bild 6-10   Kilometrische Dämpfung bei Kupferkabeln und Glasfaserkabeln

6.6   Herstellung von Glasfasern und Kabelkonstruktion

Das Material zur Glasfaserherstellung ist Quarzglas (SiO_2), das im Inneren einen mit Germaniumdioxyd (GeO_2) dotierten Kern besitzt. Andere Dotierstoffe sind Fluor und Bortrioxyd (B_2O_3). Die hervorragende Eignung zur Herstellung reinster Glassorten beruht auf der Tatsache, daß sich Quarzglas durch eine Abscheidung aus einem reinen homogenen Gasgemisch darstellen läßt. Man wendet drei Verfahren zur Abscheidung des Quarzglases an, die Innenabscheidung auf der Innenseite eines rotierenden Quarzglasrohres, die Außenabscheidung auf der Oberfläche eines Quarzglasstabes und die Axialabscheidung auf der Stirnfläche eines Quarzglasstabes.

Bei der Innenabscheidung werden die gasförmigen Materialien Siliziumtetrachlorid $(SiCl_4)$, Germaniumtetrachlorid $(GeCl_4)$ und Sauerstoff (O_2) durch ein Quarzrohr bei 1600° C geleitet. Auf dem Siliziumdioxyd, das bereits als hochrein angenommen wird, scheidet sich jetzt mit Germaniumdioxyd zusammen reines Quarzglas ab. Die Menge des zugesetzten Germaniumtetrachlorids bestimmt die Stärke der Dotierung und damit die Brechzahl der jeweiligen Schicht. Bei einer Gradientenfaser scheidet man etwa 40 Schichten übereinander bei jeweils veränderter Gaszusammensetzung ab.

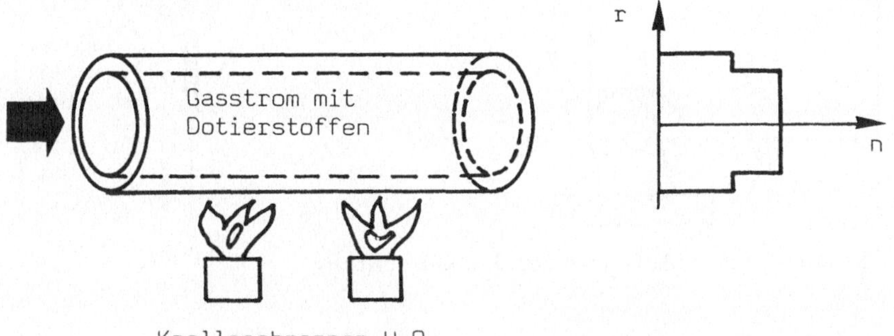

Bild 6-11   Innenabscheidung auf einem Siliziumrohr

Das fertig beschichtete Rohr wird jetzt von einem Durchmesser von etwa 30 mm bei 2000° C zu einem massiven Glasstab von ca. 20 mm Durchmesser verarbeitet. Diese Vorform mit dem gewünschten Brechzahlprofil wird in einer Ziehanlage in die gewünschte Faser gezogen. Im Verlauf des Ziehvorganges wird die Faser sofort mit einer Kunststoffschicht ummantelt, deren Brechzahl mit n = 1,52 weit über der des Mantelmaterials liegt.

Dadurch erreicht man, daß in den Mantel eingekoppelte Lichtwellen in den Kunststoff übergehen und dort nach kurzer Weglänge absorbiert werden. Die Wanddicke der Primärbeschichtung beträgt 40 µm bis 100 µm, und sie dient zur Polsterung an Auflagestellen der Faser. Eine zweite aufgebrachte Schicht hat die Aufgabe eines ersten mechanischen Schutzes.

Das Ende der Vorform muß auf die Schmelztemperatur von 2000° C gebracht werden. Die Faser wird direkt von der Vorform abgezogen. Ihr Durchmesser wird ständig überwacht und dient als Regelgröße für die Ziehgeschwindigkeit. Nach dieser Kontrolle des Faserdurchmessers erfolgt die bereits erwähnte Beschichtung. Eine Trockeneinrichtung härtet die Primärbeschichtung nach dem Aufbringen und vor dem Aufwickeln auf die Ziehtrommel sofort aus. Die Länge der Faser liegt, je nach Größe der Vorform, bei etwa 10 km.

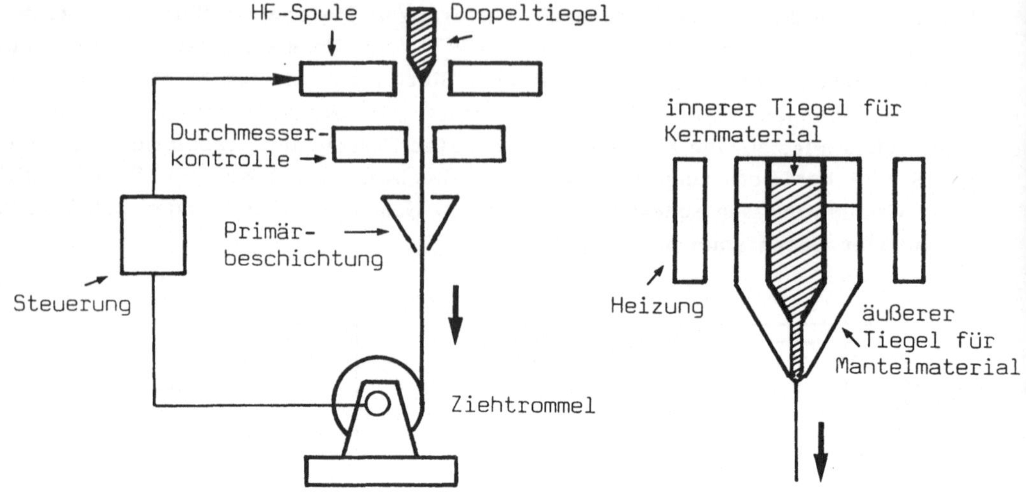

Bild 6-12   Schematischer Aufbau einer Zieheinrichtung

Eine weitere Methode des Faserziehens ist die Doppeltiegelmethode. Zwei konzentrische Platintiegel haben je eine Düse, deren Durchmesser dem Aufbau der späteren Faser entsprechen. Der innere Tiegel wird mit der Kernglassorte, der äußere Tiegel mit der Mantelglassorte beschickt. Die Tiegel werden auf 800° C erwärmt. Das geschmolzene Glas des äußeren Tiegels nimmt das Glas des inneren Tiegels mit. Beide Tiegel können ständig mit neuen Glasstäben nachgefüllt werden, so daß eine fortlaufende Produktion stattfinden kann. In den anderen Baugruppen gleicht die Ziehanlage der beschriebenen Anlage.

Nachdem die Glasfaser gezogen und bereits ummantelt wurde, ist eine Verwendung in den Kabelschächten der Post noch nicht möglich. Es müssen Kabel hergestellt werden, die in ihren mechanischen Eigenschaften mit konventionellen Metallkabeln vergleichbar sind, damit die geforderte Lebensdauer von z.Zt. 20 Jahren gewährleistet wird.

Die von der Deutschen Bundespost eingesetzten Glasfaser-Außenkabel enthalten Fasern in loser Form als *gefüllte Hohlader* und als *gefüllte Bündelader*. Im ersteren Fall wird die Glasfaser mit der ersten Schutzschicht lose in eine Aderhülle eingelegt. Im zweiten Fall werden mehrere Fasern in ein Kunststoffröhrchen lose eingelegt. Der verbleibende Raum in den Kunststoffröhrchen wird mit einer weichen Kunststoffmasse aufgefüllt, welche die Beweglichkeit der Fasern im Temperaturintervall zwischen -30° und $+70^O$ wenig behindern darf. Der Raum außerhalb der Kunststoffröhrchen und innerhalb der Aderhülle wird ebenfalls mit einem etwas festeren Kunststoff aufgefüllt.

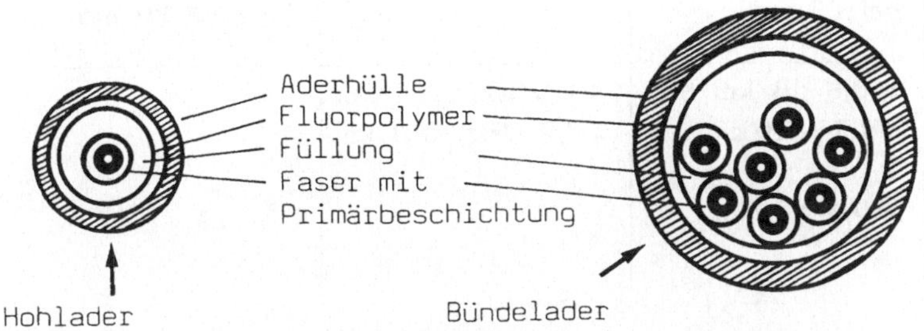

Bild 6-13   Aufbau einer Hohlader und einer Bündelader

Es kommt für industrielle Anwendungen auch der Fall vor, daß auf die erste Beschichtung der Faser eine feste zweite Schutzschicht aufgetragen wird. Dann ist eine *Vollader* oder *Festader* entstanden. Die mechanische Festigkeit des Kabels wird von einem Stützelement aus glasfaserverstärktem Kunststoff geliefert. Ferner wird die Kabelseele mit zugfesten Garnen umsponnen, die mit dem Aluminium-Schichtenmantel verbunden werden. Damit enthalten das Zentrum und die Hülle Zugentlastungselemente.

In die Kabel werden zusätzliche Kupferadern eingebracht, die zur Herstellung von Sprechverbindungen im Verlauf des Kabelverlegens und zur Fehlerortung dienen. Ferner werden die Kupferadern zur Fernspeisung der Zwischenverstärker benutzt. Alle Hohlräume im Kabelinneren sind mit längswasserdichten Füllmassen gegen Wassereinbrüche und die damit verbundenen Langzeitschäden geschützt. Der Kabelmantel wird mit einer doppelten Wellenlinie und dem Fernsprecherzeichen als Außenkabel gekennzeichnet.

Glasfaser-Außenkabel mit *Gradientenfasern* haben genormte Kerndurchmesser von 50 μm und Manteldurchmesser von 125 μm. Sie enthalten 2 - 12 Fasern und gefüllte Hohladern. Ferner existieren Bauformen mit 16 - 120 Fasern und gefüllten Bündeladern.

Glasfaser-Außenkabel mit *Monomodefasern* haben Kerndurchmesser von 9 μm und 10 μm und Manteldurchmesser von 125 μm. Es werden Bündeladern mit 2 oder 4 Fasern verwendet. In einem Kabel werden zwischen 2 und 40 Fasern eingesetzt.

	Dämpfungs-koeffizient α bei 1,3 μm	Bandbreite B_O +25 nm/-35 nm	Dispersions-parameter +30 nm/-20 nm
Gradientenfaser-kabel G50/125	≤ 0,8 dB/km bis ≤ 1,5 dB/km	≤ 0,6 GHz f. 1 km ≤ 1,2 GHz f. 1 km	
Monomodefaser-kabel E9...10/125	≤ 0,4 dB/km		≤ 3,5 ps/nm · km

Tabelle 6-1   Übertragungstechnische Eigenschaften von Lichtwellenleitern in Außenkabeln

Der Dispersionsparameter für die Einmodenfaser gibt die Impulsverbreiterung durch Lichtquellen mit endlicher Spektralbreite an, wie das bei Laserdioden und besonders bei Lumineszenzdioden der Fall ist. Es liegt die Materialdispersion vor.

6.7   Verbindungstechnik

Damit in optischen Übertragungssystemen einzelne Komponenten zusammengeschaltet werden können, benötigt man eine ausgereifte Verbindungstechnik. Die sehr geringe Fläche des Faserkernes sowie die Koppelverluste zwischen zwei Fasern stellen Probleme dar. Im Verlauf der Entwicklung der Verbindungstechnik haben sich feste und lösbare Verbindungen in Form von *Spleißen* und *Steckern* als einsetzbare Verbindungselemente herauskristallisiert.

Auf den Wirkungsgrad der Kopplung zwischen zwei Glasfasern nehmen eine Anzahl Parameter Einfluß, deren Wirkungen und Größenordnungen bekannt sind. Geometrische Toleranzen, Brechzahlprofile, Beschaffenheit von Faserstirnflächen, Entfernung zwischen Lichtquelle und Faserstirnfläche und Verluste infolge Reflexion und Streuung ergeben in ihrer Gesamtheit einen Koppelverlust, der sich bei Spleißen in der Größenordnung von bis zu 0,2 dB pro Spleiß, bei Steckern bis zu über 3 dB bewegen kann.

6.7.1 Spleißverbindung

Die Spleißverbindung ist eine nichtlösbare Verbindungsart, die den Vorteil der geringen Koppeldämpfung aufweist. Es haben sich zwei Verfahren herausgebildet, nämlich das *Kleben* und das *Schweißen*. Zunächst müssen die Faserenden mit einer einwandfreien Stirnfläche versehen werden. Dieser Vorgang geschieht durch Abisolieren der Faser sowie durch Ritzen und Brechen mit Hilfe von Werkzeugen.

Nach der Vorbereitung der Faserenden werden beim Klebespleiß die Faserenden justiert, z.B. durch ein engtoleriertes Röhrchen. Über eine Öffnung in diesem Röhrchen wird ein optischer Kleber zugeführt, der die Faserenden dauerhaft miteinander verbindet. Anstelle der Justierung mit einem Röhrchen hat sich auch die Justierung mittels einer V-Nut bewährt. Die Faserenden werden durch die V-förmige Nut in einer Grundplatte geführt, justiert und zusammengeklebt. Klebespleiße haben sich in vielen Anwendungen bewährt. Insbesonders sind sie dort von Vorteil, wo aus sicherheitstechnischen Gründen nicht mit offenen Flammen gearbeitet werden darf.

Die Technik des *geschweißten Spleißens* ermöglicht durch den Einsatz von automatisch arbeitenden Spleißgeräten sehr dämpfungsarme und alterungsbeständige Verbindungen, die "vor Ort" hergestellt werden können. In Abbildung 6-14 ist der prinzipielle Aufbau eines Spleißgerätes dargestellt.

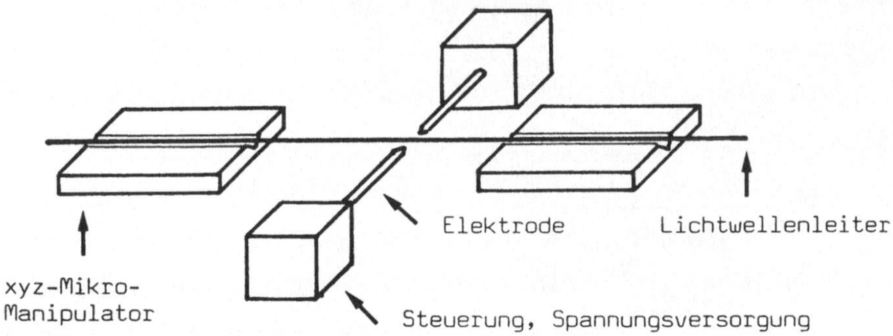

Bild 6-14   Aufbau eines Lichtbogen-Spleißgerätes

Die erforderliche Temperatur von 2000 C liefert ein elektrischer Lichtbogen. Vor dem Schweißvorgang müssen die Faserenden abgemantelt, geritzt und gebrochen werden, um einwandfreie Stirnflächen zu erzeugen. Mit Hilfe von Mikromanipulatoren werden die Faserenden auf Stoß gebracht und anschließend in einer V-Nut fixiert. Der nur Sekunden dauernde Spleißvorgang verbindet die Faserenden. Dabei unterstützt die Oberflächenspannung des Glases die Justage der Fasern durch einen Selbstzentriereffekt, der einen Faserversatz von 10 µm ausgleichen kann. Die Koppeldämpfung wird von dem Gerät überwacht. Die Spleißstelle wird abschließend mit einer Schutzumhüllung versehen.

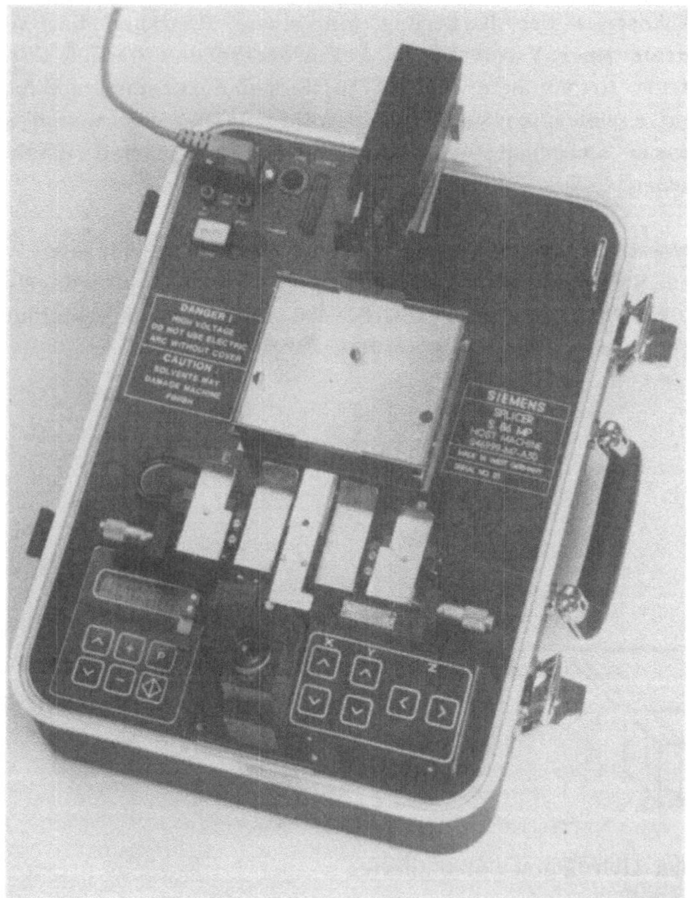

Bild 6-15   Praktische Ausführung eines Lichtbogen-Spleißgerätes (Siemens)

6.7.2   Steckverbindungen

An Steckverbindungen werden eine Reihe von Anforderungen gestellt, die von keinem derzeit erhältlichen Steckersystem in allen Punkten gleichermaßen erfüllt werden können. Das Problem stellt der schon oft genannte geringe Faserdurchmesser dar, der bei Steckverbindungen nur kleine mechanische Toleranzen im μm-Bereich zuläßt. Bereits kleine Ausrichtfehler der Faserenden führen zu großen Koppeldämpfungen.

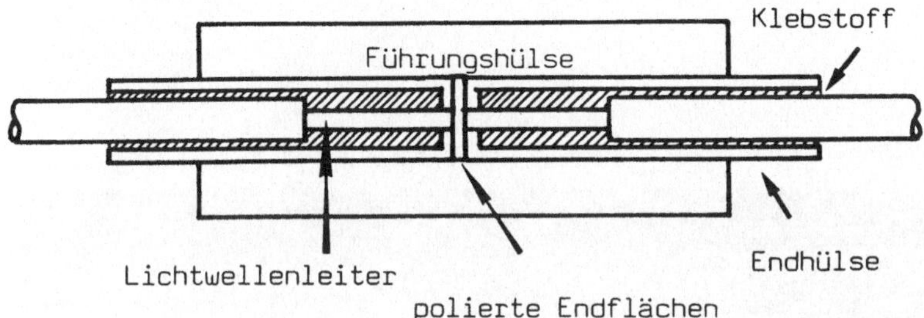

Bild 6-16   Optische Steckverbindung mit Stirnflächenkopplung

Bei der *Stirnflächenkopplung* müssen die Faserenden von ihren Beschichtungen befreit werden. Anschließend werden auf die Faserenden Hülsen aufgebracht, die mit Epoxidharz befüllt an den Stirnflächen mit Bohrungen versehen sind, durch welche die Glasfaser gerade hindurchpaßt. Die Stirnflächen beider Hülsen werden geschliffen und poliert. Beide Faserendhülsen werden in eine Präzisions-Führungshülse eingebracht und mit einem Gewinde zusammengehalten. Es kann ein "Faserschwanz" (*pigtail*) bereits werksseitig im Stecker montiert sein, so daß man an das Faserende das lange Faserstück anspleißen kann. Im Bereich der Weitverkehrstechnik existieren Stecker mit Justiermöglichkeit. Die beiden miteinander optisch zu verbindenden Fasern lassen sich verschieben und verdrehen. Im Verlauf des Justiervorganges kann die austretende optische Leistung gemessen werden. Solche Stecker sind umfangreicher und komplizierter aufgebaut und daher teurer. Man kann mit ihnen aber Koppeldämpfungen von weniger als 0,5 dB erzielen.

Mit dem Verfahren der *Strahlaufweitung* wird die Lichtkoppelfläche bei stumpf aufeinander stoßenden Faserendflächen vergrößert. Dieses Verfahren benutzt Linsen, Selfoc-Linsen oder konische Endstücke, in die das aus der Faser austretende Licht eingekoppelt und auf eine Querschnittsfläche größeren Durchmessers aufgeweitet wird. Dadurch wird die Dämpfung infolge axialen Versatzes und von Verschmutzung durch häufige Steckvorgänge reduziert.

Selfoc-Linsen wirken wie Lichtwellenleiter mit Gradientenprofil. Infolge eines zum Rand hin abnehmenden Brechzahlverlaufes erfolgt die Aufweitung eines eingespeisten Lichtflecks. Selfoc-Linsen und konische Endstücke müssen an die Faserenden geklebt oder geschweißt werden. Bei Linsen ist eine Fixierung der Faser im Brennpunkt der Linse notwendig.

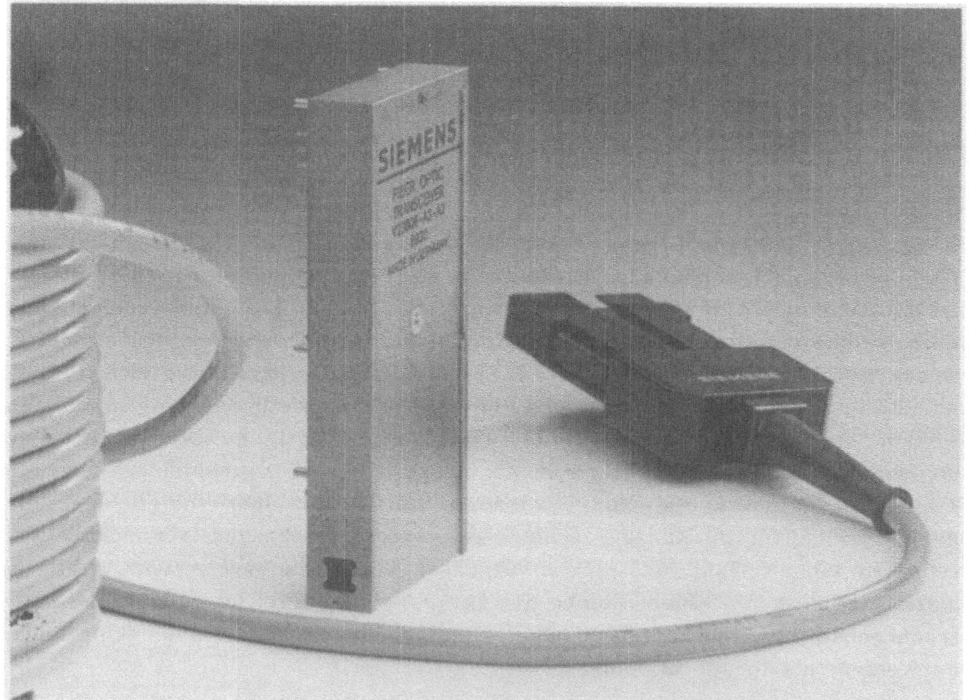

Bild 6-17   FDDI-Transceiver (*Fiber Distributed Data Interface*) und Duplex-Stecker für Übertragungsraten von 125 MBaud bei 1300 nm (Siemens)

6.8 Optische Bauelemente

6.8.1 Physikalische Grundlagen

Im Bereich der optischen Nachrichtentechnik werden Sender und Empfänger eingesetzt, die ausschließlich als Halbleiterbauelemente vorliegen. Als optische *Sender* werden die *Laserdiode* und die *Lumineszenzdiode* verwendet. Die Laserdiode sendet stark gebündeltes und monochromatisches Licht hoher Leistung aus. Bei der Lumineszenzdiode wird ein verhältnismäßig breites Lichtspektrum mit geringerer Lichtleistung ausgesendet.

Optische *Empfänger* sind die *PIN-Fotodiode* und die *Lawinenfotodiode*. Sie demodulieren das empfangene Licht, indem sie ein elektrisches Signal abgeben, das der ankommenden Lichtintensität proportional ist.

Für das bessere Verständnis der optischen Vorgänge ist es sinnvoll, einen Blick auf das *Bändermodell* des Festkörpers Silizium zu werfen. Elektronen können nach den Aussagen der Quantenmechanik nur bestimmte diskrete Energiewerte annehmen. Das unterste Energieniveau entspricht einer Elektronenbahn mit kleinstmöglichem Radius. Um ein Elektron auf eine erlaubte Bahn mit größerem Radius zu transportieren, muß Arbeit gegen die anziehenden Kräfte zwischen Kern und Elektron geleistet werden. Der Energieunterschied wird in Elektronenvolt (1 eV = $1,602 \cdot 10^{-19}$ Ws) angegeben. Wird die Energiezufuhr einen bestimmten Wert übersteigen, so wird das betrachtete Elektron vom Kern getrennt; es wurde die Ionisierungsenergie zugeführt.

Die Energiezufuhr kann durch Strahlung erfolgen. Da die Strahlungsenergie quantisiert vorliegt, muß die Frequenz der Strahlung der Energiedifferenz $E_2 - E_1$ entsprechen. Wenn ein Elektron wieder von einem höheren Energieniveau E_2 auf ein niederes Energieniveau E_1 zurückfällt, dann wird Strahlung emittiert. Die Gleichung (5.19) stellt die Beziehung zwischen Frequenz und Energiedifferenz her.

$$h \cdot f = E_2 - E_1 \tag{6.19}$$

Die Gleichung enthält die *Planck*sche Konstante $h = 6,625 \cdot 10^{-34}$ Ws^2. Wenn ein System aus N verkoppelten Atomen besteht, dann entsteht eine Aufspaltung in je N Energieniveaus.

An Stelle der Einzelniveaus stellt man sich besser kontinuierliche Energiebänder vor, innerhalb derer sich die Elektronen aufhalten können. Im Silizium-Einkristall existieren Bänder, welche durch Elektronen besetzt werden können; dies sind die erlaubten Bänder. Sie sind durch die *verbotene Zone* voneinander getrennt. Die Weite der verbotenen Zone ist der *Bandabstand*, ein Energiewert, der für jedes Halbleitermaterial einen charakteristischen Wert aufweist.

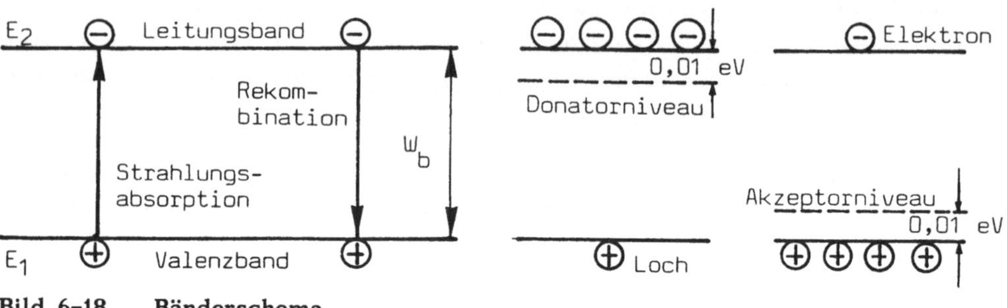

Bild 6-18   Bänderschema

Das untere erlaubte Band wird *Valenzband* genannt. Es ist bei genügend tiefen Temperaturen vollständig mit Valenzelektronen besetzt. Das obere erlaubte Band ist das *Leitungsband*. Es ist bei tiefen Temperaturen unbesetzt. Ein vollständig besetztes Band kann keinen Beitrag zu einem elektrischen Strom liefern. Bei Zufuhr von Energie gelangen dann Elektronen aus dem Valenzband in das Leitungsband, wo sie "frei beweglich" sind und zu einem Stromfluß beitragen können. Bei reinem Silizium beträgt diese Energie ca. 1,1 eV.

Reines Silizium wird mit Fremdatomen gezielt dotiert, um bestimmte elektrische Leitfähigkeiten einstellen zu können. Man unterscheidet *Donatoren* von *Akzeptoren*. Donatoren geben Elektronen bei geringer Energiezufuhr von ca. 0,01 eV ab. Das Energieniveau eines Donators liegt um diesen Energiebetrag unterhalb der Leitungsbandunterkante. Akzeptoren nehmen Elektronen bei ebenso geringer Energiezufuhr auf. Das Energieniveau eines Akzeptoratoms liegt etwas über der Valenzbandoberkante. Die Elemente Phosphor, Arsen und Antimon werden als Donatoren eingesetzt, während Bor, Aluminium, Gallium und Indium als Akzeptoren Verwendung finden.

Wenn ein Elektron aus dem Leitungsband in das Valenzband gehoben wird, dann bleibt eine Fehlstelle zurück, die *Defektelektron* oder auch kurz *Loch* genannt wird. Kehrt ein Elektron aus dem Leitungsband nach einer bestimmten Verweildauer wieder in das Valenzband zurück, so spricht man auch von einer *Rekombination*.

Wenn Elektronen aus dem Leitungsband direkt mit den Löchern im Valenzband rekombinieren können, dann sind Energiesatz und Impulserhaltungssatz erfüllt, und eine Änderung des Elektronenimpulses ist nicht erforderlich. Die emittierten Photonen entsprechen der Energiedifferenz $E_2 - E_1$. Bei indirekten Bandmaterialien weisen Elektronen und Löcher einen unterschiedlichen Impuls auf. Daher ist ein direkter Bandübergang der Elektronen nicht wahrscheinlich. Zur Erfüllung des Impulssatzes ist eine Beteiligung von Phononen (Gitterschwingungen) notwendig, die für einen Impulsausgleich sorgen. Die Wahrscheinlichkeit eines Bandüberganges ist geringer als im ersten Fall. Durch Einbau von Störstellen kann die Lichtausbeute gesteigert werden.

6.8.2 Lumineszenzdioden

Eine Lumineszenzdiode besteht aus einem pn-Übergang, der in Durchlaßrichtung betrieben wird und in dem durch den Vorgang der Rekombination Strahlung erzeugt wird. In Bild 6-19 ist der prinzipielle Aufbau einer Lumineszenzdiode in Doppelheterostruktur gezeigt. Unter "Heterostruktur" wird eine Anordnung von mehreren ungleichartigen (=heterogenen) Schichten verstanden, die sich in ihren physikalischen Parametern wie Gitterkonstanten, thermischen Eigenschaften und Dotierung gegenseitig nicht beeinflussen. Die p-Seite und die n-Seite der vorliegenden Diode bestehen aus je mehreren solcher Schichten.

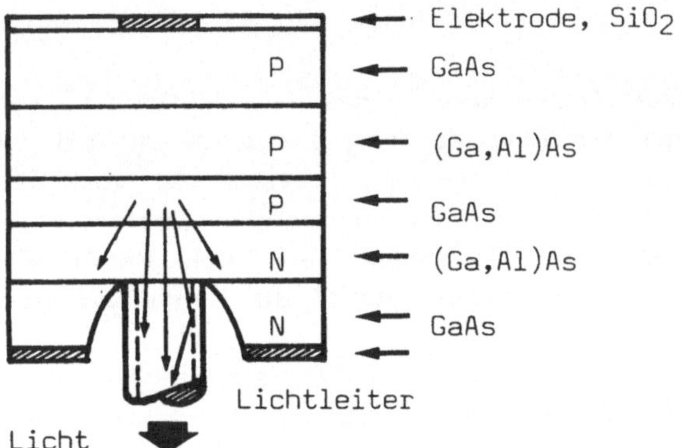

Bild 6-19   Aufbau einer Lumineszenzdiode in Doppelheterostruktur

Die Diode enthält eine Folge von GaAs- und (Ga,Al)As-Schichten (Gallium, Arsen) die in Flüssigphasenepitaxie hergestellt werden. Die dünnen Schichten werden dabei auf ein Substrat in flüssiger Form als Schmelzen aufgebracht.

Mit zunehmendem Aluminiumgehalt kann die Energiebandlücke vergrößert werden. Damit ist ein Einfluß auf die Wellenlänge und die Brechzahl des Materials gegeben, wobei erstere zunimmt, letztere abnimmt.

Zur Lichterzeugung wird eine positive Spannung an die p–Seite, eine negative Spannung an die n–Seite der Diode gelegt. Dadurch erfolgt eine Ladungsträgerinjektion in den pn–Übergang. Elektronen gelangen durch Diffusion von der n–Seite in p–Seite der Diode, und zwar nur bis in die p–GaAs–Zone. Der Diffusionsvorgang wird an der Grenze p–(Ga,Al)As und p–GaAs gestoppt, da an dieser Grenze künstlich eine Potentialschwelle aufgebaut wurde. Ebenso gelangen die Löcher = Defektelektronen aus der p–Seite nicht in die n–Seite des pn–Überganges, da hier bereits die n–(Ga,Al)As–Zone mit ihrer hohen Potentialschwelle ein Eindringen verhindert. Das entstehende Licht hat eine Wellenlänge von 0,7 - 0,9 μm. Zur Erzeugung höherer Wellenlängen von 1,1 - 1,5 μm muß in den Mischkristall Gallium–Arsenid noch Indium und Phosphor eingebracht werden.

Die Elektronen können also allein in der p–GaAs–Schicht mit den Löchern rekombinieren und so Licht erzeugen. Das Licht ist inkohärent und wird im Inneren der 1 μm breiten Zone der Diode nach allen Richtungen abgestrahlt. Die hohe Brechzahl n = 3,7 von GaAs bewirkt, daß das Licht nur in einem Kegel mit dem Öffnungswinkel von 32° in die Luft austreten kann. Eine Faser mit der numerischen Apertur von 0,2 kann Licht nur aus dem noch engeren Kegelwinkel von 7° aufnehmen, so daß die Lichteinkopplung mit ungünstigem Wirkungsgrad erfolgt.

Wenn man ein Fenster in das n–GaAs–Gebiet ätzt, in das der Lichtwellenleiter eingebracht wird, und wenn man den Durchmesser der p–Elektrode auf z.B. 50 μm verkleinert, so daß die Lichterzeugung auf das Gebiet beschränkt wird, das unmittelbar der Faser gegenüberliegt, dann kann der ungünstigen Lichteinkopplung entgegengewirkt werden. Dennoch sind die Verluste erheblich. Von 1 mW Lichtleistung gelangen 20 μW in die Faser, wenn mit 17 dB Koppelverlusten gerechnet werden muß.

Eine Lumineszenzdiode kann amplitudenmoduliert werden, da die Lichtemission dem Injektionsstrom proportional ist. Ein mittlerer Wert der Lebensdauer der injizierten Elektronen beträgt 3 ns, der bei Pulscodemodulation eine Bitrate von 300 Mbit/s ermöglicht.

6.8.3   Laserdioden

Halbleiter-Laser bestehen in ihrem wesentlichen Aufbau aus einem pn-Übergang, der in Flußrichtung betrieben wird. Der Flußstrom setzt sich aus Elektronen zusammen, die in das p-Gebiet injiziert werden und dort unter Aussendung von Licht rekombinieren. Die eigentliche aktive Zone ist von spezieller Geometrie, da sie als *optischer Resonator* ausgebildet ist (*Fabry-Perot-Resonator*)

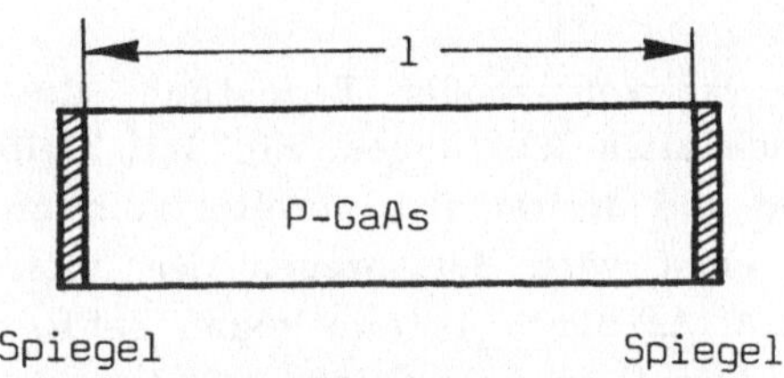

Bild 6-20   Prinzip eines optischen Resonators

Die Länge l des Resonators muß ein ganzzahliges Vielfaches der halben Wellenlänge des erzeugten Lichtes sein. Ferner sind die Stirnflächen der optisch aktiven Zone mit Spiegeln versehen. In Bild 6-20 links ist ein undurchlässiger Spiegel, rechts ein teilweise lichtdurchlässiger Spiegel aufgebracht. Erzeugtes Laserlicht kann also aus dem rechten Spiegel austreten und in eine angekoppelte Faser übergehen.

Im optischen Resonator wird durch *induzierte Emission* eine elektromagnetische Schwingung angefacht, deren Wellenlänge durch die Länge l des Resonators bestimmt wird. Der Resonator muß so ausgelegt werden, daß sich Resonanz innerhalb des durch spontane Emission gegebenen Spektrums einstellt.

In Bild 6-21 ist ein Querschnitt durch eine Laserdiode dargestellt. Die Anfachung der elektromagnetischen Lichtschwingung wird durch starke Injektion von Elektronen in die p-Zone und von Elektronen und Löchern in die Raumladungszone erreicht. Der optisch aktive Bereich ist die dünne p-GaAs-Schicht, die eine Brechzahl von $n = 3{,}7$ aufweist. Dies ergibt an den Grenzflächen des Resonators eine Grenzflächenreflexion von 32 %. Die Brechzahlen der angrenzenden Gebiete sind von geringerem Betrag.

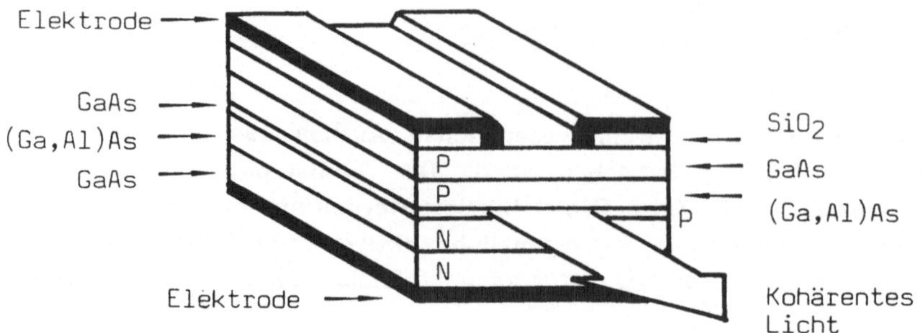

Bild 6-21   Querschnitt durch eine Laserdiode mit Doppelheterostruktur

Der Brechzahlenverlauf der Schichtenfolge ist von großer Bedeutung. Zwar strahlt das in der p-Zone erzeugte Licht nach allen Richtungen. Ein Teil bleibt aber in der dünnen p-GaAs-Schicht erhalten und breitet sich parallel zum pn-Übergang in einer dünnen Zone aus. Das Licht wird dort wegen der unterschiedlichen Brechzahlen von GaAs und (Ga,Al)As durch Totalreflexion geführt, wie in einem Lichtwellenleiter. An den Stirnflächen erfolgt ständig eine Reflexion von 32 % des ankommenden Lichtes. Die dazu senkrecht stehenden Flächen sind rauh und reflektieren somit nicht. Da die Brechzahl den angegebenen hohen Wert besitzt, ist eine Verspiegelung der Stirnflächen nicht unbedingt notwendig.

Auf diesem ständig hin und her durchlaufenen Weg wird das Licht durch *induzierte Emission* verstärkt. Das infolge der strahlenden Rekombination emittierte Licht überlagert sich dem vorhandenen Licht phasenrichtig in der vorgegebenen Ausbreitungsrichtung. Die feste Phasenbeziehung ist eine Folge der im Laser angeregten Eigenschwingungen. Man spricht von *räumlicher Kohärenz* der Strahlung, die äußerst scharf gebündelt aus der Stirnfläche austritt. Wegen der Anregung von Resonatoreigenfrequenzen ist auch die Linienbreite im Spektrum gering. Dies bewirkt eine *zeitliche Kohärenz* der Strahlung.

Die kohärente Strahlung setzt erst bei Überschreitung eines Schwellenstromes ein, da immer wieder Licht aus den Stirnflächen abgestrahlt wird, bzw. auf dem Weg durch das p-GaAs verloren geht. Der Schwellenstrom liegt z.B. bei 250 mA. Es besteht daher zwischen dem Strom und der Lichtleistung ein nichtlinearer Zusammenhang, der sich für den Einsatz von Pulscodemodulationsverfahren eignet.

Die induzierte Lichtemission entspricht einer Lichtverstärkung. Der Name *Laser*
ist auf diese Eigenschaft zurückzuführen (*Light amplification by stimulated
emission of radiation*). In Bild 6-22 ist der Zusammenhang zwischen Lichtleistung und Strom dargestellt. Man erkennt, daß bei einem festen Vorstrom
sich sehr verschiedenartige Strahlungsimpulse ergeben können, da der Knick-
punkt im Diagramm von der Temperatur und der Alterung des Bauelementes
abhängen. Daher muß der Vorstrom geregelt werden.

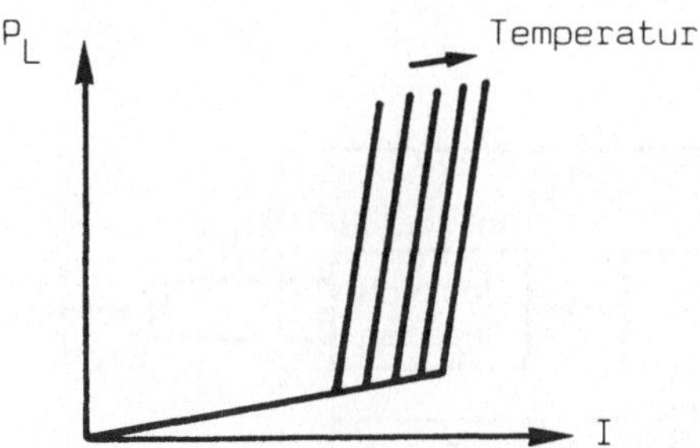

Bild 6-22   Zusammenhang zwischen Lichtleistung und Strom

Die emittierte Strahlung muß möglichst vollständig in den Kern des
angekoppelten Lichtwellenleiters übertragen werden, ein Problem, das vom
Halbleiterhersteller mit Lasermodulen gelöst wird. Der Modul enthält mehrere
Baugruppen:

- die Laserdiode
- eine Elektronik zur Ansteuerung des Lasers
- eine elektronische Schaltung zur Temperaturstabilisierung des Lasers mit
  einem Temperaturfühler und einem *Peltier*-Kühler
- ein Koppellinsensystem
- die abgehende Glasfaser einschließlich Zugentlastung und Befestigung.

Die aktive Zone der Laserdiode weist geringe Abmessungen auf. Ihre Länge beträgt 0,3 mm, die Querschnittsfläche ist in der Größenordnung $2 \cdot 0{,}2$ μm^2. Da
die Monomodefasern heute eine überragende Rolle spielen, ist auch die Anwendung eines Einmoden-Lasers sinnvoll. Die erzeugten Wellenlängen liegen bei 1,3
μm, wo das Minimum der Laufzeitverzerrungen vorliegt, und bei 1,55 μm, wo
das Dämpfungsminimum von Einmoden-Fasern existiert. Erreichbare Übertragungsraten sind 2,4 Gbit/s in Weitverkehrssystemen mit großem Repeaterab-
stand.

Ein wirksames Einkopplungsverfahren für Licht in den Lichtwellenleiter kann nur mit einer Linse verwirklicht werden. Dabei ist der gezogene Faserübergang (*Taper*) mit angeschmolzener Linse üblich. In einer Ziehvorrichtung wird die Faser in einem kleinen Bereich erhitzt und im Lichtbogen getrennt. Dabei formt sich das Faserende allein infolge der Wirkung der Oberflächenspannung zu einer Linse. Mit einem Mikromanipulator wird die konfektionierte Faser vor der Laserdiode justiert und fixiert. Der Koppelwirkungsgrad beträgt 30 - 40 %.

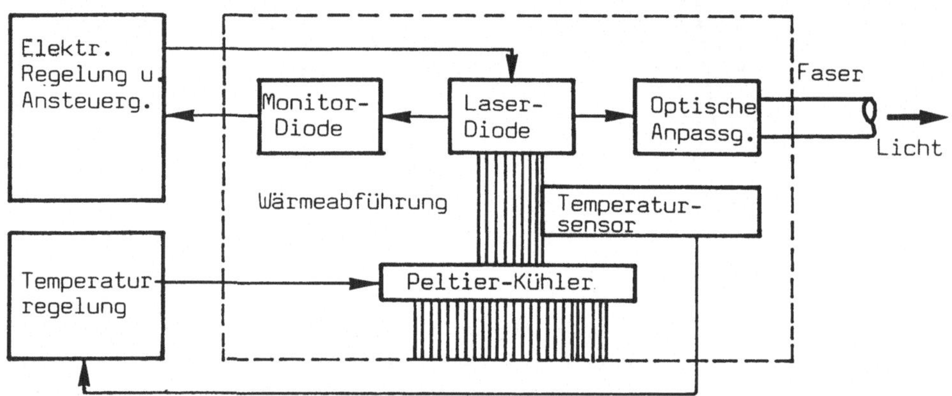

Bild 6-23   Schematischer Aufbau eines Lasermoduls

6.8.4   PIN-Fotodiode

Das auf der Empfangsseite einer optischen Übertragungsstrecke ankommende Licht wird durch einen opto-elektrischen Wandler demoduliert, also wieder in ein elektrisches Signal zurückverwandelt. Die Wandlung erfolgt durch den inneren fotoelektrischen Effekt. Wenn ein Material mit Licht bestrahlt wird, so dringen die Photonen je nach Materialtransparenz für die ankommende Wellenlänge verschieden tief in dieses Material ein. Elektronen werden aus dem Valenzband in das Leitungsband gehoben, die Leitfähigkeit des Materials vergrößert sich. Dieser Effekt gilt auch für eigenleitende, also undotierte, und für dotierte Halbleiter. Bei dotierten Halbleitern hat der Abstand zwischen der Valenzbandoberkante und der Leitungsbandunterkante einen bestimmten Wert in Bezug auf die Energiedifferenz. Wenn ein Elektron diese Energiedifferenz überwinden soll, dann muß es von Licht der Frequenz $1/h \cdot (E_2 - E_1)$ bestrahlt werden.

Daher hat jeder Halbleiter eine ihm zugeordnete Spektralempfindlichkeit. Für
den vorliegenden Anwendungsfall werden Bauelemente eingesetzt, die einen in
Sperrichtung vorgespannten pn-Übergang haben. Ohne Bestrahlung fließt nur
der kleine Dunkelstrom, also der Sperrstrom des Übergangs. Mit Lichteinwirkung entstehen Elektronen-Loch-Paare, die von der Sperrspannung abgesaugt
werden und an einem Arbeitswiderstand einen Spannungshub erzeugen. Der
Spannungsabfall ist der einfallenden Beleuchtungsstärke proportional. Dieses
Prinzip liefert einen auf bereits kleine Lichtmengen schnell ansprechenden
Detektor.

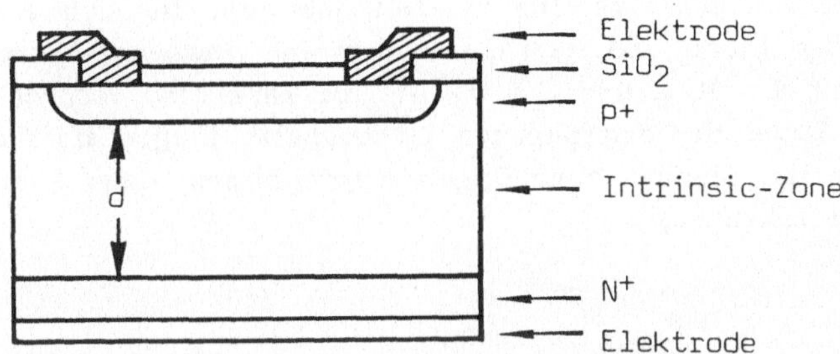

Bild 6-24   Aufbau einer PIN-Fotodiode

Eine PIN-Diode besteht aus den Halbleiterschichten p-Silizium, I-Halbleiter (*I
bedeutet intrinsic oder eigenleitend*) und n-Silizium. Die p- und die n-Zone
sind sehr gut leitend, die I-Zone ist schwach n-leitend. Die p-Zone ist sehr
dünn ausgeführt, da sie dem Lichteinfall zugewandt ist. Ferner ist sie mit
einer Antireflexschicht versehen.

In allen drei Gebieten entstehen bei Lichteinfall Elektronen-Loch-Paare. Die in
der I-Zone entstehenden Paare werden von der dort herrschenden starken
elektrischen Feldstärke getrennt und tragen zur Strombildung bei. Die Elektronen solcher Paare, die in der p-Zone in der Nähe des pI-Überganges entstehen,
werden zur I-Zone diffundieren, da ein Dichtegradient der Minoritätsträger besteht. Die Feldstärke erfaßt diese Ladungsträger und transportiert sie zur n-
Zone. Ebenso ergeht es den Löchern, die in der Nähe des In-Überganges durch
Lichteinfall in der n-Zone entstehen. Sie diffundieren zur I-Zone und werden
von der Feldstärke durch Krafteinwirkung auf die p-Seite transportiert.

Alle diese Ladungsträger tragen zur Entstehung des lichtproportionalen
Stromes bei. Diejenigen Paare, die im Inneren der n- bzw. p-Zone entstehen,
rekombinieren dort sofort wieder und sind für die Stromerzeugung verloren.

Die Zeit, innerhalb derer die Ladungsträger die Intrinsiczone I mit der Breite d durchqueren, hängt von ihrer Geschwindigkeit ab. Man hat für die Sättigungsgeschwindigkeit v_S Werte von 10^4 bis 10^5 m/s bestimmt. Trotz Erhöhung der elektrischen Feldstärke steigt die Geschwindigkeit der Ladungsträger dann nicht weiter an. Die Driftzeit t_d errechnet sich zu:

$$t_d = d/v_S \qquad\qquad (6.20)$$

Wenn die Breite der I-Zone z.B. 70 µm beträgt, so ergibt sich mit den angegebenen Werten eine Driftzeit von 0,7-7 ns. Die RC-Zeitkonstante, die sich aus der Sperrschichtkapazität der Diode und dem Lastwiderstand zusammensetzt, berechnet sich zu 0,1 ns, mit R = 50 Ω und C = 0,2 pF. Sie kann also vernachlässigt werden. Sofern die Dauer der empfangenen Lichtimpulse länger als die Driftzeit der Ladungsträger ist, die den zugehörigen Strom bilden, dann kann die PIN-Diode diese Impulse erkennen.

6.8.5 Lawinen-Fotodiode

Die Lawinen-Fotodiode (*Avalanche Photo Diode, APD*) besteht im wesentlichen ebenfalls aus einem in Sperrichtung betriebenen pn-Übergang. Dabei wird die Sperrspannung so hoch gewählt, daß das elektrische Feld im Inneren der Diode gerade die Durchbruchfeldstärke erreicht, ohne daß die Diode durchbricht. In Bild 6-25 sind ein Querschnitt und der Verlauf der elektrischen Feldstärke über dem Querschnitt aufgetragen.

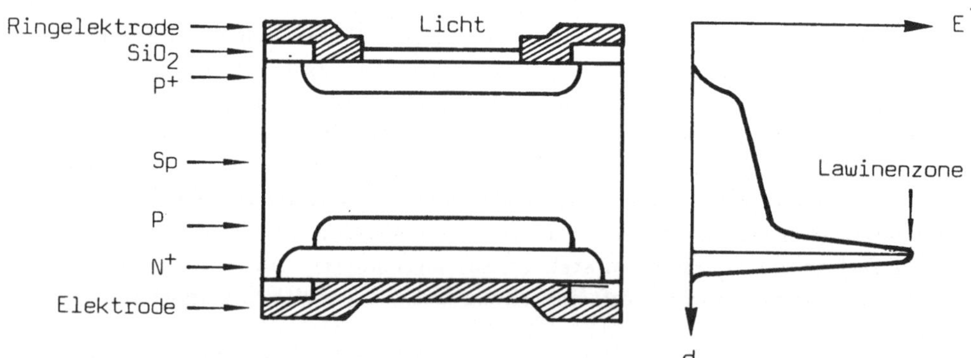

Bild 6-25   Querschnitt durch eine Lawinen-Fotodiode

Das schwach dotierte p-Gebiet mit der "großen" Breite stellt die Driftzone dar, innerhalb derer die Ladungsträgerpaare infolge von Lichteinwirkung entstehen. Die Sperrspannung saugt die entstehenden Löcher nach links in die stark dotierte p-Zone, die Elektronen nach rechts in die stark dotierte p-Zone, die mit dem ebenfalls stark dotierten n-Gebiet die *Lawinenzone* mit einer Breite von etwa 2 μm bildet. Hier existiert die größte elektrische Feldstärke als Folge der hohen Sperrspannung und der Geometrie des pn-Überganges, und hier werden auf freie Ladungsträger die stärksten Kräfte ausgeübt. Aus der Driftzone ankommende Elektronen werden stark beschleunigt und setzen durch Stoßionisation neue Ladungsträger frei, die ebenfalls durch Stoßionisation wieder Ladungsträger freisetzen, usw.

Zwischen zwei Stoßprozessen vergeht die stoßfreie Zeit τ, die zu ca. 1 ps bestimmt worden ist. Der entstehende Fotostrom wird also durch einen Multiplikationseffekt gebildet. Dieser Umstand hat den Vorteil der Empfindlichkeit, aber auch den Nachteil der Erzeugung von Rauschanteilen, da es sich um einen Zufallsprozeß handelt. Ferner benötigt die Lawinenbildung eine gewisse Zeit zu ihrem Aufbau, so daß die Stromverstärkung M frequenzabhängig ist. Das Bandbreiten-Stromverstärkungsprodukt kennzeichnet das Frequenzverhalten.

$$B \cdot M = 1/(2\pi\tau) \qquad\qquad (6.21)$$

Man kann berechnen (siehe letztes Kapitel), daß die zu erwartende Zeitkonstante erheblich kürzer als die Driftzeit ist, die man nach Gleichung (5.20) für eine gleich breite Driftzone erhalten würde. Die Lawinendiode ist daher das "schnellere" Bauelement.

Ebenso wie der Lichtsender, so muß auch der jeweilige Lichtempfänger an eine Elektronik angeschlossen werden. Das elektrische Signal soll möglichst rauschfrei und mit großem Dynamikbereich verstärkt werden. Ein rauscharmer Vorverstärker mit einem Feldeffekttransistor ist an den Eingang eines Breitbandverstärkers geschaltet, der an den Eingang rückgekoppelt ist. Dann erhält man am Ausgang eine dem Fotostrom proportionale Spannung. Die Verstärkungsbandbreite soll nicht größer sein, als es das jeweilige Übertragungssystem erfordert. PIN-Dioden werden bei Intensitätsmodulation eingesetzt, Avalanche-Dioden dagegen bei Puls-Code-Modulation. Wenn eine Übersteuerung des Verstärkers durch zuviel Licht auftritt, oder die Stromverstärkung infolge der Temperaturabhängigkeit driftet, dann stören diese Effekte kaum.

6.9   Systeme mit Lichtwellenleitern

Die Mehrfachausnutzung von Übertragungswegen geschieht bei Systemen mit Lichtwellenleitern mit Hilfe der *Zeitmultiplextechnik*. Die zu übertragenden Signale werden zeitlich ineinander geschachtelt. Die Signale müssen abgetastet, verschachtelt, quantisiert, codiert und schließlich noch gemultiplext werden. Anschließend werden die Signale den Leitungen zugeführt.

Die Leitungsausrüstungen bestehen aus den sende- und empfangsseitigen Leitungsendeinrichtungen und den Zwischenregeneratoren. Sie übernehmen die Digitalsignale der Systeme PCM 30 bis PCM 7680. Als zukünftiges System wird noch das System PCM 30720 eingesetzt werden, welches dann, wie aus der Bezifferung hervorgeht, 30720 Fernsprechkanäle zu übertragen imstande ist, eine beeindruckende Zahl.

Die Digitalsignale werden in einem Leitungsendgerät elektrooptisch gewandelt, um sie an das Übertragungsmedium Glasfaser anzupassen. Auf der Übertragungsstrecke muß das Digitalsignal in bestimmten Abständen regeneriert werden, damit die unvermeidbare Streckendämpfung ausgeglichen, und der erforderliche Signal-Geräuschabstand eingehalten wird. Die Zwischenregeneratoren übernehmen diese Aufgabe und gewinnen aus den verzerrten und gestörten Signalen wieder definierte Zustandswerte zurück.

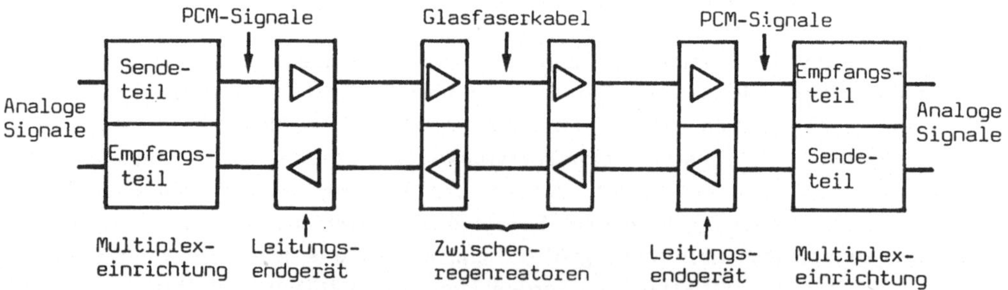

Bild 6-26   Schema einer optischen PCM-Übertragungsstrecke

Die Regeneratorfeldlängen sind unterschiedlich. Sie hängen davon ab, ob Gradientenfasern oder Monomodefasern eingesetzt werden. Ferner hat die übertragene Bitrate einen Einfluß auf die Feldlänge. Die Zwischenregeneratoren werden über Kupferadern ferngespeist. Im Empfangsteil eines Leitungsendgerätes erfolgt eine Regenerierung des Signals. Zusätzlich werden die inversen Funktionen des sendeseitigen Leitungsendgerätes durchgeführt. Im Empfangsteil der Multiplexeinrichtung des Grundsystems wird das PCM-Zeitmultiplexsignal wieder in die ursprünglichen analogen Fernsprechsignale zurückgewandelt. Die Tabelle 6-2 enthält charakteristische Daten von derzeit eingesetzten Leitungsausrüstungen.

System	PCM 480	PCM 1920	PCM 7680
Geräteschnittstelle (F2-Seite)			
Bitrate	139,26 Mbit/s	139,26 Mbit/s	564,992 Mbit/s
Übertragungscode	CMI	CMI	AMI + Takt
Leitungsschnittstelle (F1-Seite)			
Schrittgeschwindigkeit	278,528 MBd	167,117 MBd	677,9904 MBd
Leitungscode	CMI	5B6B	5B6B
Optischer Sender			
Laserdiode (EM) Wellenlänge	1,285–1,33 μm	1,285–1,33 μm	1,285 μm–1,33 μm
Laserdiode (MM) Wellenlänge	1,270–1,32 μm	1,270–1,32 μm	
Impulsformat	NRZ		
mittlere Sendeleistung	-6...-9 dBm	-3...-6 dBm	-3...-6 dBm
Optischer Empfänger	Ge-APD	APD	APD
Eingangsleistung für BFH = 10^{-10}	-34 dBm	-6...-39 dBm	≥ -33 dBm
Dynamikbereich	-6...-34 dBm		-33...-6 dBm
Regeneratorfeldlänge EM/MM	40/25 km	36/18 km	36/25 km
Einmodenfaser 9/125 μm			
3-dB-Bandbreite Reg.feld	≥ 400 MHz	≥ 250 MHz	
Dämpfung Regeneratorfeld	≤ 25 dB	≤ 29 dB	≤ 22 dB
Mehrmodenfaser 50/125 μm			
3-dB-Bandbreite Reg.feld	≥ 200 MHz	≥ 120 MHz	
Dämpfung Regeneratorfeld	≤ 24 dB	≤ 29 dB	
Systemreserve	4 dB	4 dB	4 dB

Tabelle 6-2   Technische Daten von optischen Leitungsendgeräten

In der letzten Spalte der Tabelle 6-2 wurden Daten einer Leitungsausrüstung für die Übertragung von digitalen Signalen mit einer Bitfolgefrequenz von 565 MBaud vorgestellt. Diese Frequenz entspricht derjenigen der noch nicht standardisierten fünften PCM-Hierarchiestufe. Das Übertragungsmedium sind Monomodefasern mit 9 μm Kern und 125 μm Manteldurchmesser.

Ein Regeneratorfeld soll 25 km lang sein, jedoch können auch 36 km überbrückt werden. Zwischen zwei Leitungsendgeräten dürfen bis zu 48 Zwischenregeneratoren eingesetzt werden. Damit sind Weitverkehrsstreckenabschnitte als Digitalsignal-Grundleitungen bis zu 1200 km Länge realisierbar.

Zusammen mit diesem Datenstrom von 565 Mbit/s können vier weitere Datenströme eingeschachtelt werden. Diese vier langsameren Datenströme werden zu einem 48-kbit/s-Datenstrom gemultiplext. Es handelt sich um folgende Datenströme, auf die in jeder Zwischen- und Endstelle mit eigens entwickelten Geräten zugegriffen werden kann:

- In-Betrieb-Überwachung (ISM) der Zwischen- und Endregeneratoren (2,4 kbit/s)
- Digitalisierter Sprachkanal (32 kbit/s)
- Datensignal (9,6 kbit/s)
- Datensignal (2,4 kbit/s)

Das AMI-codierte 565 Mbit/s-Datensignal und der zugehörige 565-MHz-Takt werden in einem ternären Entscheider in die eigentliche binäre Information decodiert. Anschließend erfolgt eine 5B6B-Codierung, wodurch die Schrittgeschwindigkeit des Leitungssignals auf 678 MBaud angehoben wird.

Im Sendemodulator wird dieser Impulsstrom mit einem die Zusatzkanäle (max. 4) enthaltenden PSK-Signal amplitudenmoduliert und dann über einen Lasersender in die optische Übertragungsstrecke eingekoppelt.

Das Empfangssignal wird nach opto-elektrischer Wandlung, Verstärkung und Impulsformung einer Stufe zugeführt, in der die Taktrückgewinnung und Entscheidung vorgenommen werden. Der regenerierte Impulsstrom wird dabei auf Codefehler überwacht, die im ISM-Signal gemeldet werden. Nach der 5B6B-Decodierung des Datensignals und der Taktumsetzung auf 565 MHz in einer Phasenregelschleife werden an der Trennstelle zum folgenden Multiplexer wieder das AMI-codierte Datensignal und der zugehörige Takt generiert. In den Zwischenregeneratoren existieren baugleich dieselben Sende- und Empfangsfunktionen wie im entsprechenden Leitungsendgerät für jede Übertragungsrichtung.

Bild 6-27   Praktische Ausführung eines Lasermoduls (Siemens)

6.10 Dämpfungsplanung einer Lichtwellenleiter-Übertragungsstrecke

Bei der Projektierung einer Lichtwellenleiter-Übertragungsstrecke müssen die Parameter *Dämpfung*, *Dispersion* und *Bandbreite* berücksichtigt werden. Für die maximal zulässige optische Dämpfung zwischen einem Sender und einem Empfänger bei einer gegebenen Betriebswellenlänge ist die *Systemdämpfung* des Leitungsendgerätes bestimmend. Man versteht darunter die maximal überbrückbare Dämpfung bei einer vorgegebenen Bitfehlerhäufigkeit von z.B. BFH $< 10^{-9}$ zwischen zwei definierten Punkten auf der Sende- und der Empfangsseite.

Die Dämpfung einer Kabelanlage setzt sich aus drei Einzelkomponenten zusammen, die durch die Dämpfung der Glasfaser, die Spleißdämpfung und die Steckverbinder-Dämpfung gegeben sind.

$$a_K = \alpha_F \cdot l + n \cdot a_{SP} + m \cdot a_{ST} \qquad (6.22)$$

a_K Dämpfung der Kabelanlage in dB
α_F Dämpfungskoeffizient der Faser in dB/km
l Länge des Regeneratorfeldes
n Anzahl der Spleißverbindungen
a_{SP} Spleißdämpfung in dB
m Anzahl der Steckverbinder
a_{ST} Dämpfung eines Steckverbinders in dB

Der Anteil der Dämpfung durch Spleißverbindungen wird durch Einsatz von möglichst großen Fertigungslängen des Lichtwellenleiters gering gehalten. Bei der Deutschen Bundespost sind die Fertigungslängen derzeit z.B. 2,5 km.

Es müssen bei der Planung Zuschläge für Reparaturspleiße gemacht werden. Dies ist wichtig, wenn es zu Beschädigungen des Lichtwellenleiter-Kabels durch Bagger oder andere äußere Einflüsse kommt. Diese Dämpfungsreserve kann man als Wert pro km Kabelstrecke oder auch als Wert für das gesamte Regeneratorfeld ansetzen. Der Wert der Dämpfungsreserve bewegt sich zwischen 0,1 dB/km und 0,6 dB/km.
Es gilt für die Dämpfungsreserve einer Kabelstrecke:

$$a_{RES} = \alpha_{RES} \cdot l \qquad (6.23)$$

a_{RES} Dämpfungsreserve der Kabelstrecke
α_{RES} kilometrische Dämpfungsreserve
l Länge der Kabelstrecke

Die Dämpfung des gesamten Regeneratorfeldes ergibt sich dann als Summe von Kabeldämpfung ohne Reserve und Dämpfungsreserve:

$$a_R = a_K + a_{RES} \qquad (6.24)$$

Man kann aus den bisher genannten Dämpfungen die zulässige Faserdämpfung
bestimmen.

$$\alpha_F = [\, a_{R\,zul} - n \cdot a_{SP} - m \cdot a_{ST} - a_{RES}\,]\, /\, 1 \qquad (6.25)$$

$a_{R\,zul}$ = Zulässige Regeneratorfelddämpfung

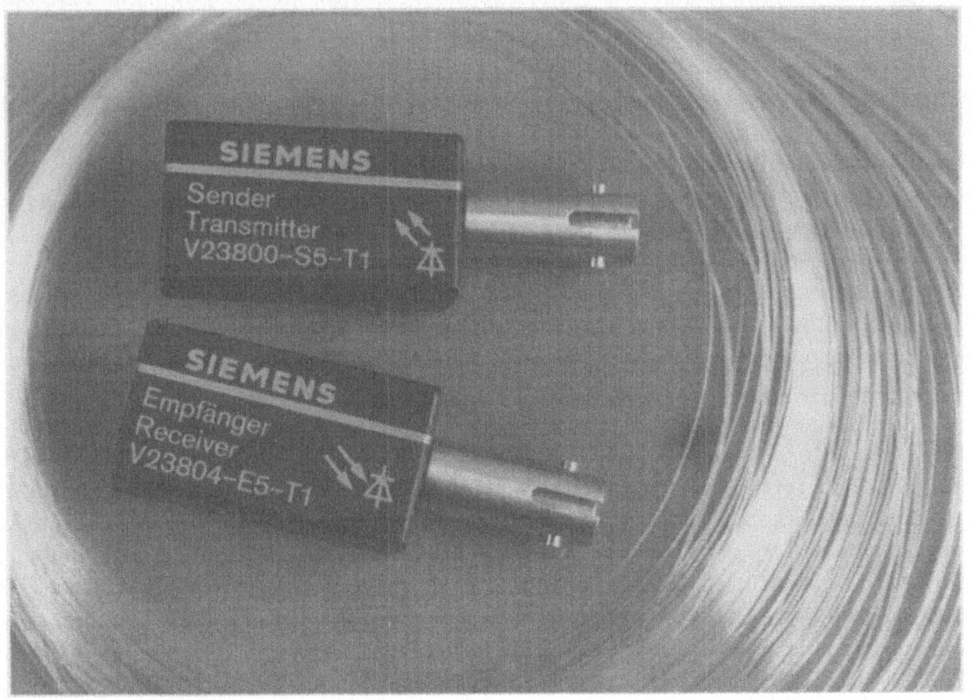

Bild 6-28   Sender- und Empfängerbausteine für Hochgeschwindigkeitsnetze
             (Siemens)

6.11   Lichtwellenleiter-Seekabel

Mit der Entwicklung der Übertragungstechnik über Lichtwellenleiter ergaben
sich für die Übertragungstechnik über Seekabel neue Impulse, die zur Verwirklichung von Seekabelprojekten mit Lichtwellenleitern führten. Die Vorteile der
neuen Übertragungstechnik mit Licht als Nachrichtenträger sind auch bei Seekabeln unübersehbar:

- Ein Kabel, welches zur Signalübertragung nur 0,125 mm dünne Lichtwellenleiter anstelle von Kupfer-Koaxialpaaren mit dem Innendurchmesser des
  Außenleiters von 9,5 mm benötigt, ist im Durchmesser und Gewicht erheblich
  kleiner als ein herkömmliches Kupfer-Seekabel.

- Der Verstärkerabstand bei Unterwasserverstärkern ist in ständiger Vergrößerung begriffen. Bei einer Wellenlänge von 1,3 µm sind Entfernungen bis zu
  50 km zu überbrücken, bei Einsatz von Laserdioden mit 1,55 µm Wellenlänge
  werden Verstärkerfeldlängen von 200 km zwischen den Regeneratoren möglich.

Nach jahrelangen Bemühungen sind geeignete Tiefseekabel und Unterwasserverstärker (*Repeater*) entwickelt worden, die die überall entstehenden Glasfaser-
Landkabelnetze jetzt auch über See miteinander verbinden.

Ein Seekabel muß vom Schiff aus auf den Meeresgrund verlegbar und wieder-
aufnehmbar sein. Es muß gegen mechanische Einwirkungen besonders im
Flachwasserbereich geschützt werden. Bei Beschädigungen darf es nicht mit
Meerwasser vollaufen. Das Seekabel muß deutlich schwerer als Wasser sein.

Die erste internationale Glasfaser-Seekabelanlage "*U.K. - Belgien Nr.5* " wurde
im Juni 1986 fertiggestellt. Die Deutsche Bundespost ist zu 21 % Miteigentümer
an diesem Seekabel, das England und das europäische Festland miteinander
verbindet. Außer der DBP betreiben britische, belgische und niederländische
Fernmeldeverwaltungen dieses Kabel, das von dem britischen Unternehmen *STC
Submarine Systems Ltd.* hergestellt wurde. In der Folge sind England und
Dänemark miteinander über ein Lichtwellenleiter-Seekabel verbunden worden.
Weitere Seekabel werden zwischen England und Frankreich, den Niederlanden
und der Bundesrepublik Deutschland verlegt werden.

Ein Lichtwellenleiter-Seekabel mit der Bezeichnung TAT-8 wird von den USA
aus ein Faserpaar nach England, ein weiteres Faserpaar nach Frankreich führen.
Einige hundert Kilometer vor der französischen Küste ist auf dem Meeresboden

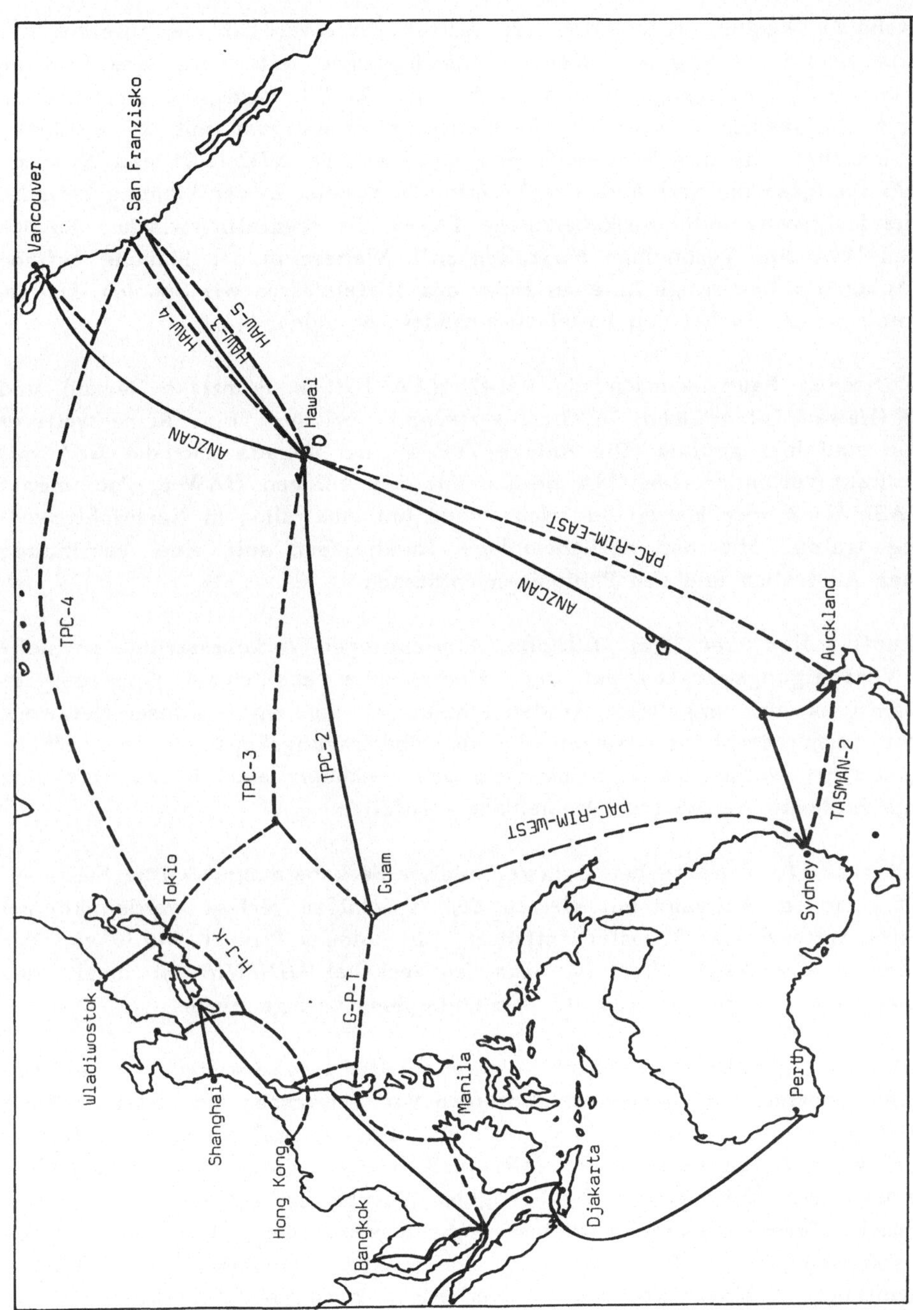

Bild 6-29   Seekabelanlagen im Pazifik

eine Kabelverzweigung entstanden. Ein drittes Faserpaar hat die Aufgabe, sofort als Nachrichtenweg zu dienen, wenn irgendwo unterwegs eine Störung auftritt. Die Übertragungskapazität wird mit 38 000 Fernsprechstromkreisen beziffert. An diesem Projekt ist die Deutsche Bundespost mit 24 Millionen Dollar beteiligt. Die drei Seekabelfirmen *AT&T* (*USA*), *STC* (*GB*) und *Submarcom* (*F*) fertigten die drei Äste des Y-förmigen Kabels. In der Planung befindet sich die Lichtwellenleiter-Seekabelanlage TAT-9, die ebenfalls zwischen Europa und den USA eine Verbindung herstellen soll. Weitere in der Planung befindliche Anlagen sollen einige Anrainerländer des Mittelmeeres wie Spanien, Italien, Griechenland, die Türkei und Israel miteinander verbinden.

Im Pazifischen Raum wurden die Kabel HAW-4 (San Franzisko-Hawaii) und TPC-3 (Hawaii-Tokio-Guam) in Glasfasertechnik realisiert. Eine Reihe weiterer Anlagen sind hier geplant. Die Anlage TPC-4 wird Kanada und die USA mit Japan direkt verbinden. Die USA werden mit den Anlagen HAW-5, PacRimEast und TASMAN-2 über Hawaii und Neuseeland mit Australien in Nachrichtenverbindung treten. Mit der Seekabelanlage PacRimWest soll eine Verbindung zwischen Australien und den Philippinen entstehen.

In Zukunft sollen über *"Wet Multiplex"*-Einrichtungen Verkehrsströme an mehreren Verzweigungspunkten auf dem Meeresboden aus einem Glasfaserpaar herausgefiltert und umgeleitet werden können, so daß ein Glasfaser-Netzwerk entsteht. Ferner steht zu erwarten, daß die Übertragungskapazität noch erheblich gesteigert werden kann. Daher wird den Seekabeln auch in Zukunft eine wichtige Rolle im weltweiten Fernmeldenetz zufallen.

Eine interessante Variante bei Lichtwellenleiter-Seekabeln sind *kurze* Seekabel, die mit geringem Aufwand mit kleinen *Supply*-Schiffen verlegt werden können und keine Unterwasser-Repeater enthalten. Ein solches Projekt wurde von der Fa. *Siemens* verwirklicht. Dort hat man das Seekabel *MINISUB* entwickelt, das auf einer 93 km langen Strecke auf den Philippinen verlegt wurde.

Eine Hohlader umhüllt eine Anzahl Lichtwellenleiter lose. Sie sind in eine Füllmasse eingebettet, die gegen das Eindringen von Seewasser bis zu einer Tiefe von 3000 m schützend wirkt. Eine weitere Hülle aus stählernen Bewehrungsdrähten, deren Zwischenräume ebenfalls verfüllt sind, bildet den mechanischen Schutz und dient zur mechanische Festigkeit. Darüber ist ein Kunststoffmantel aufgebracht. Dieses Seekabel hat einen Außendurchmesser von 8 mm, ein Gewicht von weniger als 200 kg/km und eine Sinkgeschwindigkeit von 0,4 m/s. Als zusätzliche Schutzmaßnahme im Uferbereich wurde ein Protektor entwikkelt, der aus zwei kunststoffumhüllten Stahlseilen mit einem Mittelkanal besteht.

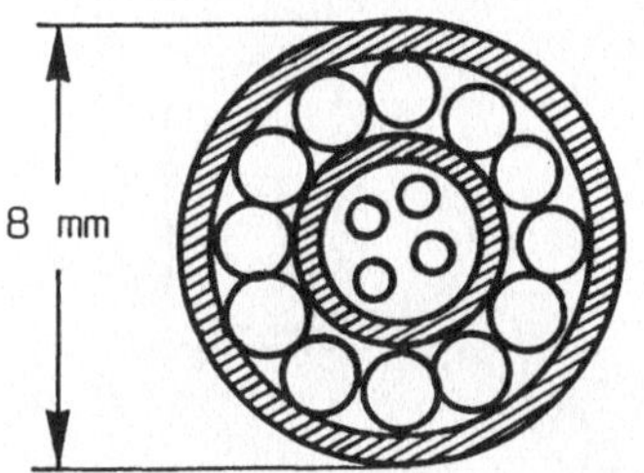
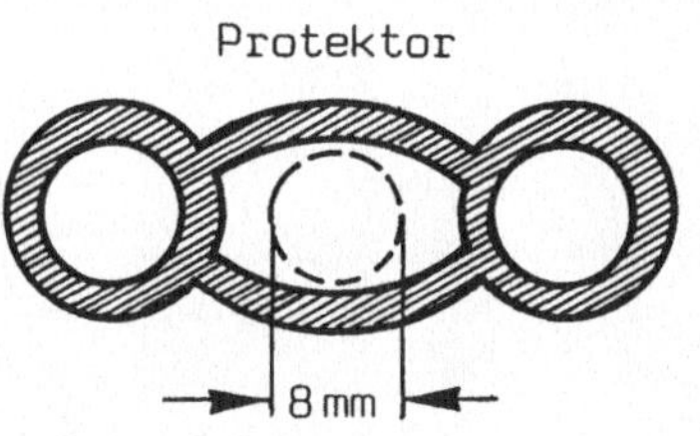

Bild 6-30   Aufbau des Seekabels und des Protektors

In diese mittlere Kammer des schützenden Protektors wird das eigentliche See-kabel auf dem Verlegeschiff dann bei Bedarf bei einem *Combiner* (*to combine = vereinigen*) eingezogen. Im Flachwasserbereich bis ca. 5m Tiefe wird das Seeka-bel gesondert mit einem Rohr umgeben, welches in den Meeresboden eingespült und mit Steinen und Zement geschützt wird.

Zwischen dem Landendepunkt A und dem Punkt B in ca. 5 m Wassertiefe wird das Seekabel von Tauchern eingezogen. Vom Punkt B aus kommt ein speziell entwickelter Unterwasserkabelpflug zum Einsatz, der das Kabel in den Boden sicher einbringt. Dieser Pflug verlegt das Kabel sensorgesteuert über Hinder-nisse wie Steine etc. hinweg. Nach der Überwindung des Hindernisses gräbt sich der Pflug wieder in den Boden ein. Die Bewegungen des Pfluges werden an Bord des Verlegeschiffes fernüberwacht und dokumentiert.

Die Verlegestrecke wird zunächst anhand von Kartenmaterial vorgeplant. An-schließend ist aber eine Streckenerkundung vor Ort notwendig, um zusätzliche Informationen wie Wetterverhältnisse, Gezeitenhub, Strömungen, Hindernisse, Schiffsverkehr etc. zu erhalten. Ein spezielles Kabellegeschiff ist nicht erfor-derlich, sondern ein geeignetes Schiff wird mit Containern beladen, die Kabel, Meßgeräte, Legemaschinen und Werkzeuge enthalten. Damit werden Mobilisa-tionskosten gespart: Das Kabel wird zum Schiff transportiert.

Das geschilderte Verfahren ermöglicht eine wirtschaftliche Insel-zu-Insel-Verbindung und auch eine girlandenförmige Verbindung von Küstenstädten dort, wo eine Kostenanalyse gegen Richtfunk und Landkabel spricht.

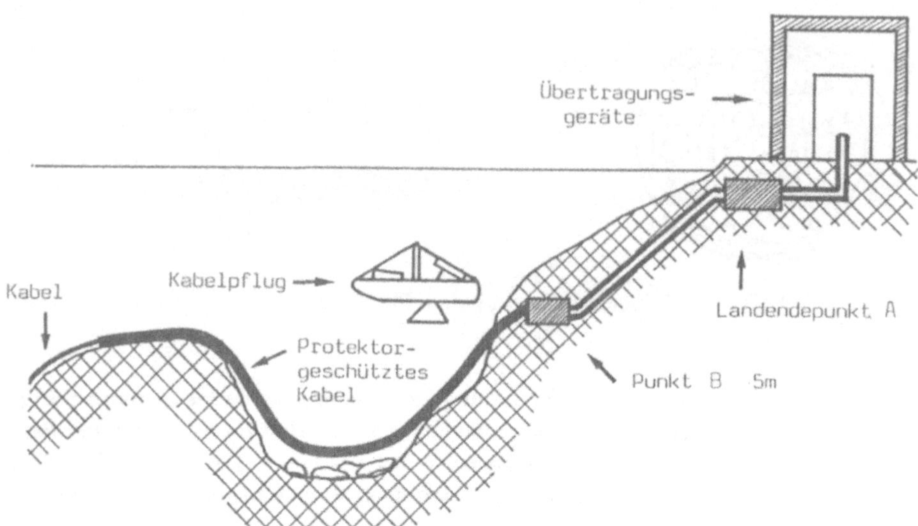

Bild 6-31   Verlegung eines Lichtwellenleiter-Seekabels

Bild 6-32   Unterwasserpflug zur Verlegung des Seekabels *Minisub* (Siemens)

6.12   Beispiele

6.12.1   Berechnung des Akzeptanzwinkels einer Stufenprofilfaser

Eine Stufenprofilfaser hat eine Kern-Brechzahl von n_1 = 1,515 und eine Brechzahl des Mantels mit dem Wert n_2 = 1,5. Man berechne den Akzeptanzwinkel α_A. Die Formel (6.9) liefert mit n_0 = 1 die gewünschte mathematische Beziehung.

$$\alpha_A = \text{arc sin} \sqrt{1,515^2 - 1,5^2} = \text{arc sin } 0,213 = 12,2^{\text{o}}$$

Lichtstrahlen, die unter diesem Winkel (oder einem kleineren Winkel) in den Lichtwellenleiter eintreten, werden im Inneren des Kerns fortwährend reflektiert. Die numerische Apertur beträgt in diesem Fall:

$$A_N = \sin \alpha_A = 0,213$$

6.12.2   Anzahl der ausbreitungsfähigen Moden in einer Stufenprofilfaser

Eine Mehrmoden-Stufenprofilfaser hat einen Durchmesser d = 100 μm und die Brechzahlen von Kern und Mantel wie im vorherigen Beispiel. Die Faser soll mit einer Lichtwellenlänge von 0,85 μm betrieben werden. Wieviele Moden sind in diesem Lichtwellenleiter ausbreitungsfähig?

Die Beziehung (6.13) legt die Anzahl der ausbreitungsfähigen Moden fest.

$$N = 2 \left(\frac{3,14 \cdot 50 \ \mu m}{0,85 \ \mu m} \right)^2 \cdot \left(1,515^2 - 1,5^2 \right) = 3089$$

Man erkennt, daß innerhalb der Mehrmoden-Stufenprofilfaser die große Anzahl von 3089 Moden ausbreitungsfähig ist.

6.12.3 Berechnung von Laufzeitdifferenzen

Man bestimme für eine Mehrmoden-Stufenprofilfaser und eine Gradientenfaser
die Laufzeitdifferenzen zwischen dem Modus höchster und dem geringster Ordnung, also zwischen dem "schnellsten" und dem "langsamsten" Strahl, der sich
in der jeweiligen Faser ausbreitet. Die Brechzahlen sind diejenigen der Beispiele
vorher. Die Beziehung (6.15) ergibt die folgenden Werte:

$$\text{Stufenprofilfaser:} \qquad \Delta t = \frac{1{,}515 - 1{,}5}{3 \cdot 10^{8}\ \text{m/s}} = 5 \cdot 10^{-11}\ \text{s/m} = 50\ \text{ns/km}$$

$$\text{Gradientenfaser:} \qquad \Delta t = \frac{(1{,}515 - 1{,}5)^{2}}{2 \cdot 3 \cdot 10^{8}\ \text{m/s}} = 3{,}75 \cdot 10^{-13}\ \text{s/m} = 0{,}375\ \text{ns/km}$$

Wenn man die beiden Zahlenwerte ins Verhältnis zueinander setzt, dann ergibt
sich ein Laufzeitunterschied von 133. Daraus wird ersichtlich, daß bei einer Gradientenfaser die Impulsverbreiterung am Ende des Faserabschnitts wesentlich
geringer ist als bei Stufenprofilfaser (siehe auch Beispiel 6.12.8)

6.12.4 Berechnung des Kernradius einer Monomodefaser

Eine Monomodefaser soll bei einer Lichtwellenlänge von 1,3 µm betrieben
werden. Die Brechzahlen werden zu n_1 = 1,515 und n_2 = 1,5 angenommen. Die
Beziehung (6.17) ergibt folgenden maximalen Radius:

$$r \le \frac{1{,}3\ \mu\text{m} \cdot 2{,}405}{2 \cdot 3{,}14 \cdot \sqrt{1{,}515^{2} - 1{,}5^{2}}} = 2{,}33\ \mu\text{m}$$

Der Kerndurchmesser der Faser ergibt damit den Wert 4,66 µm und bewegt sich
in der Größenordnung der eingesetzten Lichtwellenlänge.

6.12.5   Berechnung der Lichtwellenlänge einer Lumineszenzdiode

Der Bandabstand einer Lumineszenzdiode aus Gallium-Arsenid beträgt 1,42 eV.
Welche Lichtfrequenz sendet diese Diode aus, wenn sie in Flußrichtung betrieben
wird? Die Beziehung (6.19) liefert die gewünschte Frequenz.

$$f = 1/h \cdot (E_2 - E_1) = \frac{1,42 \cdot 1,602 \cdot 10^{-19} \ \text{Ws}}{6,625 \cdot 10^{-34} \ \text{Ws}^2} = 0,343 \cdot 10^{15} \ \text{Hz}$$

Die Wellenlänge bestimmt sich aus der Gleichung $c = f \cdot \lambda$ mit $c = 3 \cdot 10^8$ m/s.

$$\lambda = c/f = \frac{3 \cdot 10^8 \ \text{m/s}}{0,343 \cdot 10^{15} \ \text{1/s}} = 874 \ \text{nm} = 0,874 \ \mu\text{m}$$

6.12.6   Bandbreite einer Avalanche-Fotodiode

Eine Lawinen-Fotodiode hat infolge des Lawineneffektes die Stromverstärkung
von M = 180. Die Zeit zwischen zwei Stoßprozessen ist τ = 1 ps. Man bestimme
die Bandbreite.

$$\Delta B = \frac{1}{2 \cdot \pi \cdot \tau \cdot M} = \frac{1}{2 \cdot 3,14 \cdot 10^{-12}\text{s} \cdot 180} = 0,884 \ \text{GHz}$$

Bei niedrigen Verstärkungen weist die Lawinendiode ihre höchste Bandbreite
auf, die nach oben durch die Laufzeit der Ladungsträger im Driftgebiet, bzw.
durch die Zeitkonstante der äußeren Beschaltung begrenzt wird. Bei hohen Verstärkungen nimmt die Bandbreite immer mehr ab, da der Multiplikationsprozeß
immer länger dauert.

6.12.7   Berechnung einer Lichtwellenleiter-Übertragungsstrecke

Es soll eine digitale Übertragungsstrecke über 32 km Entfernung berechnet
werden. Folgende Daten sind gegeben:

- 16 Kabelstücke von je 2 km Länge werden verspleißt; 15 Spleiße müssen an-
  gefertigt werden.
- 2 Spleiße sind zum Anschluß von optischen Steckern vorgesehen.
- Dämpfung des eingesetzten Lichtwellenleiters: α_F = 0,38 dB/km
- Spleißdämpfung: α_{SP} = 0,1 dB
- Spleißdämpfung für Anschluß an optischen Stecker: α_{ST} = 1 dB
- Dämpfungsreserve: α_{RES} = 0,3 dB/km

Die Gesamtdämpfung der Kabelanlage ergibt sich aus Beziehung (6.22).

$$a_K = \alpha_F \cdot l + n \cdot a_{SP} + m \cdot a_{ST} = 0{,}38 \cdot 32 \text{ dB} + 17 \cdot 0{,}1 \text{ dB} + 2 \cdot 1 \text{ dB}$$

$$a_K = 12{,}16 \text{ dB} + 1{,}7 \text{ dB} + 2 \text{ dB}$$

$$a_K = 15{,}86 \text{ dB}$$

Die Dämpfungsreserve beträgt insgesamt:

$$a_{RES} = \alpha_{RES} \cdot l = 0{,}3 \text{ dB} \cdot 32 \text{ km} = 9{,}6 \text{ dB}$$

Damit erhält man für die Dämpfung eines Regeneratorfeldes die Gesamtdämpfung:

$$a_R = a_K + a_{RES} = 15{,}86 \text{ dB} + 9{,}6 \text{ dB} = 25{,}46 \text{ dB}$$

Es ist ein Leitungsendgerät einzusetzen, welches die Überbrückung von dem
berechneten Dämpfungswert ermöglicht.

6.12.8 Dispersion von Monomode-Fasern

Es soll die Impulsverbreiterung Δt eines Eingangsimpulses längs der Faser berechnet werden.

- Chromatische Dispersion $M(\lambda) = 3{,}5$ ps/nm·km
- Linienbreite des eingesetzten Lasers $\Delta\lambda = 5$ nm
- Länge der Übertragungsstrecke $l = 32$ km

Mit diesen Werten kann die Impulsverbreiterung berechnet werden. Man findet in der Literatur [33] folgende Beziehung für die Impulsverbreiterung einer Monomodefaser:

$$\Delta t = M(\lambda)\cdot\Delta\lambda\cdot l \qquad (6.26)$$

Mit den angebenen Zahlenwerten ergibt sich die geringe Impulsverbreiterung Δt:

$$\Delta t = M(\lambda)\cdot\Delta\lambda\cdot l = 3{,}5 \ \text{ps}/(\text{nm}\cdot\text{km})\cdot 5 \ \text{nm}\cdot 32 \ \text{km} = 560 \ \text{ps}$$

Für die Bandbreite einer Einmodenfaser wird die zugeschnittene Größengleichung (6.27) angegeben, mit ΔB in GHz und Δt in ps:

$$\Delta B = 441/\Delta t \qquad (6.27)$$

Wenn die Impulsverbreiterung Δt in diese Gleichung eingesetzt wird, erhält man für die Bandbreite:

$$\Delta B = 441/560 = 0{,}78 \ \text{GHz}$$

Mit einem Dispersionsparameter von 3 ps/nm·km und einer Linienbreite des Lasers von 4 nm ergibt sich eine Bandbreite von 1,15 GHz. Man erkennt, wie entscheidend die Gesamtleistungsfähigkeit des Systems von der Komponentenauswahl abhängt.

7   Anhang

7.1   Pegel und Dämpfung

Man verwendet den Begriff *Pegel* zur Darstellung der Leistungs-, Spannungs- und Stromverhältnisse an verschiedenen Punkten eines Übertragungskanals. Die Pegel sind dimensionslose Größen. Sie werden logarithmisch gebildet, entweder mit dem natürlichen Logarithmus, oder über den Zehnerlogarithmus. Zu dem Pegelwert schreibt man eine Scheineinheit dazu, damit man die Art des Logarithmus erkennt. Diese Einheit lautet:

> --*Neper* (*Np*) beim natürlichen Logarithmus
> --*Dezibel* (dB) beim Zehnerlogarithmus

Bei der Einheit *Neper* geht man von einem Spannungsverhältnis aus, bei der Einheit *Dezibel* dagegen von einem Leistungsverhältnis. Ein Spannungsverhältnis bedingt zwei Spannungswerte. Ein Spannungswert wird an einem Meßpunkt x bestimmt und auf eine zweite Spannung, die Bezugsspannung, bezogen. Bei dem Leistungsverhältnis liegt ebenfalls eine an einem Punkt x gemessene Leistung vor, die durch eine Bezugsleistung dividiert wird.

Die Bezugsgrößen bestimmen die Art der Pegel. Wählt man *absolute Größen*, d.h. Größen die nicht von dem gerade betrachteten Übertragungssystem abhängen, dann hat man *absolute* Pegelgrößen vor sich. Die absolute Bezugsspannung ist zu U_o = 0,775 V, die absolute Bezugsleistung zu P_o = 1 mW festgelegt. Die Leistung wird in einem reellen Widerstand Z_o = 600 Ω umgesetzt. Man hat die absoluten Pegel folgendermaßen definiert:

$$\text{Absoluter Spannungspegel:} \quad L_u = \ln \frac{U_x}{U_o} \text{ Np} = 20 \lg \frac{U_x}{U_o} \text{ dB} \qquad (7.1)$$

$$\text{Absoluter Leistungspegel:} \quad L_p = \frac{1}{2} \ln \frac{P_x}{P_o} \text{ Np} = 10 \lg \frac{P_x}{P_o} \text{ dB} \qquad (7.2)$$

Werden die Spannungswerte und Leistungswerte am Meßpunkt auf Werte bezogen, die an irgend einem anderen Punkt des Übertragungssystems vorliegen, z.B. am Anfang des Übertragungssystems, dann spricht man von *relativen* Pegelgrößen. Der Meßpunkt wird jetzt am Ort 2, der Bezugspunkt am Ort 1 angenommen.

$$\text{Relativer Spannungspegel} \qquad L_{ur} = \ln \frac{U_2}{U_1} \, Np = 20 \, \lg \frac{U_2}{U_1} \, dB \qquad (7.3)$$

$$\text{Relativer Leistungspegel} \qquad L_{pr} = \frac{1}{2} \ln \frac{P_2}{P_1} \, Np = 10 \, \lg \frac{P_2}{P_1} \, dB \qquad (7.4)$$

Die Pegelwerte in *Neper* können in *Dezibel* umgerechnet werden und umgekehrt:
1 Np = 8,686 dB; 1 dB = 0,115 Np.

In einem Nachrichtenkanal ist oft der Fall gegeben, daß an verschiedenen Stellen verschiedene Widerstandswerte gegeben sind, z.B. Z_2 und Z_1. Spannungen und Leistungen hängen über die Widerstände zusammen:

$$\frac{P_1}{P_2} = \frac{U_1^2 \, Z_2}{Z_1 \, U_2^2} = \left(\frac{U_1}{U_2}\right)^2 \frac{Z_2}{Z_1} \qquad (7.5)$$

Wenn das Widerstandsverhältnis bekannt ist, dann können Spannungspegel in Leistungspegel umgerechnet werden und umgekehrt. Für den Spezialfall $Z_1 = Z_2$ sind Spannungs- und Leistungspegel von gleichem Betrag.

Der Begriff *Dämpfung* hängt mit dem Begriff *Pegel* eng zusammen. Die Dämpfung z.B. eines Vierpoles kann über die am Eingang zugeführte Leistung P_1 und die am Ausgang wieder abgegebene Leistung P_2 ermittelt werden. Man erhält die Beziehung (7.6), wenn man die Leistungspegel an zwei Orten 1 und 2 im Übertragungsweg miteinander vergleicht.

$$a = L_{p1} - L_{p2} = 10 \, \lg \frac{P_1}{P_2} \, dB \qquad (7.6)$$

Wenn $L_{p1} > L_{p2}$ ist, dann ist a positiv und es liegt eine echte Dämpfung vor.
Wenn $L_{p1} < L_{p2}$ ist, dann ist a negativ; hier liegt der Fall einer Verstärkung vor.
Die zwei Punkte, zwischenen denen man die Signaldämpfung bestimmt, brauchen nicht zum gleichen Leitungsabschnitt gehören. Sie können an Abschnitten mit verschiedenem Wellenwiderstand liegen. Die einzige Voraussetzung für die Gültigkeit von Gl. (7.6) ist, daß die Leitungsabschnitte reflexionsfrei abgeschlossen sind.

7.2   Beispiele zur Pegelrechnung

7.2.1   Man berechne für ein Leistungsverhältnis $P_1/P_2 = 2$ und ein Spannungsverhältnis $U_1/U_2 = 2$ die zugehörigen db-Werte.

Leistungspegel: $L_p = 10 \lg 2 \text{ dB} = 3 \text{ dB}$
Spannungspegel: $L_u = 20 \lg 2 \text{ dB} = 6 \text{ dB}$

Bei der Berechnung des Leistungspegels zeigt sich, daß 3 dB einem Leistungsverhältnis von 2 entsprechen. Verdoppelt man den Leistungspegel auf 6 dB, dann wird das zugehörige Leistungsverhältnis $P_1/P_2 = 4$. Wenn der Leistungspegel auf 9 dB angehoben wird, dann wächst das Leistungsverhältnis auf 8. Bei einem Leistungspegel von 12 dB erhält man das Leistungsverhältnis von 16 usw. Man sieht, daß einer Zunahme von "nur" 3 dB eine Leistungsverdopplung, einer Abnahme von "nur" 3 dB eine Leistungshalbierung entsprechen. Sinngemäß gilt diese Betrachtung über Verdopplung und Halbierung auch für den Spannungspegel, dann aber mit der Schrittweite von 6 dB.

7.2.2   Es sind die Leistungspegel 10 dB, 20 dB, 30 dB und 40 dB gegeben. Wie groß sind die zugehörigen Leistungsverhältnisse?

$$10 \text{ dB} = 10 \lg P_1/P_2 \text{ dB}$$

$$1 = \lg P_1/P_2$$

$$10^1 = P_1/P_2$$

10 dB entsprechen einem Leistungsverhältnis von 10. Wir berechnen das Verhältnis für 20 dB.

$$20 \text{ dB} = 10 \text{ lg } P_1/P_2 \text{ dB}$$

$$2 = \text{lg } P_1/P_2$$

$$10^2 = P_1/P_2$$

Das Leistungsverhältnis ist auf 100 angewachsen. 30 dB entsprechen dann einem Leistungsverhältnis von 100, bei 40 dB hat es den Wert 10000 usw.

7.2.3   Ein Sender strahlt eine Leistung von P_1 = 1 W in ein Funkfeld mit der Dämpfung a = 120 dB ab. Welche Leistung P_2 ist am Empfangsort vorhanden? (Im Beispiel werden Fragen wie Antennengewinn etc. nicht berücksichtigt).

$$a = 10 \text{ lg } P_1/P_2$$

$$10^{\,a/10} = P_1/P_2$$

$$P_2 = P_1 \, 10^{-a/10} = 1 \text{ W } 10^{-12} = 1 \text{ pW}$$

Am Ende der Übertragungsstrecke ist noch 1 Picowatt Leistung vorhanden. Welcher Leistungspegel ist am Empfangsort geben? In diesem Zusammenhang ist der *absolute* Leistungspegel gefragt, dessen Bezugsleistung P_o zu 1 mW vereinbart wurde.

$$L_{p2} = 10 \text{ lg } \frac{10^{-12} \text{ W}}{10^{-3} \text{ W}} \text{ dB} = -90 \text{ dBm}$$

Der Leistungspegel beträgt - 90 dBm. In der Literatur hat sich u.a. die Kurzbezeichnung "m" eingebürgert, die auf "Milliwatt" als Bezugsgröße hinweist. Ist an die dB-Einheit eine "0" angehängt (dB0), dann gilt der absolute Pegelwert für den relativen Pegel 0. Bei der Bezeichnung dBr wird darauf hingewiesen, daß der relative Pegel vorliegt. Weitere Abkürzungen finden sich in großer Anzahl.

$$- \ 90 \ \text{dBm entsprechen} \ 1 \ \text{pW}$$
$$- \ 80 \ \text{dBm} \qquad " \qquad 10 \ \text{pW}$$
$$- \ 70 \ \text{dBm} \qquad " \qquad 100 \ \text{pW}$$
$$- \ 60 \ \text{dBm} \qquad " \qquad 1000 \ \text{pW} = 1 \ \text{nW}$$
$$- \ 50 \ \text{dBm} \qquad " \qquad 10000 \ \text{pW} = 10 \ \text{nW}$$
$$- \ 40 \ \text{dBm} \qquad " \qquad 100000 \ \text{pW} = 100 \ \text{nW}$$
$$- \ 30 \ \text{dBm} \qquad " \qquad 1000000 \ \text{pW} = 1000 \ \text{nW} = 1 \ \mu\text{W}$$

7.2.4 Man bestimme den Zusammenhang zwischen dem absoluten Leistungspegel L_p und dem absoluten Spannungspegel L_u.

$$L_p = 10 \ \lg \frac{P_1}{P_0} = 10 \ \lg \frac{U_1^2 \ Z_0}{Z_1 \ U_0^2} = 20 \ \lg \frac{U_1}{U_0} - 10 \ \lg \frac{Z_1}{Z_0}$$

$$L_p = L_u - 10 \ \lg \frac{Z_1}{600 \ \Omega}$$

Der absolute Leistungspegel L_p ist gleich dem absoluten Spannungspegel L_u. Der Term $10 \lg Z_1 / 600 \ \Omega$ wird vom absoluten Leistungspegel subtrahiert. In dem Spezialfall, daß beide Widerstände $600 \ \Omega$ betragen, sind beide Pegel gleich.

Terminologie

Abschattungsverlust:
Wenn die direkte Sicht zwischen Sende- und Empfangsantenne durch ein Hindernis verlorengeht, entsteht eine zur Freiraumdämpfung zusätzlich auftretende Dämpfung. Ein A. kann auch dann entstehen, wenn ein Hindernis nur in die Nähe des direkten Strahls reicht.

Abwärtsumsetzer:
Der Abwärtsumsetzer (*engl. down converter*) setzt ein Empfangssignal auf die standardisierte Eingangsfrequenz des Demodulators um.

Antenne:
Eine Antenne ist ein offener Schwingkreis, der als Schaltelement beim Senden eine leitungsgebundene Welle in eine Welle im freien Raum und beim Empfangen eine Welle im freien Raum in eine leitungsgebundene Welle umwandelt. Nach dem Reziprozitätsgesetz ist jede Antenne gleicherweise zum Senden und zum Empfangen geeignet.

Antennenkeule:
Es ist dies der Teil des Antennendiagrammes, an dem der Gewinn ein Maximum aufweist.

Apertur:
Die effektive Strahlfläche einer Antenne wird Apertur genannt.

Apogäum:
Das Apogäum ist der erdfernste Punkt einer Satellitenbahn.

Aufwärtsumsetzer:
Analog zum Abwärtsumsetzer (*engl. up converter*).

Ausleuchtzone:
Ein vom Satelliten auf der Erde ausgeleuchtetes Gebiet (*engl. footprint*).

Azimut:
Der Winkel zwischen geografisch Nord und dem Fußpunkt des Lotes (im Uhrzeigersinn) von einem Satelliten auf die Erde.

Bandbreite:
Die Bandbreite gibt den Frequenzbereich eines Signals an, den dieses bei der Übertragung benötigt. Man unterscheidet die Basisbandbreite, die die Nachricht

in der ursprünglichen Form aufweist, und die Modulationsbandbreite im Radio-
oder Zwischenfrequenzbereich, die für den mit der Nachricht modulierten Träger erforderlich ist. Letztere ist immer größer als die Basisbandbreite.

Basisband:
Frequenzbereich des modulierenden Signals.

Baud:
Einheit der Schrittgeschwindigkeit, in Stromschritten pro Sekunde gemessen.
1 Baud = 1 Bd = 1 bit/s.

Bit:
1. Kurzdarstellung eines Binärzeichens (das Bit, die Bits). 2. Einheit für die
Anzahl der Binärentscheidungen. Alle logarithmisch definierten Größen der Informationstheorie erhält man in bit, wenn der Logarithmus zur Basis Zwei
genommen wird (1 bit, 2 bit,...).

CCIR:
Comite' Consultatif International des Radiocommunications. Die ständige Einrichtung der Internationalen Fernmeldeunion legt Empfehlungen für alle Arten
drahtloser Kommunikation fest.

CCITT:
Comite' Consultatif International Telegraphique et Telephonique. Die ständige
Einrichtung der Internationalen Fernmeldeunion legt Empfehlungen für die optimale Lösung von Problemen in Bezug auf die Telegrafie und die Telefonie
fest.

Comsat:
Communications Satellite Corporation. Die Comsat ist eine private Betriebsge-
sellschaft für die kommerzielle Nutzung der amerikanischen Fernmeldesatelliten.

Dämpfung:
Als Dämpfung wird in der Übertragungstechnik die Schwächung von Signalen
auf den Übertragungswegen bezeichnet. Die Dämpfung wird logarithmisch
gemessen. Die Maßeinheiten sind Dezibel (dB) oder Neper (Np). 1 dB = 0,1151 Np.

Demultiplexer:
Im Demultiplexer wird der aus vielen Telefonkanälen zusammengesetzte Träger
in die einzelnen Telefonkanäle zerlegt.

Demodulation:
Die Rückgewinnung des ursprünglichen modulierenden Signals aus dem Modulationsprodukt.

Deutsche Welle:
Rundfunkanstalt nach Bundesrecht. 10 Kurwellensender in Jülich und 12 Kurzwellensender in Wertachtal. Hörrundfunksendungen in alle Welt.

EBU:
European Broadcasting Union. Organisation europäischer Rundfunkanstalten zur Koordinierung von Betriebsabwicklung von Übertragungen etc.

EIRP:
Equivalent Isotropically Radiated Power. Ausdruck für die Leistung, die einem verlustlosen Kugelstrahler zugeführt werden muß, damit dieser die gleiche Leistungsflußdichte erzeugt, wie eine betrachtete Antenne in Hauptstrahlrichtung.

Elevation:
Winkel zwischen der Horizontalen und der Blickrichtung (z.B. auf einen Satelliten).

Freiraumdämpfung:
Diese Dämpfung erfährt ein radiofrequenter Träger zwischen zwei Antennen mit dem Gewinn = 1 (Kugelstrahler) im hindernisfreien leeren Raum.

Frequenzmodulation:
Eine Winkelmodulation, bei der die Augenblicksfrequenz des Modulationsprodukts in der Frequenz des Modulationsträgers um einen Betrag abweicht, der proportional dem Augenblickswert des modulierenden Signals ist.

Frequenzumtastung:
Bei dieser Modulation entspricht jedem Kennzustand eines diskreten Signals eine oder mehrere Frequenzen.

Information:
1. Inhalt einer Nachricht.
2. Nachricht, Auskunft, Aufklärung oder Belehrung.
3. Im Sinne der Umgangssprache Kenntnis von Tatsachen, Ereignissen, Abläufen etc.

Inklination:
Dies ist der Neigungswinkel zwischen der Äquatorebene und der Bahnebene eines Satelliten

Intelsat:
International Telecommunications Satellite Consortium. Eine internationale Vereinigung von Ländern zur Errichtung und zum Betrieb eines weltweiten kommerziellen Satellitennetzes.

Intermodulation:
Eine störende gegenseitige Modulation (auch Kreuzmodulation gen.) mehrerer Signale infolge von Nichtlinearitäten.

Kommunikation:
Die Kommunikation umfaßt alle Vorgänge der Nachrichten- und Informationsübermittlung in weiterem Sinne.

Laser:
Light Amplification by Stimulated Emission of Radiation. Anordnungen und Geräte unter Verwendung der Lichtverstärkung mit induzierter Strahlungsemission.

Modem:
Der Modem ist eine Zusammenfassung von Modulator und Demodulator in einem Gerät.

Modulation:
Sie besteht in der Veränderung eines oder mehrerer Signalparameter (Amplitude, Frequenz, Phase) eines Modulationsträgers durch ein Eingangssignal.

Multiplexverfahren:
Zusammenfassung mehrerer Eingangssignale in einem gemeinsamen Übertragungskanal.

Nachricht:
Der Begriff ist gegen den Begriff "Information" nicht klar abgrenzbar. Es handelt sich um eine Folge von Zeichen oder Zuständen, die zur Informationsübermittlung vorgesehen ist.

Nachrichtenkanal:
Im weitesten Sinne eine Anordnung, die an ihrem Eingang Nachrichten aufnehmen und an ihrem Ausgang entsprechende Nachrichten wieder abgeben kann.

Optische Nachrichtenübertragung:
Nachrichtenübertragung mit Lichtwellen über Lichtwellenleiter.

Perigäum:
Bahnpunkt einer Satellitenbahn mit geringstem Abstand zum Erdmittelpunkt.

Phasenmodulation:
Eine Modulationsart, bei der der Phasenwinkel des Modulationsproduktes von dem des Modulationsträgers um einen Betrag abweicht, der proportional dem Augenblickswert des modulierenden Signals ist.

Quantisierung:
Umwandlung eines wertkontinuierlichen Signals in ein wertquantisiertes Signal.

Rauschzahl:
Sie ist der Grundwert des thermischen Rauschens und wird zur Kennzeichnung der Empfindlichkeit von Funk-Eingangsschaltungen eingesetzt. $1 \, kT_o = 4 \cdot 10^{-21}$ Ws. Rauschleistung je Hz Bandbreite bei Zimmertemperatur T_o in Kelvin. k = Boltzmannkonstante; $k = 1,38 \cdot 10^{-23}$ Ws/Grad.

Redundanz:
Teil einer Nachricht, der über das für das richtige Erkennen Notwendige hinausgeht. Dieser Anteil kann nicht immer von der Nachricht abgetrennt werden.

Signal:
Ein Signal ist die physikalische Darstellung einer Nachricht.

Signal-Rauschabstand:
Abstand S/N zwischen Signal- und Rauschpegel in dB ausgedrückt.

Systemrauschtemperatur:
Die Systemrauschtemeperatur ist eine Rechengröße. Sie ist die Summe aller Rauschtemperaturen im System (Satellit, Erdefunkstelle). Die Summe wird auf den Beitrag am Antennenausgangsflansch zurückgerechnet.

Telekommunikation:
Kommunikation zwischen Menschen, Maschinen und Systemen mittels nachrichtentechnischer Übertragungsverfahren.

Träger-Rauschabstand:
Abstand zwischen dem Trägerpegel und dem Rauschpegel in dB.

Transponder:
Nachrichtentechnische Einrichtungen in Satelliten, welche die Empfangssignale verstärken, in der Frequenz umsetzen, erneut verstärken und wieder ausstrahlen.

Literaturverzeichnis und Bildnachweis

Literatur

[1]   AEG-Telefunken: Folien-Serie Antennen. Frankfurt,

[2]   ANT Nachrichtentechnik GmbH: Jahrbuch der Nachrichtentechnik '87/88, Backnang

[3]   ANT Nachrichtentechnik GmbH: Kopernikus. 1989

[4]   Antebi, E.: Die Elektronik Epoche. Birkhäuser Verlag Basel Boston Stuttgart, 1983

[5]   Armbrüster/Grünberger.: Elektromagnetische Wellen im Hochfrequenzbereich. Hüthig & Pflaum Verlag, 1978

[6]   Aschoff, V.: Einführung in die Nachrichten-Übertragungstechnik. Springer-Verlag Berlin Heidelberg New York, 1968

[7]   Bidlingmaier, M.; Haag, A.; Kühnemann, K.: Einheiten, Grundbegriffe, Meßverfahren der Nachrichten-Übertragungstechnik, Siemens Aktiengesellschaft, 1969

[8]   Bocker, P.: Datenübertragung, Band I Grundlagen. Springer-Verlag Berlin Heidelberg New York, 1976

[9]   Boggel, G.C.: Satellitenrundfunk. Dr.Alfred Hüthig Verlag Heidelberg, 1986

[10]   Connor, F.R.: Modulation. Friedr. Vieweg & Sohn Braunschweig/Wiesbaden, 1989

[11]   Connor, F.R.: Rauschen. Friedr. Vieweg & Sohn Braunschweig/Wiesbaden, 1987

[12]   Conrads, D.: Datenkommunikation. Friedr. Vieweg&Sohn, Braunschweig/Wiesbaden 1988

[13]   Dodel, H.; Baumgart, M.: Satellitensysteme für Kommunikation, Fernsehen und Rundfunk. Dr. Alfred Hüthig Verlag Heidelberg, 1986

[14]   Dodel, H.; Schambeck, W.: Handbuch der Satelliten-Direktempfangstechnik. Hüthig Buch Verlag Heidelberg, 1989

[15]   Elias, D.: Telekommunikation in der Bundesrepublik Deutschland. R.v. Decker's Verlag, G.Schenk Heidelberg Hamburg, 1982

[16]   Fernmeldetechnisches Zentralamt PNS.: DFS Kopernikus, TV Sat. 1988

[17]   Fernmeldetechnisches Zentralamt; Gallenkamp, W.: Stand und Entwicklungsaussichten der optischen Nachrichtentechnik, Professorenkonferenz im FTZ, 1981

[18]   Göbel, F.: Datenfernverarbeitung-professionell. Franzis-Verlag GmbH, München, 1987

[19]   Herter,E./Lörcher.W.: Nachrichtentechnik, 4. Auflage. Carl Hanser Verlag München Wien, 1987

[20] Lüke, H.D.: Signalübertragung. Springer-Verlag Berlin Heidelberg New York, 1975

[21] Lutzke, D.: Lichtwellenleitertechnik. Pflaum Verlag München, 1986

[22] Maier, H.: Die Kommunikationstechnik, Deutscher Instituts-Verlag, 1984

[23] Philips Kommunikations Industrie AG: Öffentliche Kommunikationssysteme. Nürnberg, 1988

[24] Pooch, H., Hrsg.: Fernmeldesatelliten-Übertragungstechnik (I). Fachverlag Schiele & Schön, GmbH Berlin, 1985

[25] Pooch, H., Hrsg.: Digitalsignal-Übertragungstechnik (IV). Fachverlag Schiele & Schön, GmbH Berlin, 1985

[26] Pooch, Köhler, Gräber: Richtfunktechnik 2. Auflage. Fachverlag Schiele & Schön GmbH Berlin, 1974

[27] Postmagazin; Dittrich, K.: Mit Kopernikus ins All. Nr.4/1985

[28] Postmagazin: Glanzlichter durch zwei neue Satelliten. Nr.4/1989

[29] Postmagazin; Maschke, W.: Ein deutscher Star am Himmel. Nr.3/1989

[30] Schröder, H.: Elektrische Nachrichtentechnik, I.Band. Verlag für Radio-Foto-Kinotechnik GmbH, Berlin-Borsigwalde, 1974

[31] Siemens: Kopernikus im All. telcom report Nr.5/1989

[32] Siemens: Richtfunk-Trends. telcom report Nr.3/1988

[33] Siemens; Baues, P.: Optoelektronik bt 014. 1978

[34] Siemens: Minisub revolutioniert LWL-Seekabeltechnik. telcom report Nr. 1-2/1989

[35] Siemens: Nachrichtenübertragung auf Funkwegen. Sonderheft telcom report, 1986

[36] Steinbuch, K.: Kommunikationstechnik. Springer-Verlag Berlin Heidelberg New York, 1977

[37] Steinbuch, K.: Die informierte Gesellschaft. Rowohlt, 1966

[38] Steinbuch, K.; Rupprecht, W.: Nachrichtentechnik. Springer-Verlag Berlin Heidelberg New York, 1973

[39] Brodhage, H.; Hormuth, W.: Planung und Berechnung von Richtfunkverbindungen 9. Ausgabe. Siemens AG, 1968

[40] Troitzsch, U.; Weber, W.: Die Technik. Georg Westermann Verlag, 1982

[41] Unterrichtsblätter Der Deutschen Bundespost: Trägerfrequenzeinrichtungen bei der DBP. 2.Auflage, Januar 1983

[42] Unterrichtsblätter Der Deutschen Bundespost: Der Seefunkdienst im Bereich der Deutschen Bundespost. 31. JG. 10. Oktober 1978, Nr. 10

[43] Unterrichtsblätter Der Deutschen Bundespost: Kurzwellenrundfunk im Bereich der Deutschen Bundespost. 31. JG. 10. Mai 1978, Nr. 5

[44] Unterrichtsblätter Der Deutschen Bundespost: 50 Jahre Deutscher Kurzwellenrundfunk. 32. JG. 10. August 1979, Nr. 8

[45]   Unterrichtsblätter der Deutschen Bundespost: Grundlagen der Glasfaser-
        technik. 40. JG. 10. Mai 1987, Nr. 5
[46]   Unterrichtsblätter Der Deutschen Bundespost: Glasfaserkabel. 20. JG. 10.
        Juni 1987, Nr.6
[47]   Unterrichtsblätter Der Deutschen Bundespost: Laser. 34. JG. 10. August
        1981, Nr. 8
[48]   Unterrichtsblätter Der Deutschen Bundespost: Einkopplung von Licht in
        Einmodenfasern. 41. JG. 10 Mai 1988
[49]   Unterrichtsblätter Der Deutschen Bundespost: Fernmelde–Außenkabel in
        den Ortsnetzen der DBP. 38. JG. 10 August 1985, Nr. 8
[50]   Unterrichtsblätter Der Deutschen Bundespost: Seekabelanlagen im inter-
        nationalen Fernmeldenetz. 32. JG. 10. Oktober 1979, Nr. 10

Abbildungsnachweis

Bild 1-2   Richtfunkantennen für Scatterverbindungen und Sichtverbindungen: Fa.
ANT Nachrichtentechnik GmbH, Presse und Information, Gerberstr. 33, D- 7150
Backnang
Bild 2-1   Siemens-Kabelfabrik Woolwich 1866: Fa. Siemens, Siemens-Museum,
Prannerstr. 10, 8000 München 2
Bild 2-18 Das Schiff "Great Eastern": F.Meyer-Belitz in "Schöne alte Dampf-
schiffe", Gondrom-Verlag, Bayreuth, 1980
Bild 3-2   Richtfunkantennen auf dem Fernsehturm Hamburg: Fa. ANT. Freigege-
ben unter Nr. 3676/77 vom Luftamt Hamburg
Bild 3-7   Digitales Richtfunksystem DRS 2-140/18700: Fa. ANT, Backnang
Bild 3-19 Praktische Ausführung eines Rillenhornstrahlers: Fa. ANT, Backnang
Bild 4-15 Luftaufnahme der Erdefunkstelle Usingen: Fa. ANT. Freigegeben vom
Reg. Präs. Stuttgart Nr. 43898/5.3.86
Bild 5-1   Heinrich Hertz: Fa. Siemens, Siemens-Museum, München
Bild 5-2   Guglielmo Marconi: Fa. Siemens, Siemens-Museum, München
Bild 5-3   Empfang des ersten Funktelegramms: A.Fürst, Weltreich der Technik,
Erster Band, Tafel XX (nach Seite 240); überlassen von Fa. Siemens, Siemens-
Museum, München
Bild 6-1   Siemens-Zeigertelegraf v. 1847: Fa. Siemens, Siemens-Museum,
München
Bild 6-7   Gradientenfaser: Fa. Siemens, Zentralstelle Information, München
Bild 6-15 Lichtbogen-Spleißgerät: Fa. Siemens, Zentralstelle Information,
München
Bild 6-17 Optischer Stecker und Transceiver: Fa. Siemens, ZI, München
Bild 6-27 Lasermodul: Fa. Siemens, Zentralstelle Information, München
Bild 6-28 Optische Sender und Empfänger, Fa. Siemens, ZI, München
Bild 6-32 Kabelpflug: Fa. Siemens, Zentralstelle Information, München

Sachverzeichnis

Analyse digitaler Systeme

Grundlagen und Anwendungen mathematischer Analysemethoden
auf diskrete Zeitfolgen

von Werner Lechner und Norbert Lohl

*Herausgegeben von Wolfgang Schneider. 1990. VIII, 261 Seiten mit 67 Abbildungen
und 31 Aufgaben mit Lösungen. (Nachrichtentechnik) Kartoniert.
ISBN 3-528-04727-5*

Das Buch stellt die wichtigsten Verfahren zur Analyse digitaler Signale dar, wobei die folgenden Schwerpunkte zu nennen sind:

- Digitale Filtertechnik
- Frequenzanalyse-Verfahren
- Regressions- und Korrelationstechniken
- Trendanalyse-Verfahren
- Modellierung von Zufallsprozessen
- Kalmanfiltertechnik

Das vorliegende Buch wendet sich an Studierende von Universitäten, Hochschulen und Fachhochschulen, an Wissenschaftler und Ingenieure von Forschungsinstitutionen und Industrie und erhält seine Übersichtlichkeit und Nutzbarkeit direkt aus der Präsentation zahlreicher einfacher Anwendungsbeispiele der ebenfalls dargestellten grundlegenden mathematischen Theorie und der Verallgemeinerung der vielfältigen Analysemethoden.

Prof. Dr.-Ing. *Werner Lechner* lehrt an der Fachhochschule Hannover im Fachbereich Elektrotechnik. Dr.-Ing. *Norbert Lohl* ist Mitarbeiter des Luftfahrt-Bundesamtes in Braunschweig und nimmt einen Lehrauftrag im Fachbereich Elektrotechnik an der Fachhochschule Hannover wahr.

Verlag Vieweg · Postfach 58 29 · D-6200 Wiesbaden